多孔建筑材料热湿物性参数

王莹莹　著

中国建筑工业出版社

图书在版编目（CIP）数据

多孔建筑材料热湿物性参数 / 王莹莹著. -- 北京：
中国建筑工业出版社, 2025.7. -- ISBN 978-7-112
-31453-9

Ⅰ. TU5

中国国家版本馆 CIP 数据核字第 20252PG224 号

责任编辑：张文胜　赵欧凡
责任校对：赵　菲

多孔建筑材料热湿物性参数

王莹莹　著

*

中国建筑工业出版社出版、发行（北京海淀三里河路 9 号）

各地新华书店、建筑书店经销

国排高科（北京）人工智能科技有限公司制版

建工社（河北）印刷有限公司印刷

*

开本：787 毫米×1092 毫米　1/16　印张：15　字数：354 千字

2025 年 7 月第一版　　2025 年 7 月第一次印刷

定价：**68.00** 元

ISBN 978-7-112-31453-9

（44816）

前　言
FOREWORD

建筑业节能减排是落实国家"双碳"目标的重点任务。而准确的建筑材料热湿物性参数是进行建筑热工设计及节能计算的基础。随着建筑业的快速转型发展，新型建筑材料大量涌现，种类也愈加繁多，建筑材料微观孔隙结构、热湿传递过程也变得更为复杂，并且我国地域广阔、各地区气候存在明显差异，导致建筑材料在实际应用场景下热湿性能发生变化，例如，实测发现建筑材料在含湿状态下的导热系数值比干燥状态下增加 10%~150%。因此，原有恒定物性参数难以适用现阶段新型建筑材料特征及实际应用场景条件。刻画建筑材料的微观结构特征，提出建筑材料热物性参数测试计算新方法，构建覆盖典型应用场景的建筑材料热湿物性参数数据库是建筑热工与节能领域的一项紧迫任务。

本书是在总结作者在建筑材料热湿物性方面研究成果的基础上完成的。第 1 章概述了建筑材料热湿物性参数基本概念及现状，第 2 章阐述了多孔建筑材料微观结构刻画方法及热物性计算模型，第 3 章梳理了目前建筑材料导热系数的测试方法及相关现行标准，第 4 章和第 5 章整编了研究团队通过大量实测获得的不同应用场景下常用多孔建筑材料和研发的新型建筑保温材料热湿物性参数数据，第 6 章和第 7 章分别阐述了建筑材料在非均匀含湿状态下和吸放湿过程中的热物性参数变化特性，第 8 章分析了影响建筑材料湿物性参数的影响因素。希望上述内容能对建筑材料热湿物性参数计算和准确测试提供借鉴。

本书的相关研究得到了国家自然科学基金优秀青年科学基金项目"建筑热工基础与节能"（52322801）、国家重点研发计划政府间国际科技创新合作项目"丝路沿线气候适宜性低碳太阳能建筑关键技术与应用"（2025YFE0106400）的支持，还受到了陕西省杰出青年科学基金"多孔建筑材料热质传递理论与物性参数体系"（2022JC-22）等课题资助。书中的实验测试均是在绿色建筑全国重点实验室的相关实验平台支撑下完成的，在此，对上述科研课题的持续支持和实验平台提供的良好条件表示感谢。

本书大量的理论推导、实验测试、数据分析等由课题组历届研究生们的积极贡献而成，博士生陈威、刘康、王颖、蒋涵宇、丁晨峻为本书的汇总、校稿、插图制作做出了大量贡献，在此对他们的辛勤付出表示感谢。

限于编写团队的学术水平和见识，本书难免会有不妥之处，恳请读者批评指正！

目 录
CONTENTS

第3章 多孔建筑材料导热系数测试方法及相关现行标准 / 67

第7章 常用保温材料吸放湿特性及其对导热系数的影响 / 141

第8章　多孔建筑材料毛细吸水系数影响因素分析　/　175

第1章

多孔建筑材料热湿物性参数相关概念

1.1 概 述

多孔建筑材料由固体骨架及内部孔隙共同组成,其孔隙尺寸既远大于孔隙内部流体分子的平均自由程,同时又足够小以使流体和固体界面上产生黏附力。随着建筑业的快速发展,新型多孔建筑材料大量涌现。目前,多孔建筑材料主要分为两大类,分别为建筑墙体材料和建筑保温材料,其热物性参数主要包括导热系数、比热容、热扩散系数和蓄热系数等,湿物性参数主要包括等温吸放湿曲线、吸水系数和水蒸气渗透系数等。本章首先对多孔建筑材料的使用情况进行分析,并简要介绍建筑材料热湿物性参数,最后对多孔建筑材料热湿物性参数现状进行分析探讨。

1.2 多孔建筑材料使用情况

多孔建筑材料的种类繁多,性能用途各异,为了便于区分和应用,工程中通常从不同的角度对建筑材料进行分类。本书按照使用功能,将建筑材料分为建筑墙体材料与建筑保温材料。建筑墙体材料是构造建筑主体以及分割建筑空间的基础材料,建筑保温材料则以提升围护结构保温隔热性能为主。多孔建筑材料分类见图1-1。其中,建筑墙体材料主要有墙砖、混凝土、砌块、砂浆和板材五大类。建筑保温材料则包括模塑聚苯乙烯泡沫塑料(EPS)、挤塑聚苯乙烯泡沫塑料(XPS)等有机保温材料和岩棉等无机保温材料。

混凝土材料主要包括普通混凝土、轻质混凝土、特种混凝土、重质混凝土等。其中,轻质混凝土发展迅速,是一种多用于保温隔热和室内空间分割的新型建筑材料,特种混凝土和重质混凝土则是适用于建造不同特需功能建筑或建筑部位的建筑材料。墙砖主要有烧结空心砖、烧结多孔砖、烧结煤矸石等,常用的砌块类型主要为蒸压加气混凝土砌块、轻集料混凝土砌块、蒸压粉煤灰砌块、普通混凝土小型砌块等。

常用有机保温材料包括模塑聚苯乙烯泡沫塑料(EPS)、挤塑聚苯乙烯泡沫塑料(XPS)等,其保温隔热性能优异,但容易老化并且强度很低,存在一定防火安全隐患。常用无机保温材料包括岩棉、发泡混凝土、玻化微珠保温砂浆等,其强度高、耐高温,但不利于机械化生产,抗压、抗折强度差而且吸水率很高。科技的发展创新带动了新型建筑保温材料的兴起，包括岩棉复合聚氨酯、闭孔泡沫、真空绝热板、气凝胶保温材料等，其中真空绝热板的隔热能力远高于常规隔热材料。此外，通过充分利用单一保温材料的优势以及材料的改性原理，可制得建筑保温复合材料，如岩棉复合聚氨酯、SiO_2 气凝胶等。

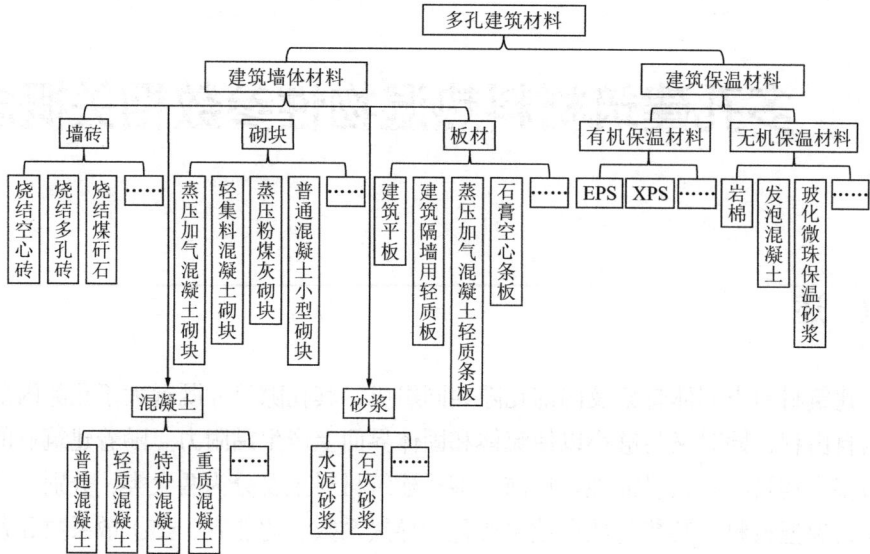

图 1-1　多孔建筑材料分类

1.2.1　墙体材料

1. 混凝土

普通混凝土是由水泥，水和粗、细骨料按比例配合，拌制均匀，浇筑成型，经硬化后形成的，其干表观密度为 1900～2500kg/m³，在建筑工程中使用最广，主要用于建筑主体结构的搭建。由普通混凝土和钢筋组合成的钢筋混凝土构件是现代建筑的主要结构形式之一，一般用作建筑主体的受力构件和承重构件。由于钢筋的导热系数大，所以要加强对钢筋混凝土抗震柱、圈梁、门窗过梁、框架梁、柱等热桥部位的保温设计。

表观密度不大于 1900kg/m³ 的混凝土，称为轻骨料混凝土。其中，细骨料可根据性能要求用轻质陶砂、膨胀珍珠岩砂等制成全轻混凝土。大部分轻骨料具有微小的孔隙，表观密度小，所拌制的轻骨料混凝土自重也小，导热性差，具有轻质、保温和绝热等性能，因此，轻骨料混凝土多用于有保温隔热要求的墙体、屋面等围护结构，强度高的轻骨料混凝土也可用于承重结构。按表观密度大小及用途，可将轻骨料混凝土分为三类：保温使用：800kg/m³ 以下；结构保温使用：800～1400kg/m³；结构使用：1400kg/m³ 以上。

轻质混凝土一般指在水泥料浆中均匀分布大量封闭孔隙或开口毛细孔而不用粗粒骨料的混凝土，也被称为多孔混凝土。轻质混凝土的主要原料为磨细硅质材料（砂、粉煤灰或高炉矿渣等）、石灰或水泥等含钙材料、发气剂或稳定的泡沫。轻质混凝土的孔隙率大，表观密度小，导热性差，制品便于锯、刨加工。在建筑中应用较多的是加气混凝土和泡沫混凝土。加气混凝土由硅质材料和石灰或水泥，掺入发气剂，加水拌匀，经蒸压或蒸养而成，其干表观密度为 400～800kg/m³，导热系数为 0.10～0.30W/(m·K)，可用作屋面和墙体构件，也可制成砌块等。泡沫混凝土由水泥浆和稳定的泡沫拌匀后硬化而成，可现浇作为楼板或墙板的保温隔热层，也可制成砌块。

重质混凝土干表观密度一般大于 2500kg/m³，其采用重晶石、铁矿石等作骨料，对一些射线（如X射线等）具有较高的屏蔽能力。重质混凝土一般应用于建筑的特殊部位，如建筑物或构筑物的底板、回填、抗浮和防辐射等部位。特种混凝土则包括聚合物水泥混凝土、导电混凝土、防爆混凝土、高延性混凝土等，适用于不同建筑功能需要的特殊建筑的建造。

图 1-2 为 2014—2018 年我国混凝土产量，2015—2017 年我国混凝土产量呈上升趋势，2016 年和 2017 年分别同比增长 35.4% 和 28.4%，但是 2018 年产量回落，同比增长 −21.8%。混凝土是建筑主体结构的建造材料，其年产量波动主要与新建建筑面积有关，而每年新建建筑面积的大小与当年政策出台和经济状况有关，因此，混凝土的年产量实时波动较大。

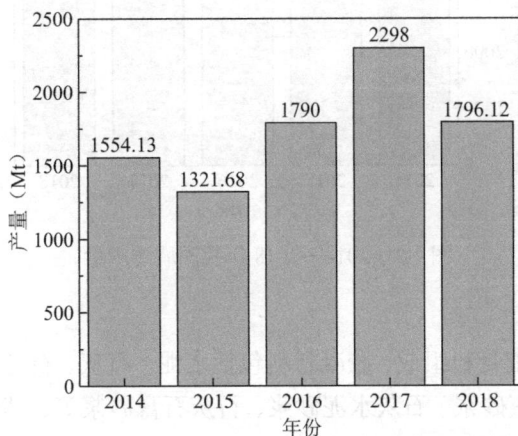

图 1-2　2014—2018 年我国混凝土产量

2. 墙砖、砌块

砌体类多孔建筑材料主要有墙砖和砌块，通常按块体的高度进行划分，一般把块体高度小于 180mm 的砌体材料称为墙砖，大于或等于 180mm 的砌体材料称为砌块。

根据墙砖孔洞大小可将其分为普通砖、多孔砖和空心砖。没有孔洞或孔洞率（砖面上孔洞总面积占砖面积的百分率）小于 25% 的墙砖称为普通砖，常用于承重部位；孔洞率大于或等于 25%，且孔的尺寸小而数量多的墙砖称为多孔砖；孔洞率大于或等于 40%，孔的尺寸大而数量少的墙砖称为空心砖，常用于非承重部位。根据生产工艺不同，墙砖又分为烧结砖和非烧结砖。经焙烧制成的砖为烧结砖，如黏土砖、页岩砖、煤矸石砖、粉煤灰砖等；非烧结砖有粉煤灰砖、炉渣砖及灰砂砖等。

图 1-3 为 2014—2018 年我国墙砖产量，可以看到在 2014—2016 年我国墙砖产量呈上升趋势，2016—2018 年则呈下降趋势。但是总体而言，墙砖产量稳定，波动较小，年产量处于 5000 亿～6000 亿块之间，最大波动幅度不超过 10%。

常用砌块有蒸压加气混凝土砌块、粉煤灰砌块、普通混凝土小型空心砌块、轻集料混凝土小型空心砌块等。加气混凝土砌块重量轻，体积密度约为黏土砖的 1/3，同时还具有保温、隔热、隔声性能好，导热系数低 ［0.10～0.28W/(m·K)］，耐火性好，易于加工，施工方便等特点，是应用较多的轻质墙体材料之一，适用于低层建筑的承重墙、多层建筑的间隔墙和高层框架结构的填充墙，也可用于一般工业建筑的围护墙，作为保温隔热材料也可用于复合墙板和屋面结构中。粉煤灰砌块属硅酸盐类制品，适用于一般民用与工业建筑的墙体和基础。混凝土空心砌块主要是以普通混凝土拌合物为原料，经成型、养护而成的空心块体墙材，一般用于非承重部位。

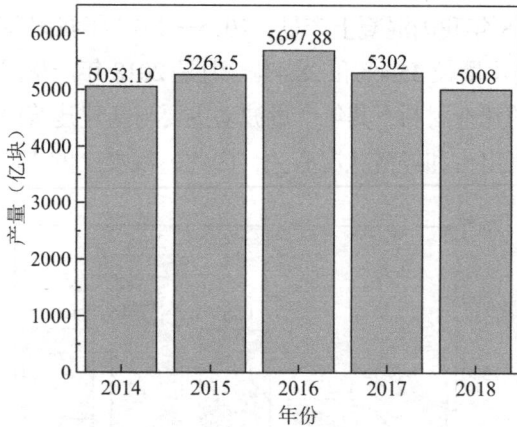

图 1-3 2014—2018 年我国墙砖产量

3. 水泥砂浆

砂浆由胶凝材料和细骨料组成，胶凝材料包括水泥、石灰、石膏和黏土等。建筑中常用的砂浆有水泥砂浆、石灰砂浆、石灰水泥砂浆、石灰石膏砂浆等，其中，最常用的是水泥砂浆。水泥砂浆由胶凝材料水泥和细骨料组成，不但能在空气中硬化，而且还能在水中硬化，故属于水硬性胶凝材料，在建筑上一般用作砌筑和抹面。水泥是重要的建筑材料之一，按水泥熟料矿物一般可分为硅酸盐类、铝酸盐类和硫铝酸盐类，在建筑工程中应用最广的是硅酸盐类水泥。图 1-4 和图 1-5 分别为 2014—2018 年我国水泥和水泥熟料产量，水泥年产量波动较小，除 2015 年跌落 20 亿 t 以下，其余年份的年产量都基本维持在 23 亿 t 左右。

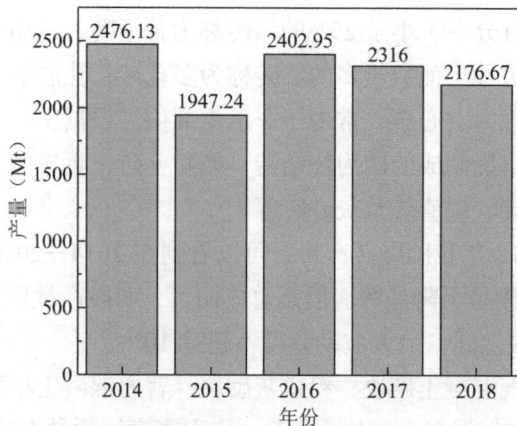

图 1-4 2014—2018 年我国水泥产量

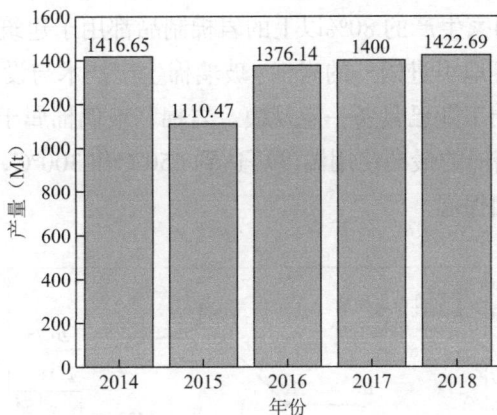

图 1-5　2014—2018 年我国水泥熟料产量

4. 板材

建筑板材因其种类繁多、使用便利、用途广泛等特点，在建筑墙体材料中备受重视。目前，用于室内空间分隔及保温隔热的建筑板材主要包括钢丝网架聚苯夹芯板、石膏空心条板、建筑隔墙用轻质板和蒸压加气混凝土轻质条板等。用于墙体、顶棚和地板等建筑室内装饰的板材包括石膏板、木质板材和装饰纸板等。用于建筑物室内部分结构支撑的板材包括胶合板、纤维板、刨花板等。用于建筑内部隔声和吸声的板材包括隔声石膏板、隔声细木工板等。用于防止水分浸入建筑内部的板材包括防潮胶合板、防潮纤维板等。用于建筑防火的板材包括防火石膏板和防火钢板等。另外，还有一些特殊用途的板材，如防弹板、防爆板和防腐板等，通常在特定建筑环境和需求下被使用。一般而言，建筑板材的选择需要根据具体的建筑需求及环境条件等因素进行综合评估。

1.2.2　建筑保温材料

我国在建筑保温材料发展领域历程较短，早期的房屋建筑对保温并无过多关注，建筑保温相关领域的企业数量也较少。20 世纪 80 年代起，保温材料以无机的膨胀珍珠岩、海泡石等为主，还包括加气混凝土砌块、珍珠岩、玻璃棉、岩棉、泡沫陶瓷等。我国建筑保温材料行业的发展主要依附于建筑节能进程，由于自 2005 年以来长期推行建筑节能，EPS、XPS、硬泡聚氨酯等有机保温材料被广泛使用，产品保温性能也不断提高。2011 年以后，随着国家对防范重大火灾事故的重视，外墙保温材料的防火性也得到了市场的高度关注，建筑保温材料行业开始蓬勃发展。根据有关数据统计（图 1-6），2016—2020 年我国建筑保温材料市场规模由 686.6 亿元增加至 1423.3 亿元，2021 年我国建筑保温材料市场规模继续增加，达 1718.7 亿元。

建筑保温材料根据成分主要可分为无机类和有机类。普遍来讲无机保温材料的阻燃防火性能优于有机保温材料，而有机保温材料的保温性能一般优于无机保温材料。

建筑中一般使用的无机保温材料主要包括珍珠岩及其制品、膨胀蛭石、发泡水泥、泡沫玻璃及其制品、岩棉矿渣棉及其制品、玻璃棉及其制品、泡沫石棉制品、硅酸钙制品以及无机保温砂浆等。其中，国际市场上使用最多最广泛的无机保温材料主要是岩棉和玻璃棉，瑞典和芬兰等西欧国家生产的 80% 以上的岩棉制品都用于建筑保温。20 世纪 80 年代，我国先后在北京和上海等地引进国外的岩棉、玻璃棉生产技术与设备，经过 30 多年的迅速发展，我国岩棉和玻璃棉工业已具备一定规模。岩棉和玻璃棉属于矿物棉制品，耐高温、防火性能好，岩棉和玻璃棉的最高使用温度可达到 650℃ 和 300℃，一般用于外墙、隔墙及混凝土和砖石结构的屋面保温。

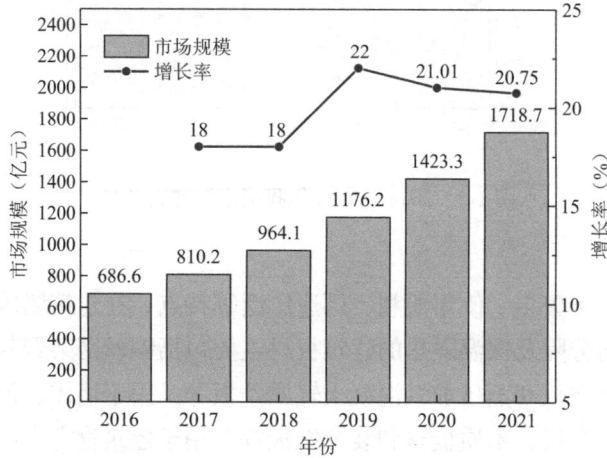

图 1-6　2016—2021 年我国建筑保温材料市场规模变化情况

有机保温材料主要包括 EPS、XPS、聚氨酯泡沫塑料（PU）以及酚醛泡沫塑料（PF）等。其中，EPS 由约 98% 的空气和 2% 的聚苯乙烯组成，在构成时会形成完全封闭的多面体蜂窝，其中的空气能长期留在蜂窝内而不发生变化，在不完全暴露在空气中时其保温性能可以长期稳定不变。相对于 EPS 而言，XPS 密度较大，但是其吸水率低，即使处于高湿的环境下依然拥有良好的保温性能，同时还有良好的耐冻融性能。PU 与 EPS 相比，其导热系数更小，适应温度更高，并且几乎不吸水。正是由于这类泡沫塑料型有机保温材料都具备优良的保温性能，同时又具有造价低、易施工的优势，这使它们可大范围应用于建筑保温。但是，泡沫塑料型保温材料也同时存在易燃问题，因此对建筑进行外墙保温时，泡沫塑料型保温材料的使用需更谨慎。

我国保温材料产品结构如图 1-7 所示。

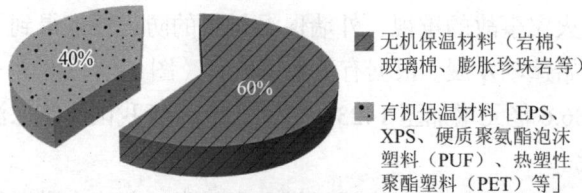

图 1-7　我国保温材料产品结构

针对节能建筑中保温材料的使用情况，根据调研，京津冀地区节能建筑中 EPS 类仅占 14.58%，岩棉板则占了 43.75%，挤塑聚苯板占 25.01%，其他材料占 16.66%，具体细分产品的产量分布占比情况见图 1-8。

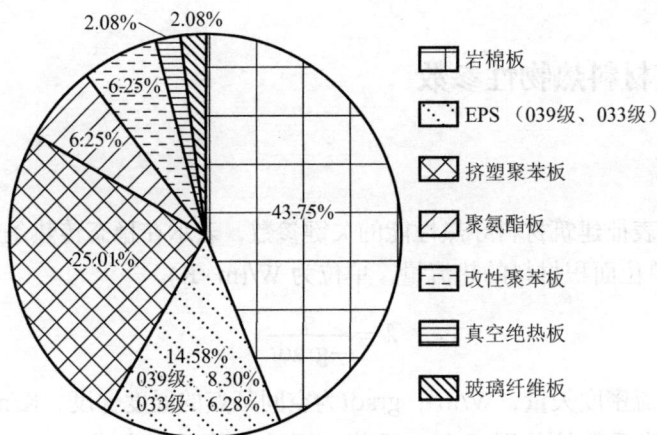

图 1-8　京津冀地区节能建筑保温材料类型分布

外保温系统与内保温系统常用保温材料如图 1-9 所示。我国外保温系统主要采用 EPS 系统和岩棉系统，分别占比 53% 和 32%，其余保温系统占 15%。在内保温系统中，B1 级挤塑保温板 + 纸面复合石膏板系统与 B1 级 039 级苯板（白板）+ 纸面复合石膏板系统为当前工程应用中主流系统，分别占比 52% 与 33%。

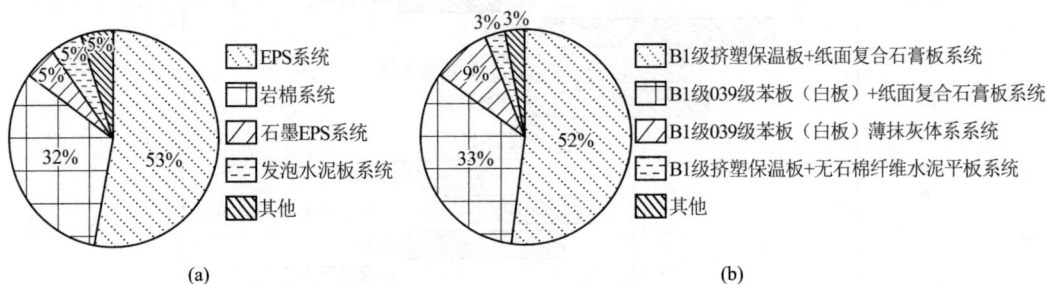

图 1-9　外保温系统与内保温系统常用保温材料
（a）外保温系统；（b）内保温系统

随着建筑节能水平的提高及防火要求的提升，工程对兼具更优防火性能和更低导热系数的保温材料需求更加迫切。近年来涌现了一批兼具防火和隔热的新型保温材料，真空绝热板（VIP）通过提高保温板内部真空度并充填绝热芯材实现保温绝热效果，该产品导热系数比传统保温材料降低一个数量级，可达 0.004W/(m·K) 左右。但在实际建筑工程中，产品中心区域与板边区域的性能差异、拼缝的热桥效应等对建筑热工性能造成了明显的影响，且材料真空度衰减等耐久性和构造安全性问题还需进一步研究。此外，应用于航空航天等领域的气凝胶也成为新型建筑保温材料，该产品作为一种新型纳米多孔材料，具有低密度、阻燃和绝热等优点，25℃下的导热系数低于 0.025W/(m·K)。当前，气凝胶在围护结构保温工程的应用形式主要表现为气凝胶玻璃、气凝胶板材、气凝胶毡和气凝胶混凝土等。但在实际工程中，气凝胶厚度仅能达到 20mm，无法满足高性能围护结构热工性能要求，其适用构造及安全性、节能性还需要经过长期系统的研究和验证。

1.3 多孔建筑材料热物性参数

1.3.1 导热系数

导热系数λ是表征建筑材料导热性能的关键参数，表示在稳态传热条件和单位温差下，通过单位厚度、单位面积材料的热流量，单位为 W/(m·K)。

$$\lambda = \frac{q}{-\mathrm{grad}t} \tag{1-1}$$

其中，q 为热流密度矢量，W/m^2；grad$t$ 为空间某点的温度梯度，K/m。

建筑材料导热系数的差别很大，目前常用的建筑材料在常温状态下的导热系数为 0.02～3.49W/(m·K)，图 1-10 给出了常用建筑材料导热系数范围。

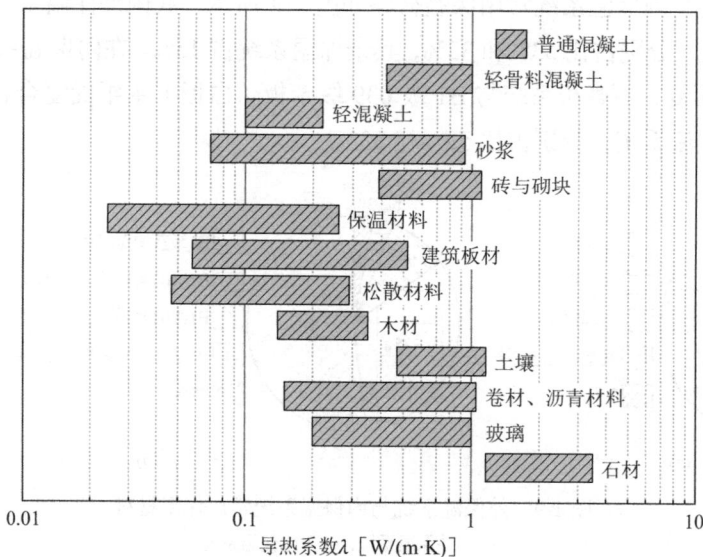

图 1-10 常用建筑材料导热系数范围

影响多孔建筑材料导热系数的主要因素包括：

1. 孔隙率

多孔建筑材料孔隙率的大小直接影响材料密度。孔隙率越大，材料中空气含量越多，其密度越小。由于空气的导热系数远小于固体材料，所以通常孔隙率越大的多孔建筑材料，其导热系数越小。以目前新型保温材料加气混凝土为例，不同孔隙率下其密度不同，导热系数也不同，如图 1-11 所示。

由图 1-11 可以看出，加气混凝土的导热系数随孔隙率的增加而单调减少。在 10～50℃ 范围内，当孔隙率由 0.643 增加到 0.867，导热系数由 0.3W/(m·K)左右下降到 0.1W/(m·K) 以下，最大下降幅度达到 73.51%。因为孔隙的存在，材料的传热不仅仅局限于导热，还有孔内气体对流传热，孔隙率越大的材料，孔内气体传热所占比例越大，则材料导热系数越小。

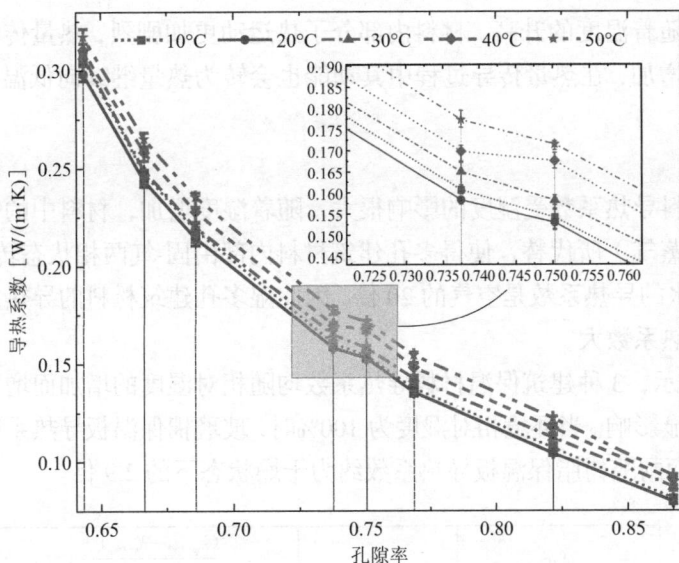

图 1-11　加气混凝土导热系数与孔隙率的关系

2. 温度

对于非金属多孔建筑材料，随着环境温度的增加，其固体骨架材料和孔隙中空气分子热运动增强，导致导热系数增加（图 1-12）。而大多数纯金属建筑材料的导热系数随温度的升高而减小，这是因为金属导热是依靠自由电子迁移和晶格的振动来实现的。

样品	$\lambda_{T=20℃}$	$\dfrac{(\lambda_{T=60℃}-\lambda_{T=20℃})}{\lambda_{T=20℃}}\times100\%$
玻璃保温棉板	0.0348	14.4%
酚醛树脂保温板	0.0343	13.2%
挤塑保温板	0.0292	21.4%

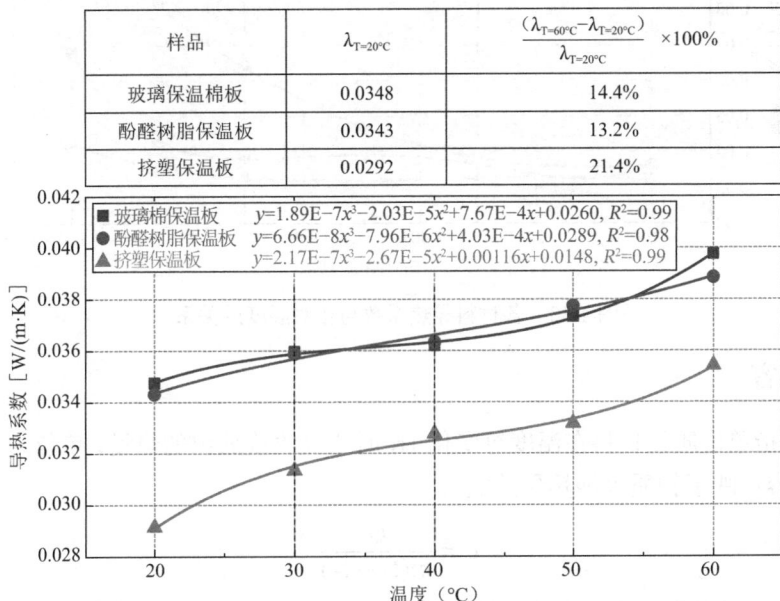

图 1-12　多孔建筑材料导热系数与温度的关系

如图 1-12 所示，酚醛树脂保温板的导热系数随着温度的上升几乎呈线性增加，其导热系数在温度达到 60℃时与温度在 20℃时相比差值百分比约为 13.2%。玻璃棉保温板与挤塑保温板的导热系数在 20～60℃的温度范围内，导热系数的差值百分比则分别达到了

14.4%、21.4%。随着温度的升高，材料内部分子热运动更加剧烈，热量传递更加迅速，加之分子间动能的增加，在热量传导过程中其动能也会转为热量继续向低温部分传递，导致其导热系数越大。

3. 湿度

多孔建筑材料导热系数受湿度的影响很大，随着湿度增加，材料中的空气逐渐被湿组分（液态水和水蒸气）所代替，使得多孔建筑材料内部由固-气两相状态转变为固-液-气三相状态，而液态水的导热系数是空气的 20 倍，因此湿多孔建筑材料的导热系数远比干燥多孔建筑材料的导热系数大。

如图 1-13 所示，3 种建筑保温材料导热系数均随相对湿度的增加而增加，相对湿度对导热系数具有明显影响。当环境相对湿度为 100%时，玻璃棉保温板导热系数较干燥状态下增加约 88.2%，而酚醛树脂保温板导热系数约为干燥状态下的 2.9 倍。

样品	$\lambda_{\varphi=0\%}$	$\dfrac{(\lambda_{\varphi=100\%}-\lambda_{\varphi=0\%})}{\lambda_{\varphi=0\%}} \times 100\%$
玻璃棉保温板	0.0361	88.2%
酚醛树脂保温板	0.0361	186.7%
挤塑保温板	0.0316	33.5%

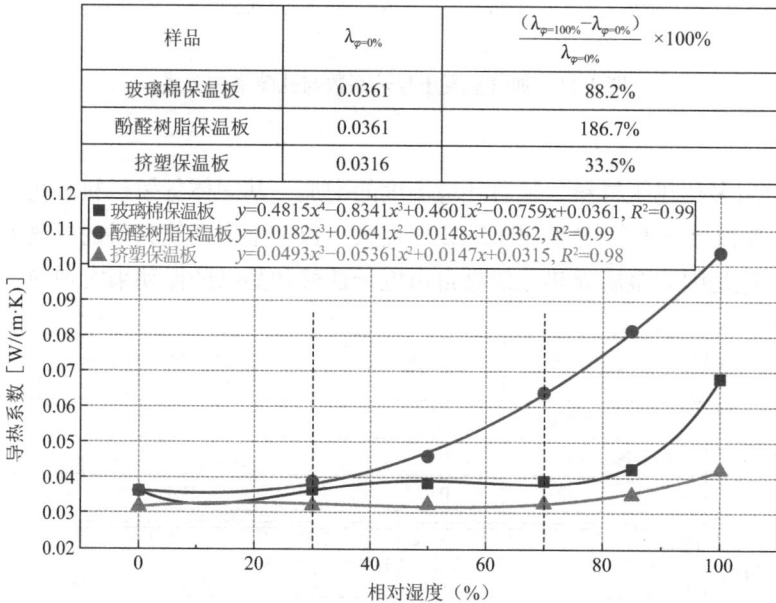

图 1-13　各材料导热系数与相对湿度的关系

1.3.2　比热容

比热容c指单位质量材料在温度每变化 1K 时所吸收或放出的热量，单位为 kJ/(kg·K)。材料的比热容反映了物质容纳热量的能力。

$$c = \frac{Q}{m(t_2 - t_1)} \tag{1-2}$$

其中，Q为材料吸收或放出的热量，kJ；m为材料质量，kg；t_1为材料受热前的温度，K；t_2为材料受热后的温度，K。

根据《民用建筑热工设计规范》GB 50176—2016 中所给常用多孔建筑材料的导热系数，可以看出建筑石材和金属的比热容偏小，木材及建筑板材的比热容较大，建筑保温材料的比热容基本都处于 0.84～2.1kJ/(kg·K)的范围。表 1-1 列出一些常用多孔建筑材料在

20℃、干燥状态下的比热容。

常用多孔建筑材料在 20℃、干燥状态下的比热容　　　表 1-1

材料	密度ρ（kg/m³）	比热容c［kJ/(kg·K)］
普通混凝土	2100	0.92
加气混凝土	500	1.05
水泥砂浆	1800	1.05
灰砂砖砌体	1900	1.05
岩棉	100	1.22
聚乙烯泡沫塑料	100	1.38
聚氨酯硬泡沫塑料	35	1.38
泡沫玻璃	140	0.84
石膏板	1050	1.05

影响多孔建筑材料比热容的主要因素包括：

1. 温度

大多数多孔建筑材料的比热容随温度的增加而增加，如图 1-14 所示，通过比较温度与湿度对材料比热容的影响，可以发现温度的影响小于湿度。

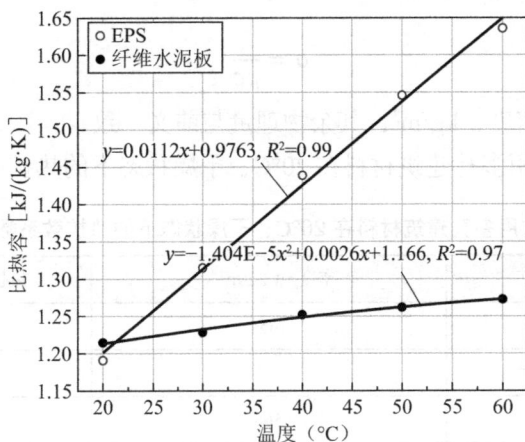

图 1-14　材料比热容随温度的变化

2. 湿度

湿度对多孔建筑材料比热容的影响很大。因为水的比热容远大于多孔建筑材料，在考虑材料含湿的情况下，其比热容必然增加，如图 1-15 所示。对于木材等材料，其比热容与相对湿度的关系呈抛物线。

比热容的测量方法按热流状态可分为稳态法、非稳态法和准稳态法。也可按照试样的热交换方式分为冷却法和加热法。目前常用的测量方法主要包括量热计法、绝热法、混合法、脉冲加热法和比较法及它们的改进方法，其中，量热计法包括绝热量热计法、下落量热计法，以及差示扫描量热法，适用于测定块状固体或粉末材料的比热容，其测量温度范围广、简单易行且结果准确。

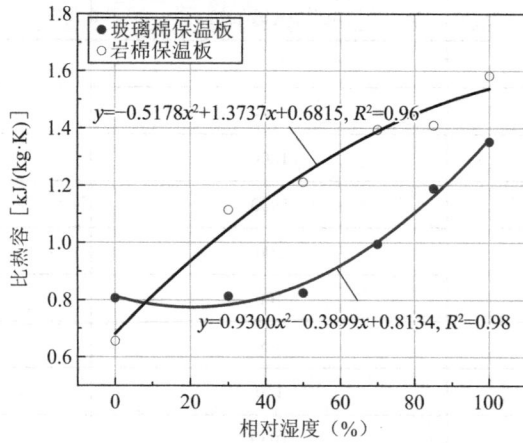

图 1-15　材料比热容随相对湿度的变化

1.3.3　热扩散系数

热扩散系数 a 表征材料被加热或冷却时，其内部温度趋向均匀一致的能力。在相同的加热条件下，材料热扩散系数越大，内部各处的温差越小，其与材料导热系数成正比，与材料的体积热容量成反比，即

$$a = \frac{\lambda}{\rho c} \tag{1-3}$$

其中，ρ 为材料的密度，kg/m^3；其余物理量与前文一致。

表 1-2 列出一些常用多孔建筑材料在 20℃、干燥状态下的热扩散系数。

常用多孔建筑材料在 20℃、干燥状态下的热扩散系数　　　表 1-2

材料	密度ρ（kg/m^3）	热扩散系数a（$\times 10^3 m^2/h$）
粉煤灰黏土砖	1654	1.54
泡沫混凝土	232	1.34
加气混凝土	566	0.99
玻璃棉	100	2.78
钙塑	121	0.92
石膏板	1100	1.59
水泥砂浆	1990	2.17

影响多孔建筑材料热扩散系数的主要因素包括：

（1）密度

根据实验测得的多孔建筑材料在 20℃、干燥状态下的热扩散系数，绘出热扩散系数与密度之间的关系曲线，如图 1-16 所示。

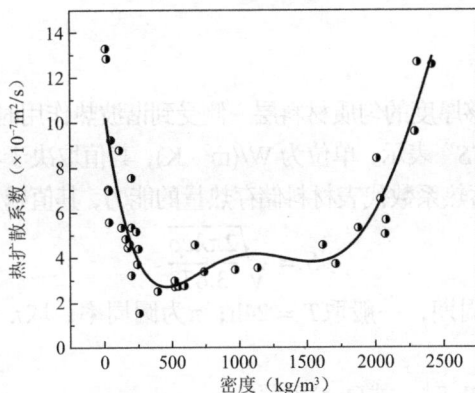

图 1-16　多孔建筑材料热扩散系数与密度之间的关系

可以看出：当多孔建筑材料密度小于 500kg/m³ 时，材料热扩散系数随着密度的增加而减小，所以一般保温材料具有导热系数小而热扩散系数大的特点，在非稳态传热过程中，达到相同温度的速度很慢，热稳定性较差；当多孔建筑材料密度大于 500kg/m³ 时，材料热扩散系数整体上随着密度的增加而增加，密度大的材料，导热系数大，其传递热量的速度也快。

（2）温度与湿度

影响热扩散系数的因素很多，材料热扩散系数随温度的变化趋势不尽相同，如图 1-17所示。虽然空气的热扩散系数远大于水的热扩散系数，但是多孔建筑材料的热扩散系数并不一定随着相对湿度的增加而增加，如图 1-18 所示。

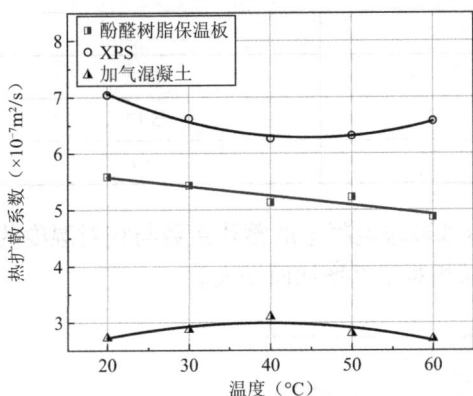

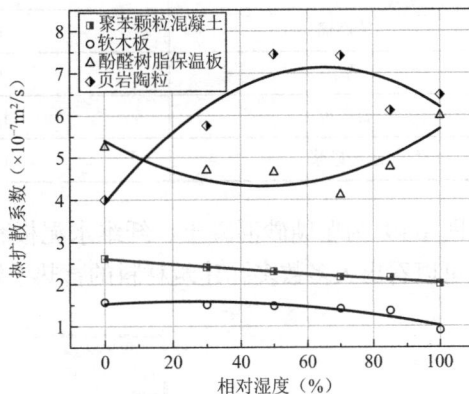

图 1-17　材料热扩散系数与温度之间的关系　　图 1-18　材料热扩散系数与相对湿度之间的关系

可以看出：多孔建筑材料的热扩散系数随温度的变化规律不相同，虽然温度增加，材料导热系数与比热容都会增加，但是各种多孔建筑材料受温度影响的敏感程度不同，单位温度下导热系数与比热容的增加率不同，这导致不同多孔建筑材料的热扩散系数随温度的变化规律不一样。

不同多孔建筑材料的热扩散系数随相对湿度的变化规律也不一致，因为热扩散系数与导热系数、密度及比热容都有关系，由于相对湿度增加时，各参数的增加速率不同，热扩散系数的变化趋势也不一样。

1.3.4　蓄热系数

蓄热系数指当某一足够厚度的匀质材料层一侧受到谐波热作用时，通过表面的热流波幅与表面温度波幅的比值，用"S"表示，单位为 $W/(m^2 \cdot K)$，其值取决于材料的导热系数、比热容、密度与热流波动的周期。蓄热系数代表材料储存热量的能力，其值越大，材料的热稳定性越好。

$$S = \sqrt{\frac{2\pi\lambda c\rho}{3.6T}} \qquad (1\text{-}4)$$

其中，T 为温度波动周期，一般取 $T = 24h$；π 为圆周率，取 $\pi = 3.14$。其余物理量与前文一致。

当温度波动周期为 24h 时，式(1-4)可写为：

$$S_{24} = 0.27\sqrt{\lambda c\rho} \qquad (1\text{-}5)$$

根据《民用建筑热工设计规范》GB 50176—2016 中所给出的常用多孔建筑材料蓄热系数，混凝土的蓄热系数为 $2.31\sim17.2W/(m^2 \cdot K)$，砂浆的蓄热系数为 $0.95\sim11.37W/(m^2 \cdot K)$，纤维、泡沫及多孔聚合物保温材料的蓄热系数为 $0.28\sim2.78W/(m^2 \cdot K)$，密度越小，其蓄热性能越差。表 1-3 为常用多孔建筑材料在 20℃、干燥状态下的蓄热系数。

常用多孔建筑材料在 20℃、干燥状态下的蓄热系数　　　　表 1-3

材料	密度 ρ（kg/m³）	蓄热系数 S_{24} [$W/(m^2 \cdot K)$]
黄色灰砂砖	814	4.52
泡沫混凝土	232	1.07
加气混凝土	566	2.47
玻璃棉	100	0.56
钙塑	121	0.82
石膏板	1100	5.17
水泥砂浆	1990	10.93

图 1-19 为珊瑚砂混凝土、纤维水泥板和聚苯颗粒混凝土的蓄热系数与相对湿度的关系，可以看出大多数多孔建筑材料的蓄热系数随相对湿度增加而增大。

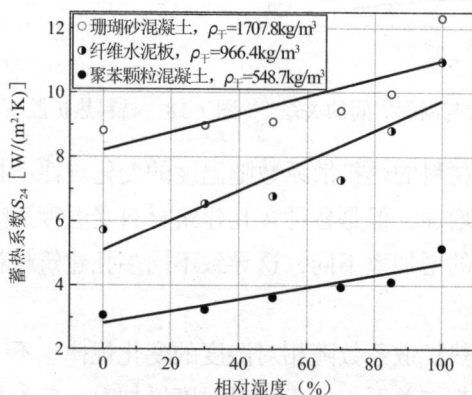

图 1-19　珊瑚砂混凝土、纤维水泥板和聚苯颗粒混凝土蓄热系数与相对湿度的关系

1.4　多孔建筑材料湿物性参数

1.4.1　等温吸放湿曲线

1. 定义

将干燥的多孔建筑材料暴露在湿空气中，材料会从空气中吸收水分直至平衡，此时材料的含湿量称为该条件下的吸湿平衡含湿量。如果保持环境温度和气压不变，只改变相对湿度，将干燥的材料放置在每一个湿度工况下直至吸湿平衡，并测得此时的平衡含湿量，最后以相对湿度为横坐标，每个工况下对应的平衡含湿量为纵坐标，可以得到材料平衡含湿量随空气相对湿度变化的曲线，即为等温吸湿曲线，反之则为等温放湿曲线。

多孔建筑材料的平衡含湿量按式(1-6)计算：

$$u(\varphi) = \frac{m_{\text{wet}}(\varphi) - m_{\text{dry}}}{m_{\text{dry}}} \tag{1-6}$$

其中，$u(\varphi)$ 为材料在某一相对湿度下的平衡含湿量，%；$m_{\text{wet}}(\varphi)$ 为材料在某一相对湿度下的平衡质量，kg；m_{dry} 为材料干重，kg；φ 为环境相对湿度，%。

等温吸放湿曲线是材料含湿量随相对湿度变化的曲线，是多孔建筑材料重要的湿物性参数之一。建筑材料的多孔结构导致其在吸放湿过程中阻力不同，因此，在同一相对湿度下的吸湿过程与放湿过程具有明显的迟滞性，即同一相对湿度放湿过程稳定后的含湿量会高于吸湿过程稳定后的含湿量。因此，确定材料含湿量不仅要考虑温度和相对湿度的影响，还要结合其吸放湿过程。

2. 测试流程及相关规定

多孔建筑材料等温吸放湿曲线测试方法分为干燥器法和气候箱法，测试过程都应按《建筑材料及制品的湿热性能　吸湿性能的测定》GB/T 20312—2006 进行。其中，干燥箱法测试多孔建筑材料等温吸放湿曲线的实验装置（图 1-20）及实验过程如下：

（1）吸附曲线：称量经干燥处理的称量杯和杯盖的质量。将试样放入称量杯中，不盖杯盖，放入烘箱，按《建筑材料及制品的湿热性能　含湿率的测定　烘干法》GB/T 20313—2006 中规定的温度干燥至恒重，若间隔至少 24h 的连续三次称量试样质量的变化小于总质量的 0.1%，即可认为达到恒重。试样放入称量杯中，不盖杯盖，将称量杯和杯盖一同放入盛有能提供合适相对湿度的饱和盐溶液的干燥器中。定期称量试样，直至试样达到湿平衡（恒重）。称量时，打开干燥器，立即盖好杯盖并移至天平上称量。称量后，将其放回干燥器，打开杯盖。

（2）解吸曲线：解吸曲线的起始点相对湿度至少为 95%。这可以是吸附曲线的最后一点，也可以通过干燥试样的吸湿得到。试样放入称量杯中，不盖杯盖，将称量杯和杯盖一同放入盛有能提供合适相对湿度的饱和盐溶液的干燥器中。定期称量试样，直至试样达到湿平衡（恒重）。称量时，打开干燥器，立即盖好杯盖并移至天平上称量。称量后，将其放回干燥器，打开杯盖。若间隔至少 24h 的连续三次称试样质量的变化小于总质量的 0.1%，即可认为达到恒重。

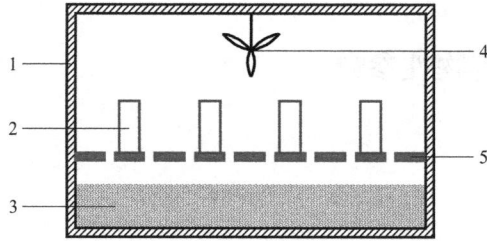

图 1-20　等温吸放湿实验装置示意图
1—密闭容器；2—试样；3—饱和盐溶液；4—小风扇；5—多孔隔板

同时，多孔建筑材料等温吸放湿曲线测试过程中需满足《多孔建筑材料湿物理性质测试方法》T/CECS 10203—2022 的相关规定：

（1）试样需预处理到干燥、饱和含湿量或毛细含湿量中的某一状态。

（2）可使用饱和盐溶液、恒温恒湿箱或其他装置控制测试环境的相对湿度，并应至少在 10%～20%、40%～50%、70%～80%、80%～90% 和 90%～98% 五个区间内各取一个相对湿度点。

（3）使用多组试件在不同相对湿度下同时进行测试，且保证各试件的初始状态相同。

若在测试过程中使用恒温恒湿箱应注意以下几点：在测试过程中，首先干燥试样至恒重，并用保鲜膜包裹冷却至室温，记录此时的含湿量为初始质量；恒温恒湿箱中温度的设定应为恒定的温度，将试件依次放入并每隔 24h 称量其质量，直至连续三次测得的质量变化小于 0.1%，则认为达到吸湿平衡，测定其含湿量即为平衡含湿量；调整恒温恒湿箱相对湿度逐级增加，并至少选择 4 个相对湿度环境来绘制材料等温吸放湿曲线。

1.4.2　吸水系数

1. 定义

吸水系数指一维传递过程中，当材料表面与液态水直接接触时，单位面积材料在单位时间平方根内，通过毛细作用吸收的液态水质量。

多孔建筑材料的渗透性由内部孔隙的孔隙度和连通性决定，这与各种传输介质的通道有关。通常，较高的吸水率反映了多孔建筑材料中较高的孔隙率和渗透率。吸水系数近似于毛细管传输系数，是通过测试材料单位面积的吸水量随时间的变化并通过进一步计算得到的，吸水系数能够用于评估多孔建筑材料由于毛细作用对吸水速率的影响。

根据《Standard test methods for determination of the water absorption coefficient by partial immersion》ASTM C1794-19（以下简称 ASTM C1794-19），吸水系数计算公式分为式(1-7)和式(1-8)两种，如果 24h 内试件表面出现液态水则通过式(1-7)计算，如果 24h 内试件表面未出现液态水则通过式(1-8)计算。

$$A_{\mathrm{w}} = \frac{\Delta m'_{\mathrm{tf}} - \Delta m'_0}{\sqrt{t_{\mathrm{f}}}} \tag{1-7}$$

$$A_{\mathrm{w},24} = \frac{\Delta m'_{\mathrm{tf}}}{\sqrt{24}} \tag{1-8}$$

其中，A_{w} 和 $A_{\mathrm{w},24}$ 分别为两种方法计算的小时吸水系数，$\mathrm{kg/(m^2 \cdot h^{\frac{1}{2}})}$；$t_{\mathrm{f}}$ 为材料吸水的

时长，h；$\Delta m'_{tf}$ 为单位面积试样在 t_f 时刻与初始时刻质量差，kg/m^2。

2. 测试方法和流程

用于吸水系数测试的实验装置的示意图见图 1-21。其中，用于实验试件除吸水面与其对面之外，其他四个面用石蜡密封。

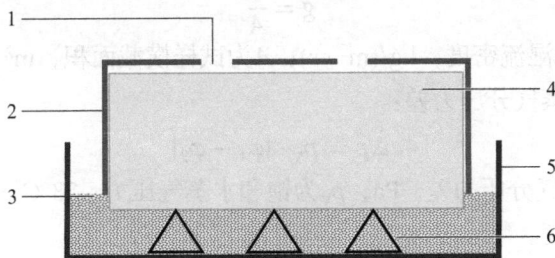

图 1-21　用于吸水系数测试的实验装置的示意图
1—开孔；2—密封材料；3—液面；4—试样；5—水槽；6—试样架

以 ASTM C1794-19 的吸水系数测定步骤为基准，主要测试流程如下：

（1）在实验之前，首先将实验所需材料放置于烘箱中干燥直至连续 3 个间隔 12h 测量的质量变化不超过 1%。烘箱中提供干燥空气，达到烘干要求后将干燥的样品用塑料薄膜整个密封并自然冷却至室温。

（2）水箱内的水使用去离子水（未脱空气），电导率小于 20μS/cm，并且定期测量水位，填充保持水位。

（3）使用游标卡尺对试件长、宽、高进行测量，取 3 次点的平均值，计算垂直于水流方向的面积 A（单位为 m^2）。

（4）采用温湿度测定仪对实验室的温湿度进行测量，实验室中的温湿度为恒温恒湿的环境，温度为 (20 ± 2)℃，相对湿度为 $(50 \pm 2)\%$。实验使用读数为 0.01g 的电子秤，利用电子称对吸水前后的试件进行质量称重。

（5）水箱内通过使用支架来确保试件与水箱底部之间的距离至少为 5mm。将试件放置于支架，吸水面向下以开始吸水实验（吸水实验使用的水应在实验环境下放置 12h 以上）。在时间间隔段分别为 5min、20min、0.5h、1h、2h、4h、6h、8h 时进行称重，每次测量时间恒定控制在 20s。以 3 个试件为一组（其中，试件底面积小于 $100cm^2$、大于 $50cm^2$ 时以 6 个试件为一组），取其平均值作为该时刻试件的吸水量，计算 $\Delta m'_{tf}$。

（6）如果液体水在样品的顶部表面可见，测量可以终止。或者液体吸收量小于吸收表面的 $0.001kg/m^2$，测量终止。按式(1-7)和式(1-8)计算吸水系数。

1.4.3　水蒸气渗透系数

在单位水蒸气分压力梯度作用下，单位时间内通过单位面积材料传递的水蒸气质量即为水蒸气渗透系数。在试样两侧营造不同的水蒸气分压力，通过计量稳态条件下水蒸气透过试样的传递速率，可计算试样的水蒸气渗透系数。计算过程可参照《多孔建筑材料湿物理性质测试方法》T/CECS 10203—2022 进行，具体如下：

应以称重时间为自变量，干湿杯（含试样和杯内所乘干燥剂或饱和盐溶液）总重为因变量，通过线性拟合求得透过试样的水蒸气湿流速率G（单位为 kg/s），且线性拟合的判定系数不应低于 0.99。

计算水蒸气湿流密度：

$$g = \frac{G}{A} \tag{1-9}$$

其中，g为水蒸气湿流密度，kg/(m$^2 \cdot$ s)；A为试样横截面积，m^2。

计算试样两侧水蒸气分压力差：

$$\Delta p = p_v \cdot |\varphi_1 - \varphi_2| \tag{1-10}$$

其中，Δp为水蒸气分压力差，Pa；p_v为饱和水蒸气压力，23℃下可取 2808Pa；φ_1、φ_2为试件两侧的相对湿度。

计算试样和装置内部空气层的水蒸气传递总阻力，以及装置内部空气层的水蒸气阻力：

$$R_{total} = \frac{\Delta p}{g} \tag{1-11}$$

$$R_{air} = \frac{d_{air}}{\delta_{v,air}} \tag{1-12}$$

其中，R_{total}为试样和装置内部空气层的水蒸气传递总阻力，m$^2 \cdot$ s $\cdot$ Pa/kg；R_{air}为装置内部空气层的水蒸气阻力，m$^2 \cdot$ s $\cdot$ Pa/kg；d_{air}为装置内部空气层厚度，m；$\delta_{v,air}$为静止空气层的水蒸气渗透系数，kg/(m $\cdot$ s $\cdot$ Pa)，常温常压下取 2×10^{-10}kg/(m $\cdot$ s $\cdot$ Pa)。

计算试样的水蒸气传递阻力：

$$R = R_{total} - R_{air} \tag{1-13}$$

其中，R为试样和装置内部空气层的水蒸气传递总阻力，m$^2 \cdot$ s $\cdot$ Pa/kg。

最终，多孔建筑材料的水蒸气渗透系数可由式(1-14)计算：

$$\delta_v = \frac{H}{R} \tag{1-14}$$

其中，δ_v为水蒸气渗透系数，kg/(m $\cdot$ s $\cdot$ Pa)；H为试样厚度，m。

测试装置及仪器要求以《多孔建筑材料湿物理性质测试方法》T/CECS 10203—2022 中的水蒸气渗透试验装置为基准，具体形式如图 1-22 所示。

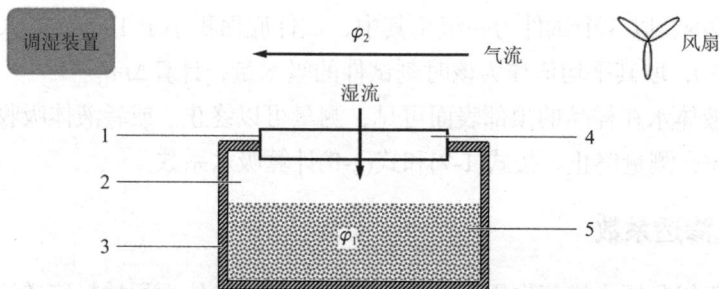

图 1-22　水蒸气渗透实验装置示意图

1—密封材料；2—空气层；3—干湿杯；4—试样；5—干燥剂和或饱和盐溶液

图 1-22 中的试验装置由干湿杯和密闭容器组成。其中，干湿杯应采用不与干燥剂和饱

和盐溶液发生反应的玻璃容器或透明塑料容器制成，且开口处应具有良好的密封性。干湿杯内应盛有的干燥剂或饱和盐溶液，其上表面应距试样下表面 20～30mm，杯内相对湿度为 φ_1。密闭容器应通过干燥剂、饱和盐溶液或其他装置控制内部的相对湿度，容器内部相对湿度为 φ_2。密闭容器内部的空气相对湿度波动不应超过±2%。密闭容器内应安装小风扇并在试验过程中持续运行，试样上表面气流速度应大于 100mm/s。

主要测试流程依据《多孔建筑材料湿物理性质测试方法》T/CECS 10203—2022 和《建筑材料及制品的湿热性能 含湿率的测定 烘干法》GB/T 20313—2006 的规定进行。测试过程中应首先将实验所需试样放置于烘箱中干燥直至连续 3 个间隔 12h 测量的质量变化不超过 1%。进行试验环境选择时，应按照《硬质泡沫塑料 水蒸气透过性能的测定》GB/T 21332—2008 中规定的 3 种试验环境选择最接近实际使用时的条件进行试验。另外，测试过程中还需注意电子天平分度值不应高于 0.01g，宜为 0.001g。计时器分度值不应高于 1s。

1.5 多孔建筑材料热湿物性参数现状

1.5.1 热物性参数现状

建筑运行阶段碳排放约占我国全社会总碳排放量的 22%。目前，主要通过建筑本体节能设计、设备系统能效提升、可再生能源替代常规能源这三大途径对建筑运行阶段进行减碳降耗。与建筑热物理学科密切相关的建筑本体节能设计，其关键环节是提出适宜的建筑热工设计方法和建筑热性能定量化指标，主要包括围护结构的热稳定性、热阻和传热指标等，而决定上述热工性能指标的关键是建筑材料的热物性参数。也就是说，建筑材料热物性参数是准确进行建筑热工设计及节能计算的基础。

然而，我国建筑材料热物性参数存在三方面严重问题：

（1）数据陈旧。目前，我国建筑热工设计规范相继对透明围护结构传热系数计算、非平衡保温设计、热桥/隔热设计方法等方面进行了更新，但是规范中近 90%的建筑材料热物性参数源于《民用建筑热工设计规程》JGJ 24—86，近半个世纪未得到有效更新。表 1-4 为建筑材料热物性数据更新情况，相较于我国首次发行的《民用建筑热工设计规程》JGJ 24—1986，《民用建筑热工设计规范》GB 50176—93（以下简称 1993 年版）以及《民用建筑热工设计规范》GB 50176—2016（以下简称 2016 年版）中仅对少量混凝土材料、砂浆、砌体材料以及保温材料的部分热物性数据进行了新增和更新。

建筑材料热物性数据更新情况 表 1-4

材料	干密度（kg/m³）	导热系数[W/(m·K)]	蓄热系数[W/(m²·K)]	比热容[kJ/(kg·K)]
混凝土				
页岩渣、石灰、水泥混凝土（1993 年版增加）	1300	0.52	7.39	0.98
火山灰渣、砂、水泥混凝土（1993 年版增加）	1700	0.57	6.30	0.57
加气混凝土（2016 年版增加）	300	0.1	——	——

材料	干密度（kg/m³）	导热系数［W/(m·K)］	蓄热系数［W/(m²·K)］	比热容［kJ/(kg·K)］
砂浆和砌体				
玻化微珠保温浆料（2016年版增加）	≤350	0.08	—	—
胶粉聚苯颗粒保温砂浆（2016年版增加）	400	0.09	0.95	
	300	0.07		
蒸压粉煤灰砖砌体（2016年版增加）	1520	0.74	—	—
重砂浆砌筑26、33及36孔黏土空心砖砌体（2016年版增加）	1400	0.58	7.92	1.05
模数空心砖砌体240mm×115mm×53mm（13排孔）（2016年版增加）	1230	0.46		
KP1黏土空心砖砌体240mm×115mm×90mm（2016年版增加）	1180	0.44		
页岩粉煤灰烧结承重多孔砖砌体240mm×115mm×90mm（2016年版增加）	1440	0.51		
煤矸石页岩多孔砖砌体240mm×115mm×90mm（2016年版增加）	1200	0.39	—	—
保温材料				
矿棉板（2016年版更新）	80～180	0.05	0.6～0.89	1.22
岩棉板（2016年版更新）	60～160	0.041	0.47～0.76	1.22
岩棉带（2016年版更新）	80～120	0.045	—	—
玻璃棉、毡（2016年版更新）	<40	0.04	0.38	1.22
	≥40	0.035	1.22	4.88
聚苯乙烯泡沫塑料（2016年版增加）	30	0.042	0.36	1.38
挤塑聚苯乙烯泡沫塑料（2016年版增加）	35	0.03（带表皮）；0.032（不带表皮）	0.34	1.38
酚醛板（2016年版增加）	60	0.034（用于墙体）；0.04（用于地面）	—	—
发泡水泥（2016年版增加）	150～300	0.07		

（2）部分建筑材料的热物性参数单一、类型不完整，且应用条件具有局限性。现有部分建筑材料热物性参数仅有导热系数数据，如表1-4所示，《民用建筑热工设计规范》GB 50176—2016更新的少量建筑材料热物性数据也主要以导热系数为主，缺少比热容和蓄热系数等参数数据，无法满足建筑热工设计与节能计算要求。另外，通过实验研究发现建筑材料热物性参数随环境热湿条件会发生显著变化，如图1-23所示，含湿状态下的岩棉和EPS等建筑材料导热系数相比于干燥状态下导热系数增幅较大。因此，现有常温干燥标况下的建筑材料热物性实验测定值难以满足工程应用中的多样化场景需求。

样品	$\lambda_{\varphi=0\%}$	$\dfrac{(\lambda_{\varphi=100\%}-\lambda_{\varphi=0\%})}{\lambda_{\varphi=0\%}}\times100\%$
岩棉保温板	0.0435	14.8%
EPS	0.0287	15.1%

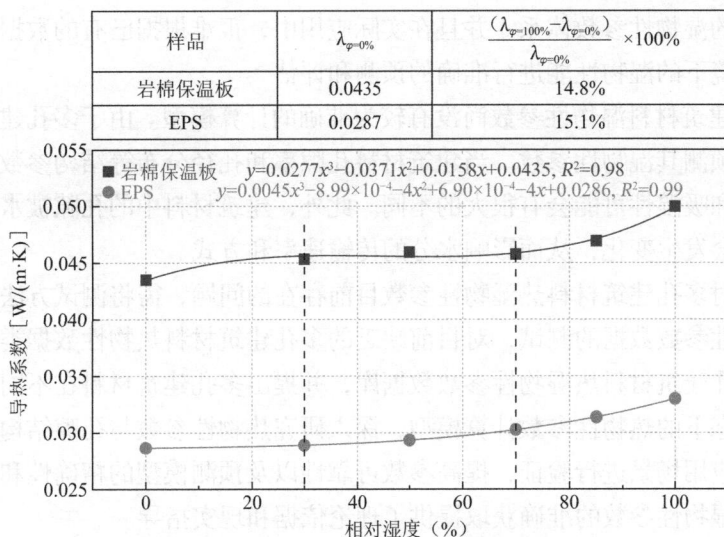

图 1-23　建筑材料导热系数随相对湿度的变化

（3）大量新型建筑材料热物性未纳入建筑材料参数体系。随着建筑业的快速发展，新型建筑材料大量涌现，大量新型建筑墙体材料和建筑保温材料已被广泛研发、生产或应用（图 1-24），尽管我国相关科研院所和高校对部分新型建筑材料热物性进行了大量检测和测试，但数据仍较为零散，缺乏完整的参数体系。

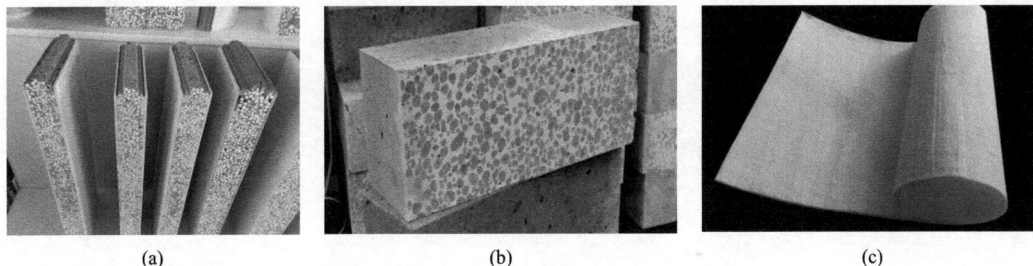

图 1-24　部分典型新型建筑材料
（a）硅酸钙复合墙板；（b）陶粒泡沫混凝土砌块；（c）气凝胶毡

1.5.2　湿物性参数现状

热湿传递在建筑围护结构中的耦合作用会对建筑结构耐久性和热工性能产生重要影响，因此，多孔建筑材料湿物性参数数据的准确获取对建筑热工设计及节能计算同样关键。目前我国建筑材料湿物性参数方面同样存在几方面问题：

（1）多孔建筑材料湿物性参数的影响因素不明晰。虽然已有相关标准对多孔建筑材料毛细吸水系数测试中的试件尺寸及测试条件进行了统一规定，但是多孔建筑材料由于自身孔隙结构存在差异，吸水能力有所区别，毛细吸水系数测定过程中材料对温度的敏感性也不同，因此多孔建筑材料各类湿物性参数的关键影响因素有待研究确定。

（2）多孔建筑材料湿物性参数数据不完整。目前，吸水系数、等温吸放湿曲线等多孔建筑材料湿物性参数大多是研究者们根据需求进行测试获得的，数据类型有限，且比较零散，没有完整的湿物性参数体系。并且在实际应用中，很难根据已有的数据对建筑材料在不同温湿度环境下的湿物性能进行准确的预测和评估。

（3）多孔建筑材料湿物性参数尚没有较为准确的计算模型。由于多孔建筑材料结构复杂，难以准确预测其湿物性参数。当建筑材料孔隙率和孔径分布等结构参数存在较大差异时，其吸水性和吸湿性可能会有很大的不同。此外，建筑材料中的孔隙被水分充满后，其有效孔径可能会发生变化，从而影响水分的传输速率和方式。

因此，针对多孔建筑材料热湿物性参数目前存在的问题，需将测试方法标准化，并进行大量热湿物性参数数据的测试，对目前缺乏的多孔建筑材料热物性数据类型进行补充，积极完善了多孔建筑材料热湿物性参数数据库，并提出多孔建筑材料在不同孔隙结构形式和不同含湿状态下的热物性参数计算模型，深入研究热物性参数与孔隙结构参数之间的关系，结合实际应用场景进行验证，提高参数可靠性以及预测模型的精确性和实用性，为多孔建筑材料热湿物性参数的准确获取提供了理论依据和现实指导。

第**2**章

多孔建筑材料导热系数计算模型

2.1 概　述

　　建筑材料导热性能主要取决于固体基质物性、孔隙率、孔类型及孔径分布等本体微观结构，同时受实际应用场景下的温湿度等环境因素影响。现有建筑材料导热系数获取方法主要包括实验测试和理论计算：①针对建筑材料的多元-多孔结构特征，实测获得的导热系数仅仅是一种唯象结论，难以对测试结果与微观结构间的关联关系给出具有明确物理意义的理论解释。②理论计算大多是以建筑材料微观结构为基础，针对微观结构特点建立适宜的结构表征模型，更为细观地揭示各组分占比和微观结构参数对导热系数的影响。

　　通常从多孔建筑材料内部固、液、气之间的导热、对流和辐射来分析其内部传热过程，可将其中固体骨架与各种流体的传热方式折合成当量导热，进而通过傅里叶定律得到多孔建筑材料有效导热系数。

　　当多孔建筑材料孔隙中的流体处于静止状态或流动强度极小时，有：

$$Re = \frac{Gd_e}{\mu\varepsilon} < 22 \tag{2-1}$$

　　其中，Re 为流体雷诺数；G 为流体质量流量，$\text{kg}/(\text{m}^3 \cdot \text{s})$；$d_e$ 为孔隙当量直径，m；μ 为动力黏度，$\text{kg}/(\text{m} \cdot \text{s})$；$\varepsilon$ 为孔隙率。相当于建筑材料颗粒平均直径不超过 4~6mm 或孔隙当量直径小于 5mm 时，可不考虑对流换热对材料内部传热的影响；当多孔建筑材料的温度不高于 573K 时，可不考虑辐射的影响。本书所涉及的多孔建筑材料内部孔隙尺寸、湿分流动状态以及材料温度满足以上不考虑对流换热和辐射换热的条件。因此，主要基于热传导的方式，通过考虑孔隙结构特征来计算多孔建筑材料的有效导热系数。

　　本章首先在孔隙尺度和表征元尺度上分别建立了固流两相多孔建筑材料导热系数计算模型，进一步考虑湿组分在多孔建筑材料中的存在形态，建立了包含静态湿分布和动态湿迁移的固液气三相多孔建筑材料导热系数计算模型。通过计算模型获得导热系数数据可以作为多孔建筑材料导热性能实验测试结果的有效补充和理论解释。

2.2 孔隙尺度固流两相多孔建筑材料导热系数计算模型

2.2.1 多孔建筑材料微观导热物理模型

本节基于改进 Menger 海绵分形体和热电类比原理建立了固流两相多孔建筑材料导热系数微观计算模型。Menger 海绵是自相似分形体谢尔宾斯基地毯的三维形式，它可通过对某一立方体进行类似操作而得到。其产生过程如图 2-1 所示：对于一个边长为 A 的立方体，首先将其每条边分为 A 等分，可得到 A^3 个小立方体，边长为 1；然后去掉原立方体中央和每一个面中心的 B^3 个立方体，则剩余的立方体个数为 $A^3 - 7B^3$，即有 $A^3 - 7B^3$ 个同样的部分，每个放大 A 倍便可得到完整的图形，图 2-1（a）为一阶 Menger 海绵形态。对各小正方体重复上述操作，可获得如图 2-1（b）所示的结果，即为二阶 Menger 海绵形态。

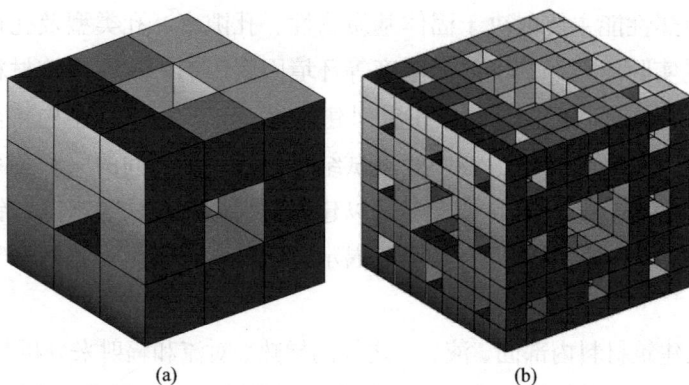

图 2-1 Menger 海绵的生成（$A/B \geqslant 3$）
（a）一阶 Menger 海绵形态；（b）二阶 Menger 海绵形态

根据自相似性质，可得 Menger 海绵的体积分形维数 D_f 为：

$$D_{\mathrm{f}} = \frac{\ln(A^3 - 7B^3)}{\ln A} \tag{2-2}$$

重复按照上述规则进行操作，则剩余的立方体尺寸不断缩小，且数目不断增多。第一次、第二次、第三次迭代后去掉的中央立方体边长分别为 B、B/A、B/A^2，由归纳法得知，经过 i 次迭代后，去掉的小立方体边长为 B/A^{i-1}。第一次迭代后去掉的体积为 $7B^3$，剩余体积为 $V_1 = A^3 - 7B^3$；第二次迭代后去掉的立方体个数为 $(A^3 - 7B^3) \times 7$，每个立方体的体积为 $(B/A)^3$，即第二次迭代移去的总体积为 $7(A^3 - 7B^3)\left(\frac{B}{A}\right)^3$，剩余体积为 $(A^3 - 7B^3)\frac{A^3 - 7B^3}{A^3}$；第三次迭代后去掉的立方体个数为 $2(A^3 - 7B^3) \times 7$，每个立方体的体积为 $(B/A^2)^3$，即第三次迭代移去的总体积为 $7(A^3 - 7B^3)^2\left(\frac{B}{A^2}\right)^3$，剩余体积为 $(A^3 - 7B^3)\left(\frac{A^3 - 7B^3}{A^3}\right)^2$，由归纳法得知，经过 i 次迭代后，第 i 次迭代移去的总体积为 $7(A^3 - 7B^3)^{i-1}\left(\frac{B}{A^{i-1}}\right)^3$，剩余体积为 $(A^3 - 7B^3)\left(\frac{A^3 - 7B^3}{A^3}\right)^{i-1}$。

下面对归纳假设得到的第 i 次迭代移去的总体积和剩余体积的表达式进行验证：

假设第 i 次迭代后的剩余体积为 V_i，则有：

$$V_i = V_{i-1} - 7(A^3 - 7B^3)^{i-1}(\frac{B}{A^{i-1}})^3$$

$$= (A^3 - 7B^3)(\frac{A^3 - 7B^3}{A^3})^{i-2} - 7(A^3 - 7B^3)^{i-1}(\frac{B}{A^{i-1}})^3$$

$$= (A^3 - 7B^3)(\frac{A^3 - 7B^3}{A^3})^{i-1}$$

可见推导的体积公式V_i对$i(i = 1,2,3,\cdots,n)$值都成立，因此，与谢尔宾斯基地毯的孔隙率求解类似。初始正方体的孔隙率为 0，迭代一次后的 Menger 海绵的孔隙率为$7B^3/A^3$，迭代二次后的 Menger 海绵孔隙率为：

$$\frac{7B^3}{A^3} + \frac{7(A^3 - 7B^3)(\frac{B}{A})^3}{A^3}$$

迭代三次后的 Menger 海绵孔隙率为：

$$\frac{7B^3}{A^3} + \frac{7(A^3 - 7B^3)(\frac{B}{A})^3}{A^3} + \frac{7(A^3 - 7B^3)^2(\frac{B}{A^2})^3}{A^3}$$

则迭代n次后的 Menger 海绵孔隙率为：

$$\varphi = \frac{7B^3}{A^3} + \frac{7(A^3 - 7B^3)(\frac{B}{A})^3}{A^3} + \frac{7(A^3 - 7B^3)^2(\frac{B}{A^2})^3}{A^3} + \cdots + \frac{7(A^3 - 7B^2)^{i-1}(\frac{B}{A^{i-1}})^3}{A^3}$$

$$= 1 - (\frac{A^3 - 7B^3}{A^3})^n \tag{2-3}$$

其中，上标$n(n = 1,2,3,\cdots)$表示 Menger 海绵的阶数。

多孔建筑材料由固体颗粒与颗粒之间的孔隙组成。孔隙内可以含气体也可以含液体。根据多孔建筑材料具有孔隙相互连通的结构特点，近似认为其孔隙结构是由不同尺度大小的孔隙相连通组成，孔径大小不一的孔隙结构可以通过 Menger 海绵进行迭代构建。使用一阶 Menger 海绵来构建基于立方体特征单元结构的多孔建筑材料导热物理模型，如图 2-2（a）所示，黑色部分表示固相，白色部分表示孔隙相。令立方体特征单元边长$A = 3$，内部小立方体边长$B = 1$，图 2-2（b）为该立方体特征单元结构在热流方向上的 3 个横截面形式。考虑到多孔建筑材料内部的固体颗粒排序是随机无序的，因此会存在相互接触的颗粒和互不接触的颗粒。而相互接触的颗粒会有接触热阻，互不接触的部分则没有接触热阻。

由于实际固体颗粒存在的形式是三维的，相互接触的固体颗粒同时受到平行于热流的上下两个方向，和垂直于热流的四个方向周围颗粒的挤压和接触，因此，固体颗粒 6 个方向都有接触热阻。假设立方体特征单元中心的小立方体为固体相颗粒，各个面中心的黑色小立方体为接触热阻。那么图 2-2 可表示为内部固体颗粒间的接触为完全接触形式下的多孔建筑材料导热物理模型，此时接触热阻最大。但实际物理事实却并不如此，进一步考虑到实际情况下的固体颗粒是不规则的，因此，大多情况下颗粒间的接触都是不完全接触，鉴于此，将 Menger 海绵模型进行改进。图 2-3 为考虑固体颗粒间不完全接触的改进模型，c表示接触热阻的宽度（$0 < c < B$）。当$c = 0$时，表示固体颗粒间无接触；当$c = B$时，模型

退化回如图 2-2（a）所示的 Menger 海绵形式，此时表示固体颗粒间完全接触。

(a)

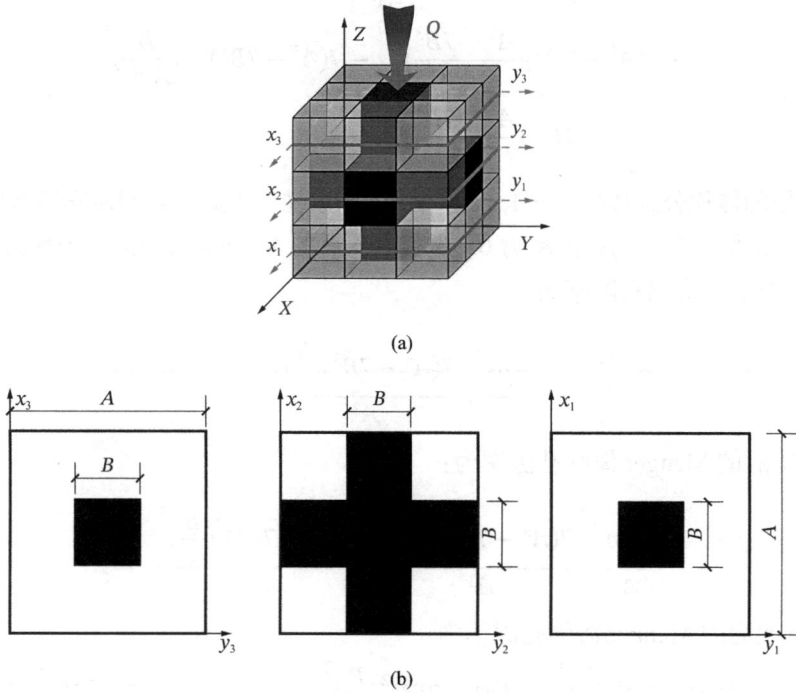

(b)

图 2-2　一阶 Menger 海绵立方体特征单元结构

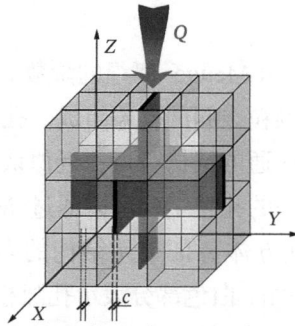

图 2-3　考虑固体颗粒间不完全接触的改进模型

由于模型内部的接触热阻变为不完全接触形式后，使得立方体特征单元内的固相大部分体积变为孔隙相的体积，导致孔隙率增大。然而实际情况中，多孔建筑材料孔隙率分布范围较广，一般分布在 0～0.6。若 A 与 B 的边长不变，则只能通过模型迭代（即改变 n 的数值）来控制孔隙率范围，这使得模型仅能在有限的孔隙率范围内预测有效导热系数，且模型是通过迭代来构建多孔建筑材料的不同孔隙结构，当 A 与 B 的长度固定，构件的多孔建筑材料孔隙率也是固定的。此时只能对有限的几个孔隙率离散点进行导热系数预测，很难得到真实情况下所要求的多孔建筑材料在某一孔隙率下的导热系数预测值，这大大限制了模型的用途。因此，需要进一步对模型进行外扩。

图 2-4（a）为模型外扩后的形式，通过对 A 与 B 的长度进行控制及改变，使得模型在不

同孔隙率下都能对多孔建筑材料进行有效导热系数预测的能力大大增加。经过测算，当 Menger 海绵边长 A 等于 11 或者 13 时，仅改变阶数 n 的值以及立方体单元内部固体颗粒边长 B 的值，就能够在较大孔隙范围内预测多孔建筑材料的有效导热系数。进一步地，将顶层及底层的接触热阻宽度为 c、长度为 B 的长方形导热截面等效为边长为 t_a 的正方形导热截面，将中间层接触热阻宽度为 c、长度为 $(A-B)/2$ 的长方形导热横截面等效为边长为 t_b 的正方形导热截面，得到最终基于改进 Menger 海绵的多孔建筑材料导热物理模型的立方体特征单元结构，如图 2-4（b）所示。热流路径依次穿过图 2-4（c）所示的顶层、中间层以及底层这三层横截面，其中，接触热阻导热截面分别为边长为 t_a 的顶层和底层正方形截面，以及边长为 t_b 的中间层正方形截面。令接触热阻系数 $t_+ = t_a/A$，热量流经接触热阻的等效导热截面面积仅与接触热阻系数 t_+ 有关。

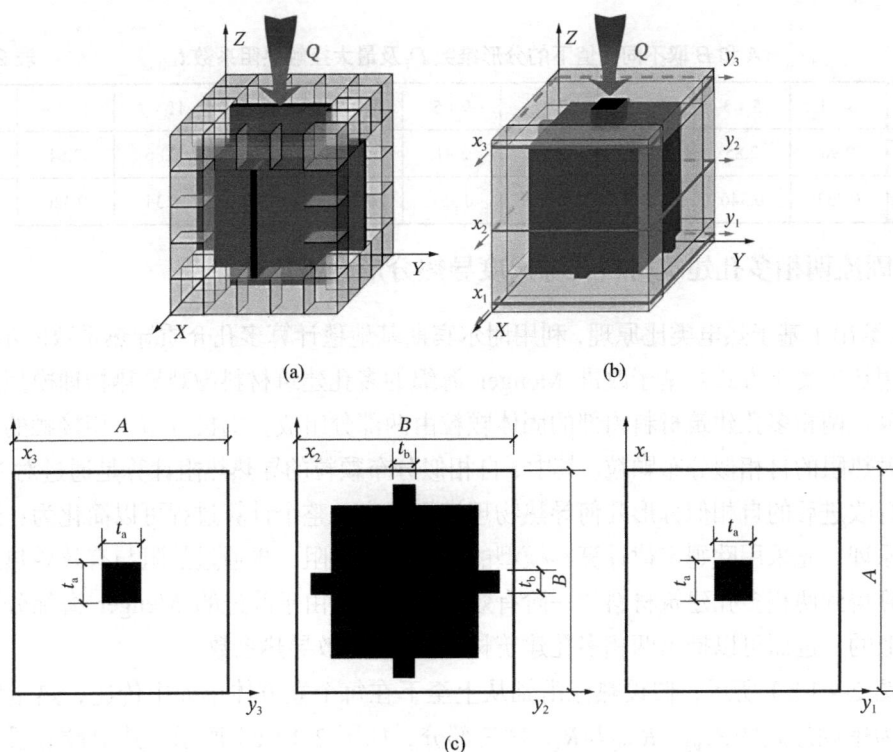

图 2-4　基于改进 Menger 海绵的多孔建筑材料导热物理模型的立方体特征单元结构

接触热阻系数 t_+ 的取值范围计算如下：

$$t_+ = \frac{t_a}{A} \tag{2-4}$$

$$t_b = t_a \sqrt{\frac{A-B}{2B}} \tag{2-5}$$

$$0 < t_a < B \tag{2-6}$$

$$0 < t_b < \frac{A-B}{2} \tag{2-7}$$

由式(2-4)～式(2-7)推出：

$$0 < t_+ < \sqrt{\frac{(A-B)B}{2A^2}} \tag{2-8}$$

由式(2-3)可以类比得到改进模型的孔隙率为：

$$\varphi = \left(\frac{A^3 - B^3}{A^3}\right)^n \tag{2-9}$$

分形维数为：

$$D_f = \frac{\ln(A^3 - B^3)}{\ln A} \tag{2-10}$$

表 2-1 为 A 和 B 取不同比值下的分形维数 D_f 及最大接触热阻系数 $t_{+\max}$，可以看出所有分形维数值都处在 2～3 的范围内，说明本模型在 A、B（$A>B$）处于任何比值情况下都是满足分形理论的。

A 和 B 取不同比值下的分形维数 D_f 及最大接触热阻系数 $t_{+\max}$　　表 2-1

$A:B$	3:1	5:3	7:3	7:5	9:5	9:7	11:5	11:7	13:9	13:7
D_f	2.96	2.85	2.96	2.77	2.91	2.71	2.96	2.86	2.84	2.93
$t_{+\max}$	0.333	0.346	0.349	0.319	0.351	0.293	0.352	0.34	0.326	0.352

2.2.2　固流两相多孔建筑材料孔隙尺度导热分形分析及计算

Ma 给出了基于热电类比原理，利用谢尔宾斯基地毯计算多孔介质导热系数的步骤，本节亦采用热电类比方式对基于改进 Menger 海绵的多孔建筑材料微观导热物理模型进行分析及计算。两相多孔建筑材料内部的固体颗粒由两部分组成，随机分布不相接触的颗粒和带有接触热阻的自相似分布颗粒。其中，自相似分布颗粒的导热热阻计算是通过对 Menger 海绵进行改进后的自相似分形几何导热物理模型得出。整个计算过程可以简化为：通过热电类比原理，先采用欧姆定律计算本模型的一阶导热热阻，再通过热阻与有效导热系数的关系计算得到两相多孔建筑材料的一阶有效导热系数。由于改进的 Menger 海绵分形结构是自相似的，进而可以推出两相多孔建筑材料的 n 阶有效导热系数。

如图 2-4（b）所示，假设热流沿轴从上至下在每个立方体单元中传递，热量依次穿过热阻为串联形式的 R_{xy3}、R_{xy2} 与 R_{xy1} 这三部分，如图 2-4（c）所示。其中最上层有效热阻 R_{xy3} 可以分为两部分，一部分为孔隙相的流体热阻 R_{3f}，另一部分为固体相的接触热阻 R_{3s}，两者属于并联形式。将式(2-4)带入式(2-11)计算，由热电类比原理可得出层 3 的有效热阻 $R_{xy3}^{(1)}$。

$$R_{xy3}^{(1)} = \frac{R_{3s}^{(1)}R_{3f}^{(1)}}{R_{3s}^{(1)}+R_{3f}^{(1)}} = \frac{\frac{(A^{(1)}-B^{(1)})/2}{(A^{(1)2}-t_a^2)k_f}\cdot\frac{(A^{(1)}-B^{(1)})/2}{t_a^2\alpha^{(1)}k_f}}{\frac{(A^{(1)}-B^{(1)})/2}{(A^{(1)2}-t_a^2)k_f}+\frac{(A^{(1)}-B^{(1)})/2}{t_a^2\alpha^{(1)}k_f}}$$
$$= \frac{A^{(1)}-B^{(1)}}{2A^{(1)2}[t_+^2(\alpha^{(1)}-1)+1]k_f} \tag{2-11}$$

其中，$\alpha^{(1)}$ 表示固体导热系数 k_s 与流体导热系数 k_f 的比值，$\alpha^{(1)}=k_s/k_f$；$A^{(1)}$ 是 Menger

海绵改进模型一阶立方体特征单元边长；$B^{(1)}$是一阶立方体特征单元内部固体颗粒的边长。

图 2-4（b）中的中间层有效热阻也可以视为两部分，一部分为孔隙相的流体热阻R_{2f}，另一部分为固体相中的固体颗粒热阻与四周固体接触热阻的叠加R_{2s}，两者同样属于并联形式。中间层的有效热阻$R_{xy2}^{(1)}$计算如下：

$$
\begin{aligned}
R_{xy2}^{(1)} &= \frac{R_{2s}^{(1)} R_{2f}^{(1)}}{R_{2s}^{(1)} + R_{2f}^{(1)}} \\
&= \frac{\dfrac{B^{(1)}}{\left(A^{(1)2} - B^{(1)2} - 4t_a^2 \dfrac{A^{(1)} - B^{(1)}}{2B^{(1)}}\right)k_f} \cdot \dfrac{B^{(1)}}{\left(B^{(1)2} + 4t_a^2 \dfrac{A^{(1)} - B^{(1)}}{2B^{(1)}}\right)\alpha^{(1)} k_f}}{\dfrac{B^{(1)}}{\left(A^{(1)2} - B^{(1)2} - 4t_a^2 \dfrac{A^{(1)} - B^{(1)}}{2B^{(1)}}\right)k_f} \cdot \dfrac{B^{(1)}}{\left(B^{(1)2} \cdot 4t_a^2 \dfrac{A^{(1)} - B^{(1)}}{2B^{(1)}}\right)\alpha^{(1)} k_f}} \\
&= \frac{B^{(1)}}{\left[(A^{(1)2} - B^{(1)2} + B^{(1)2}\alpha^{(1)}) + 4A^{(1)2} t_+^2 \dfrac{A^{(1)} - B^{(1)}}{2B^{(1)}}(\alpha^{(1)} - 1)\right]k_f}
\end{aligned}
\tag{2-12}
$$

由于最底层与最顶层的结构形式是对称的，因此，最底层的有效热阻$R_{xy1}^{(1)}$为：

$$
R_{xy1}^{(1)} = \frac{R_{1s}^{(1)} R_{1f}^{(1)}}{R_{1s}^{(1)} + R_{1f}^{(1)}} = \frac{R_{3s}^{(1)} R_{3f}^{(1)}}{R_{3s}^{(1)} + R_{3f}^{(1)}} = R_{xy3}^{(1)}
\tag{2-13}
$$

R_{xy3}、R_{xy2}、R_{xy1}三者为串联形式，因此，可得本 Menger 海绵改进模型（即两相多孔建筑材料中满足分形理论的自相似部分）的一阶有效热阻$R_a^{(1)}$为：

$$
\begin{aligned}
R_a^{(1)} &= R_{xy1}^{(1)} + R_{xy2}^{(1)} + R_{xy3}^{(1)} \\
&= \frac{A^{(1)} - B^{(1)}}{A^{(1)2}\left[t_+^2(\alpha^{(1)} - 1) + 1\right]k_f} + \\
&\quad \frac{B^{(1)}}{\left[(A^{(1)2} - B^{(1)2} + B^{(1)2}\alpha^{(1)}) + 4A^{(1)2} t_+^2 \dfrac{A^{(1)} - B^{(1)}}{2B^{(1)}}(\alpha^{(1)} - 1)\right]k_f}
\end{aligned}
\tag{2-14}
$$

由热阻与导热系数的关系可进一步得出本 Menger 海绵改进模型的一阶无量纲有效导热系数$k_a^{*(1)}$为：

$$
\begin{aligned}
k_a^{*(1)} &= \frac{k_a^{(1)}}{k_f} = \frac{A^{(1)}}{A^{(1)2} R_a^{(1)} k_f} \\
&= \frac{\left[\dfrac{A^{(1)} - B^{(1)}}{A^{(1)2}\left[t_+^2(\alpha^{(1)} - 1) + 1\right]} + \dfrac{B^{(1)}}{\left[(A^{(1)2} - B^{(1)2} + B^{(1)2}\alpha^{(1)}) + 4A^{(1)2} t_+^2 \dfrac{A^{(1)} - B^{(1)}}{2B^{(1)}}(\alpha^{(1)} - 1)\right]}\right]^{-1}}{A^{(1)}}
\end{aligned}
\tag{2-15}
$$

由于本模型结构是自相似的，可用类似的方法推导本模型二阶有效导热系数，立方体单元中除中间固相颗粒部分以外的其他部分都可以视为与有效导热系数$k_a^{*(1)}$具有相同类型的材料，因此，可进一步得出本 Menger 海绵改进模型的二阶无量纲有效导热系数$k_a^{*(2)}$为：

$$k_a^{*(2)} = k_a^{*(1)} \times \frac{\left[\dfrac{A^{(2)} - B^{(2)}}{A^{(2)2}\left[t_+^2(\alpha^{(2)} - 1) + 1\right]} + \dfrac{B^{(2)}}{\left[(A^{(2)2} - B^{(2)2} + B^{(2)2}\alpha^{(2)}) + 4A^{(2)2}t_+^2 \dfrac{A^{(2)} - B^{(2)}}{2B^{(2)}}(\alpha^{(2)} - 1)\right]}\right]^{-1}}{A^{(2)}}$$

(2-16)

其中，$\alpha^{(2)} = \alpha^{(1)}/k_a^{*(1)}$。

则对于 n 阶模型，满足分形理论的自相似部分 n 阶无量纲有效导热系数为：

$$k_a^{*(n)} = k_a^{*(n-1)} \times$$

$$\frac{\left[\dfrac{A^{(n)} - B^{(n)}}{A^{(n)2}\left[t_+^2(\alpha^{(n)} - 1) + 1\right]} + \dfrac{B^{(n)}}{\left[(A^{(n)2} - B^{(n)2} + B^{(n)2}\alpha^{(n)}) + 4A^{(n)2}t_+^2 \dfrac{A^{(n)} - B^{(n)}}{2B^{(n)}}(\alpha^{(n)} - 1)\right]}\right]^{-1}}{A^{(n)}}$$

(2-17)

其中，$\alpha^{(n)} = \alpha^{(1)}/k_a^{*(n-1)}$，上标 $n = 2, 3, \cdots, N$。

假设两相多孔建筑材料的颗粒由两部分组成：一部分颗粒互相接触（即满足分形理论的自相似部分），而另一部分颗粒没有接触，这两部分看成是并联的，则有

$$k_e = \frac{A}{RA^2} = \left(\frac{1}{R_a} + \frac{1}{R_b}\right)\frac{A}{A^2} = \frac{1}{R_a} \cdot \frac{A}{S_a} \cdot \frac{S_a}{A^2} \cdot \frac{A}{A} + \frac{1}{R_b} \cdot \frac{A}{S_b} \cdot \frac{S_b}{A^2} \cdot \frac{A}{A} = k_a \frac{V_a}{V} + k_b \frac{V_b}{V}$$

(2-18)

其中，由于 a、b 两部分并联，所以有 $1/R = 1/R_a + 1/R_b$。V 表示整个系统的体积，V_a 表示互相接触的自相似颗粒部分所占系统的体积，V_b 表示相互不接触的颗粒部分所占系统的体积，$V = V_a + V_b$。k_b 表示相互不接触的颗粒部分导热系数。对于 k_b，Hsu 给出了其在同一单元中的等效导热系数表达式：

$$k_b = k_f\left[1 - \sqrt{1 - \varphi} + \frac{\sqrt{1 - \varphi}}{1 + \left(\frac{1}{\alpha} - 1\right)\sqrt{1 - \varphi}}\right]$$

(2-19)

将式(2-19)代入式(2-18)，可以得到固相为颗粒类的两相多孔建筑材料的无量纲有效导热系数为：

$$k_e^* = \frac{k_e}{k_f} = \frac{V_a}{V} k_a^{*(n-1)} \times$$

$$\frac{\left[\dfrac{A^{(n)} - B^{(n)}}{A^{(n)2}\left[t_+^2(\alpha^{(n)} - 1) + 1\right]} + \dfrac{B^{(n)}}{\left[(A^{(n)2} - B^{(n)2} + B^{(n)2}\alpha^{(n)}) + 4A^{(n)2}t_+^2 \dfrac{A^{(n)} - B^{(n)}}{2B^{(n)}}(\alpha^{(n)} - 1)\right]}\right]^{-1}}{A^{(n)}} +$$

$$\left(1 - \frac{V_a}{V}\right)\left[1 - \sqrt{1 - \varphi} + \frac{\sqrt{1 - \varphi}}{1 + \left(\frac{1}{\alpha^{(1)}} - 1\right)\sqrt{1 - \varphi}}\right]$$

(2-20)

上标 $n = 2, 3, \cdots, N$。

多孔建筑材料的孔隙率可通过压汞法或吸水性实验测试得到，由于本模型中的孔隙率与A、B及阶数n存在$\varphi = \left(\frac{A^3-B^3}{A^3}\right)^n$的函数关系，因此，可将通过实验测试得到的孔隙率进行反推，从而获得A、B与阶数n的值。在固体基质导热系数已知的情况下，全孔隙率范围内（即 0～1）的多孔建筑材料有效导热系数都可以预测。对于多孔建筑材料中的自相似部分有效导热系数，可进行重复迭代操作直到所需要的阶数n，再通过式(2-20)计算得到多孔建筑材料的总导热系数。

2.2.3　孔隙尺度固流两相多孔建筑材料导热系数影响因素分析

1. 孔隙率

令一阶 Menger 海绵改进模型立方体特征单元的边长A取 11，一阶立方体特征单元内部固体颗粒的边长B取 7。阶数n（即模型迭代次数）取 1 阶至 6 阶，$V_a/V = 1$时，模型预测的满足分形理论自相似部分的无量纲有效导热系数$k_a^{*(n)}$随阶数n的变化，如图 2-5 所示。在固流导热系数比值大于 1 的范围内，即$k_s/k_f > 1$，同一固流导热系数比值下的有效导热系数预测值随模型阶数n的增加而增大。由于固相导热系数大于流相导热系数，模型每迭代一次，孔隙率就相应减小，而模型中自相似部分的固相体积比则相应增加，导致整个系统的热阻相应减小，导热系数则相应增大。而当$k_s/k_f < 1$时，情况正好相反，同一固流导热系数比值下，模型预测的导热系数随着孔隙率的减小而减小，这是因为孔隙率减小使得模型中具有较低导热系数的固相体积比增加，具有较高导热系数的流相含量减小，进而使得整个系统的导热系数降低。

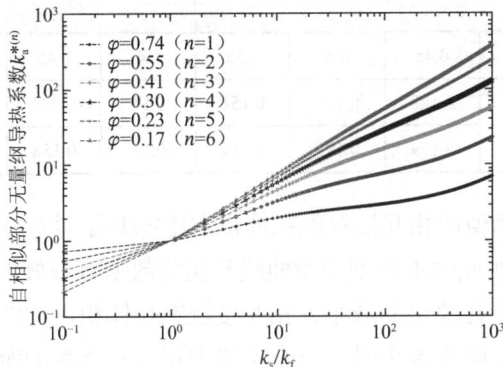

图 2-5　孔隙率与模型中自相似部分的导热系数关系示意图

2. 相互接触颗粒的不同体积占比对多孔建筑材料导热系数的影响

在$A:B = 11:7$的模型状态下，探究了相互接触的颗粒体积占比V_a/V对导热系数的影响。接触热阻系数$t_+ = 0.03$，$n = 2$，V_a/V分别取 0.35、0.4、0.45、0.5、0.55，孔隙率为 0.55 的多孔建筑材料无量纲有效导热系数预测曲线见图 2-6（a），将其与 Crane 的研究中的实际数据进行对比，发现V_a/V为 0.4～0.5，本模型的准确度较好。接触热阻系数$t_+ = 0.01$，$n = 3$，V_a/V分别取 0.4、0.45、0.5、0.55、0.6，孔隙率为 0.41 的多孔建筑材料无量纲有效导热系数预测曲线见图 2-6（b），可发现V_a/V为 0.45～0.55，本模型的准确度最优。

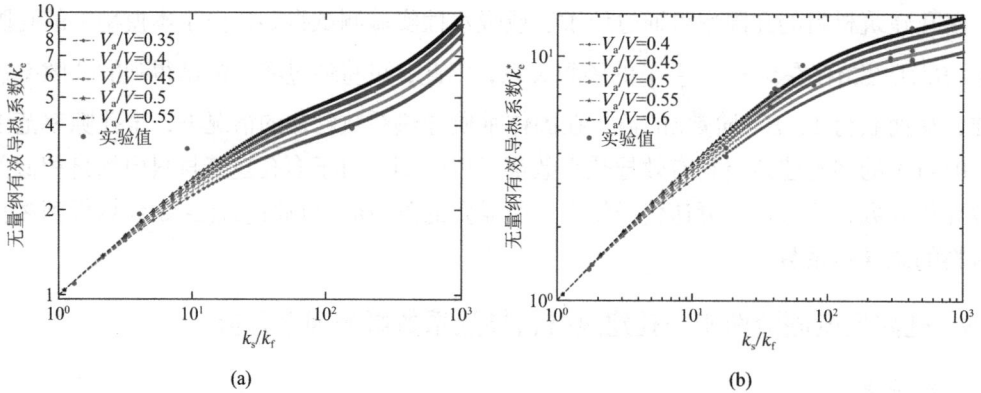

图 2-6 相互接触颗粒体积占比对多孔建筑材料导热系数的影响示意图

（a）$\varphi = 0.55$；（b）$\varphi = 0.41$

通过计算平均相对误差（*MAPE*）、均方根相对误差（*RMSPE*），进一步评估本模型在相互接触颗粒不同体积占比情况下的预测性能，来寻找最优的相互接触颗粒体积占比 V_a/V。

$$MAPE = \frac{1}{n} \sum_{i=1}^{n} \left| \frac{y_q - y_p}{y_q} \right| \tag{2-21}$$

$$RMSPE = \frac{1}{y_q} \sqrt{\frac{1}{n} \sum_{i=1}^{n} (y_q - y_p)^2} \tag{2-22}$$

其中，y_q 和 y_p 代表实际值和预测值，计算结果见表 2-2。

相互接触颗粒不同体积占比情况下模型的预测性能评估　　　　表 2-2

孔隙率	$\varphi = 0.55$					$\varphi = 0.41$				
V_a/V	0.35	0.4	0.45	0.5	0.55	0.4	0.45	0.5	0.55	0.6
MAPE	0.139	0.134	0.128	0.129	0.151	0.14	0.098	0.094	0.115	0.138
RMSPE	0.219	0.188	0.179	0.197	0.234	0.21	0.158	0.134	0.152	0.201

如表 2-2 所示，自相似的相互接触颗粒体积占比 V_a/V 分别为 0.45 和 0.5 时，*MAPE* 和 *RMSPE* 均为最小值，表明此时本模型预测曲线与实验数据有最好的拟合效果，即此时本模型预测效果最优。而随着孔隙率的减小，相互接触颗粒体积占比增加这一客观规律也是符合物理事实的。因为当孔隙率越小时，整个系统中相互不接触的游离颗粒所占体积将会随之减小，假设孔隙率为 0 时，系统中的颗粒将全部为相互接触的颗粒；而当孔隙率为 100% 时，系统中的颗粒将没有相互接触的颗粒。

2.3　表征元尺度固流两相多孔建筑材料有效导热系数计算模型

2.3.1　多孔建筑材料表征元尺度孔隙结构重构

图 2-7（a）为普通混凝土放大 1600 倍的扫描电子显微镜（SEM）照片，图 2-7（b）中的阴影区域表示阈值处理后的孔隙区域，图 2-7（c）为提取的孔隙的照片。阈值法识别孔

隙区域的过程中，灰度级别较高的（更接近于黑色）被识别为孔隙，灰度级别较低的（更接近于白色）被识别为固体基质。由图 2-7 可以看出，多孔建筑材料具备如下孔隙结构特征：①孔隙结构复杂，内部孔隙呈开孔、半开孔和闭孔多种形式；②孔隙位置随机分布于多孔建筑材料各处；③孔隙形状规则程度不一，孔径大小不一，存在各级孔隙分布结构。

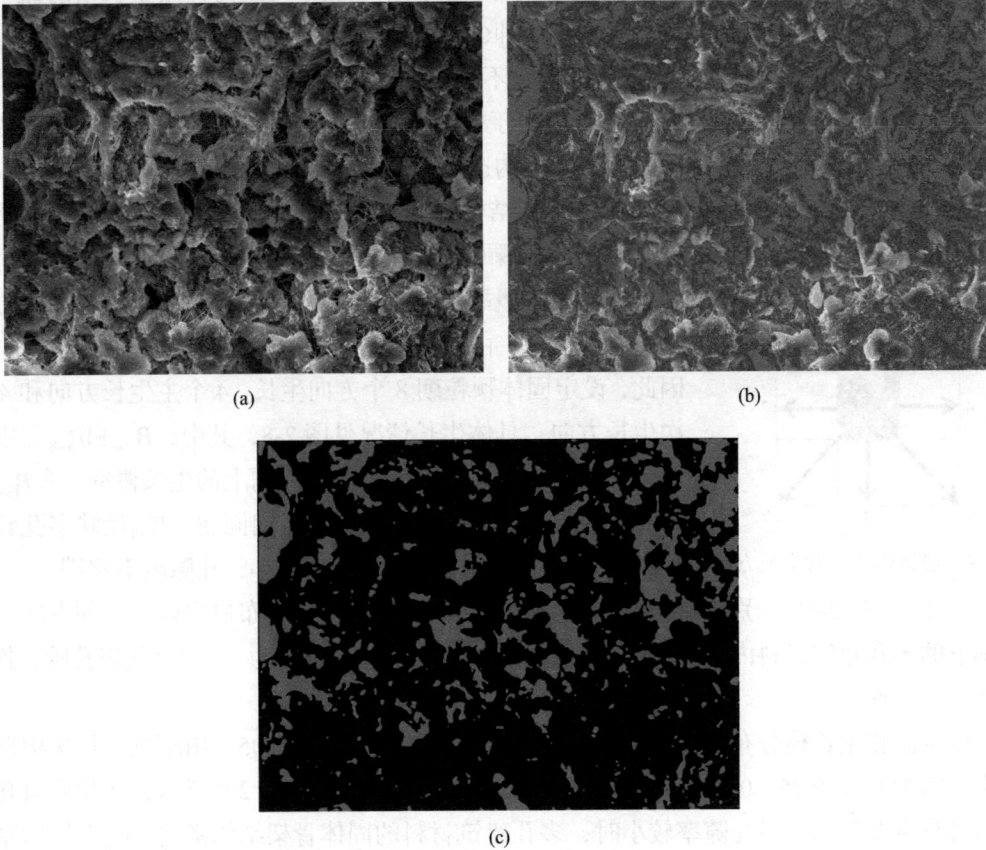

(a)

(b)

(c)

图 2-7　普通混凝土孔隙结构

（a）普通混凝土放大 1600 倍的 SEM 照片；（b）阈值处理后的照片；（c）提取的孔隙的照片

多孔建筑材料的导热性能主要取决于该材料各相物质间的结构特征。在本节中，基于随机生成法（即 QSGS 方法）来构造介观尺度上的多孔建筑材料二维孔隙结构。通过孔隙率 φ、固相生长核分布概率 C_{dd} 和方向生长概率 P_n 这三个关键参数来控制多孔建筑材料内部孔隙结构的生长过程。

多孔建筑材料的孔隙及固体骨架的分布是无序的。在介观尺度上，其孔隙和固体骨架颗粒的空间分布可用式(2-23)表示：

$$Z(\bar{r}) = \begin{cases} 1 & \bar{r} \subset S \\ 0 & \bar{r} \not\subset S \end{cases} \tag{2-23}$$

其中，$Z(\bar{r})$ 为随机变量，它的统计特征能够反映多孔建筑材料的孔隙分布情况；r 表示多孔建筑材料内的某一空间位置；S 指多孔建筑材料固体骨架区域。

由式(2-23)可定义孔隙率 φ 为：

$$\varphi = \langle Z(\overline{\zeta}) \rangle \tag{2-24}$$

其中，〈 〉表示统计平均值；φ表示孔隙率，主要用来控制多孔建筑材料固相骨架的生长，当固相骨架生长到既定体积分数（即材料达到既定孔隙率），则停止生长。

固相生长核分布概率C_{dd}表示多孔建筑材料的固相生长单元成为初始生长核的概率，C_{dd}的值不能大于最终构造出来的孔隙度，即$C_{dd} \leqslant \varphi$，对于构造区域内的每个网格节点，在[0,1]区间内生成平均分布随机数，随机数不大于C_{dd}值的节点为生长核。C_{dd}不仅能反映出固相生长核在空间的统计分布情况，且对于构造不同孔径的孔隙结构至关重要。C_{dd}控制多孔建筑材料的微观结构特征，其值越小，构造出的多孔结构模型中固体骨架及孔隙形貌、连通结构就越精细。同时C_{dd}又决定着多孔结构初始固相核的个数及单个骨架颗粒的平均体积，其值越小，则构造的多孔建筑材料固体颗粒数量越少，单个固体颗粒的平均体积越大。

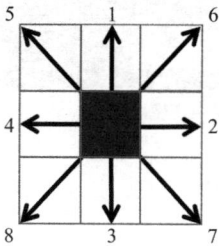

图 2-8　初始固相核的生长方向

方向生长概率P_n表示多孔建筑材料初始固相核在n个方向上的生长概率。由于构建的是多孔建筑材料的二维孔隙结构，因此，设定固体颗粒朝 8 个方向生长，4 个主生长方向和 4 个次生长方向，具体生长情况见图 2-8，其中，$P_{1\sim4}$和$P_{5\sim8}$分别表示该初始固相核在主方向上和次方向上的生长概率。令$P_{1\sim4} = 4P_{5\sim8}$，则重构的多孔建筑材料为各向同性。$P_{1\sim4}$反映多孔建筑材料内部孔隙的规则程度，其值越小，孔隙越不规则。

图 2-9～图 2-11 分别展示了不同孔隙率、不同固相生长核分布概率以及不同方向生长概率下的多孔建筑材料内部孔隙结构，黑色代表固体骨架，其值为 1，白色代表孔隙，其值为 0。

设定固相生长核分布概率C_{dd}为 0.04 及方向生长概率P_n为 0.05。用随机生长法构造孔隙率分别为 0.1、0.25、0.4、0.55 的多孔建筑材料孔隙结构，如图 2-9 所示，孔隙率对孔隙结构具有重要影响。当孔隙率较小时，多孔建筑材料的固体骨架结构密实，孔隙结构基本都以闭孔的形式存在，开孔孔隙占比较少。而随着孔隙率不断增大，孔隙数量增多，固体骨架结构逐渐变得松散，内部孔隙完全连通的区域较大，开孔或半开孔形式的孔隙大幅增加，孔隙连通性变好，几乎不存在完全封闭的孔隙。

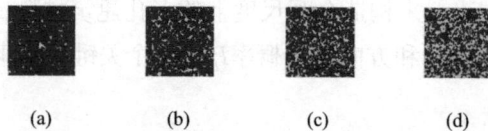

图 2-9　随机生长法构造的不同孔隙率下多孔建筑材料孔隙结构
（a）$\varphi = 0.1$；（b）$\varphi = 0.25$；（c）$\varphi = 0.4$；（d）$\varphi = 0.55$

设定孔隙率φ为 0.8 及方向生长概率P_n为 0.1。用随机生长法构造固相生长核分布概率C_{dd}分别为 0.001、0.005、0.01、0.05 的多孔建筑材料孔隙结构，如图 2-10 所示。固相生长核分布概率C_{dd}表征了多孔建筑材料固体骨架颗粒的大小，其值越小，固体颗粒体积越大，单个孔隙体积也越大。孔隙结构以开孔和半开孔形式为主，孔隙形状较简单，且分布不均匀。而随着固相生长核分布概率值的增大，孔隙数量变多，单个孔隙体积逐渐变小，孔隙结构形式转变为以闭孔为主，孔隙形状复杂程度增加，分布趋于均匀。

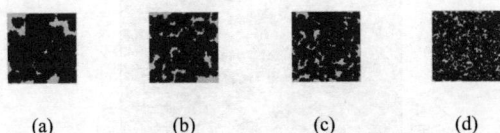

图 2-10　随机生长法构造的不同固相生长核分布概率下的多孔建筑材料孔隙结构
（a）$C_{dd} = 0.001$；（b）$C_{dd} = 0.005$；（c）$C_{dd} = 0.01$；（d）$C_{dd} = 0.05$

设定孔隙率φ为 0.8，固相生长核分布概率C_{dd}为 0.01。用随机生长法构造方向生长概率分别为 0.9、0.5、0.1、0.05 的多孔建筑材料孔隙结构，如图 2-11 所示，不同生长概率构造的孔隙结构形式基本相似，总孔隙数量也大致相同。4 种不同方向生长概率条件下都存在一定数量的开孔、半开孔以及闭孔形式的孔隙，固体骨架大小及复杂程度也基本一致。唯一不同之处在于孔隙的规则程度，生长概率越小，构造的孔隙结构越不规则。总体来看，生长概率对孔隙结构的影响相对较小。

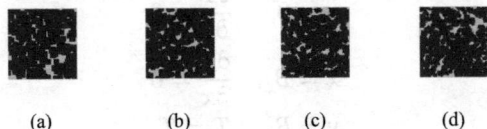

图 2-11　随机生长法构造的不同方向生长概率下的多孔建筑材料孔隙结构
（a）$P_n = 0.9$；（b）$P_n = 0.5$；（c）$P_n = 0.1$；（d）$P_n = 0.05$

图 2-9～图 2-11 的重构结果表明，通过随机生长法可以全面地构造出接近真实情况的多孔建筑材料孔隙结构，可以显示出多级孔隙分布及多种孔隙结构的特点。各个参数都有明确的物理意义，各自独立地控制多孔建筑材料微观结构，有利于开展多尺度下的多孔建筑材料导热性能研究。

2.3.2　表征元尺度固流两相多孔建筑材料传热分析

本节利用有限元法研究表征元尺度上的固流两相多孔建筑材料导热问题，固流两相中的流相指多孔建筑材料孔隙内的流体，假设该流体为空气，固体基质和孔隙内流体的物性都为常量。

多孔建筑材料内部导热符合傅里叶定律，对于二维稳态无内热源的热传导问题，其内部微元体的偏微分控制方程为：

$$\frac{\partial}{\partial x}\left(k\frac{\partial T}{\partial x}\right) + \frac{\partial}{\partial y}\left(k\frac{\partial T}{\partial y}\right) = 0 \tag{2-25}$$

其中，k为微元体导热系数，$W/(m \cdot K)$，与该微元体单元所处位置有关，为空气的导热系数或多孔建筑材料固体骨架的导热系数；T表示温度，K；x、y为二维坐标分量。

导热系数是多孔建筑材料的一种属性，边界条件并不会影响其计算结果，因此，简化边界条件，以随机生长法构造的多孔建筑材料孔隙结构模型为基础，建立如图 2-12 所示的二维传热计算模型，进而计算获得多孔建筑材料在不同孔隙结构下的有效导热系数。

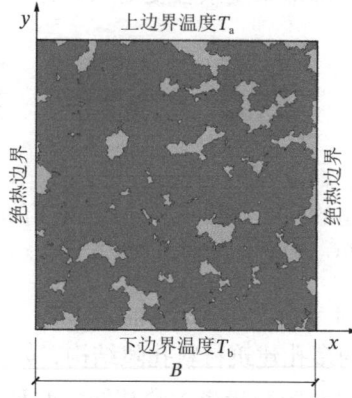

图 2-12 多孔建筑材料二维传热计算模型示意

计算区域的左右取绝热边界条件，上下取恒温边界条件，即第一类边界条件，分别为 T_a 和 T_b（$T_a \neq T_b$），设 B 为计算区域的长度。

$$
\begin{aligned}
x = 0, & \quad \frac{\partial T}{\partial x} = 0 \\
x = B_x, & \quad \frac{\partial T}{\partial x} = 0 \\
y = B_y, & \quad T = T_a \\
y = 0, & \quad T = T_b
\end{aligned}
\tag{2-26}
$$

对固流两相多孔建筑材料的传热过程作以下假设：①传热过程中多孔建筑材料固体基质及空气两相的空间结构不受外界因素的影响；②多孔建筑材料中各相物质的热物性参数均为常数，不随温度而改变；③微元体内部各向同性。

对计算区域进行网格划分，每个网格节点的范围都辐射一个微元体单元，每个单元的物性参数由该单元所处的位置（孔隙或者多孔建筑材料固体骨架）决定。多孔建筑材料中各相物质的基本物性参数如表 2-3 所示。

多孔建筑材料中各相物质的基本物性参数   表 2-3

材料	导热系数 [W/(m·K)]	比热容 [J/(kg·K)]	密度（kg/m³）
固体基质	3.35	750	2344
孔隙内空气	0.023	1005	1.205

基于上述基本描述及假设，对于多孔建筑材料中的每个微元体单元，都有：

$$
\rho c_p \nabla T - \nabla q = Q
\tag{2-27}
$$

式(2-27)中，等号左边第一项是微元体中热力学能的增量，第二项是导入与导出微元体的净热量。等号右边为微元体内热源的发热量，此处假设多孔建筑材料内部不发生化学反应，没有吸放潜热等，即内热源发热量为 0。

$$
\nabla T = \frac{\partial T}{\partial x} + \frac{\partial T}{\partial y}
\tag{2-28}
$$

$$q_{ij} = -k_{ij}\left(\frac{\partial T}{\partial x} + \frac{\partial T}{\partial y}\right)_{ij} \tag{2-29}$$

其中，ρ 为研究对象密度，kg/m^3；c_p 为研究对象比热容，$J/(kg \cdot K)$；Q 是内热源项，W/m^3；∇T 是温度梯度，K/m；q_{ij} 为各微元体的热流密度，W/m^2；k_{ij} 为各微元体的导热系数（即多孔建筑材料固体骨架导热系数或空气导热系数），$W/(m \cdot K)$。联立式(2-27)～式(2-29)，可求得微元体各处的热流密度和温度梯度。

$$k_e = \frac{\Phi}{\dfrac{S\Delta T}{\delta}} = \frac{\overline{q}S}{\dfrac{S\Delta T}{\delta}} = \frac{\overline{q}}{\overline{\nabla T}} \tag{2-30}$$

$$\overline{q} = \frac{(q_{11}A_{11} + \cdots + q_{ij}A_{ij} + \cdots + q_{nm}A_{nm})}{A} = \frac{\displaystyle\int_A q_{ij}\,\mathrm{d}A}{A} \tag{2-31}$$

$$\overline{\nabla T} = \frac{\left(\dfrac{\partial T}{\partial x} + \dfrac{\partial T}{\partial y}\right)_{11} A_{11} + \cdots + \left(\dfrac{\partial T}{\partial x} + \dfrac{\partial T}{\partial y}\right)_{ij} A_{ij} + \cdots + \left(\dfrac{\partial T}{\partial x} + \dfrac{\partial T}{\partial y}\right)_{nm} A_{nm}}{A}$$

$$= \frac{\displaystyle\int_A \left(\dfrac{\partial T}{\partial x} + \dfrac{\partial T}{\partial y}\right)_{ij}\,\mathrm{d}A}{A} \tag{2-32}$$

其中，Φ 表示总热通量，W；S 为总导热截面面积，m^2；A_{ij} 为各微元体的积分面积，m^2；∇T 为上下两边界面的温差，K；δ 表示材料厚度，m。最终，结合式(2-30)～式(2-32)可计算得到介观尺度上的多孔建筑材料有效导热系数。

2.3.3　表征元尺度固流两相多孔建筑材料导热系数影响因素分析

1. 孔隙率

当 $C_{dd} = 0.01$、$P_n = 0.1$ 时，如图 2-13 所示，孔隙率对多孔建筑材料有效导热系数的影响分为 3 个阶段，分别对应孔隙率为 0～0.1、0.1～0.6、0.6～1。

当孔隙率为 0～0.1，即第一阶段，其有效导热系数随孔隙率的变化接近于按组分体积占比计算导热系数的并联模型在低孔隙率下的变化趋势。由于孔隙率较小，多孔建筑材料中绝大部分是导热系数较大的固体骨架，孔隙形式多以闭孔为主，此时以多孔建筑材料固体基质导热过程为主，导热路径完整，孔隙内空气对多孔建筑材料有效导热系数影响较小。

当孔隙率为 0.1～0.6，即第二阶段，多孔建筑材料有效导热系数开始急剧下降，这是由于随着孔隙率增加，孔隙内具有较小导热系数的空气在材料中所占体积分数相应增加，孔隙对固体基质导热路径的阻断开始变得明显，这对多孔建筑材料有效导热系数产生剧烈影响。

当孔隙率为 0.6～1，即第三阶段，孔隙率对导热系数的影响又逐渐趋于平缓，有效导热系数随孔隙率的变化接近于串联模型在高孔隙率下的变化趋势。这是由于当孔隙率过大时，固体基质对多孔建筑材料有效导热系数的影响已经相当微弱，此时多孔建筑材料有效导热系数已经足够小，且转变为以空气导热过程为主，而导热系数较大的固体基质难以形成完整的导热路径，因此，孔隙率继续增加对多孔建筑材料有效导热系数的影响大大削弱。

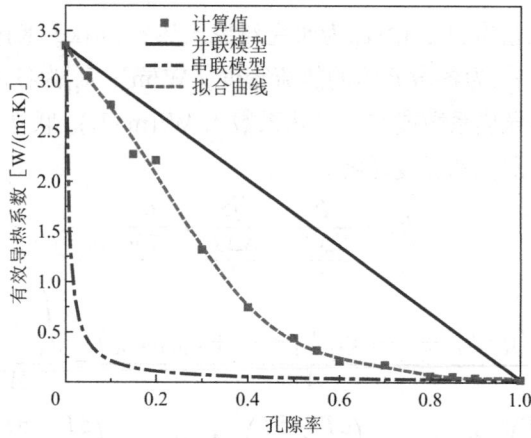

图 2-13　孔隙率对多孔建筑材料有效导热系数的影响

2. 孔隙尺寸大小

C_{dd}通过改变孔隙大小和数量来影响多孔建筑材料的孔隙结构，对图 2-10 中多孔建筑材料孔隙结构的孔隙面积、等效孔隙直径和孔隙数量进行统计计算，结果如图 2-14 和表 2-4 所示。

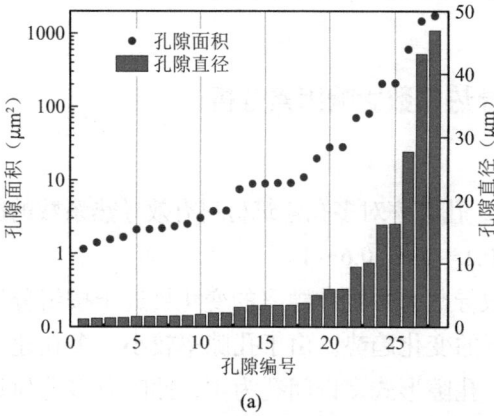

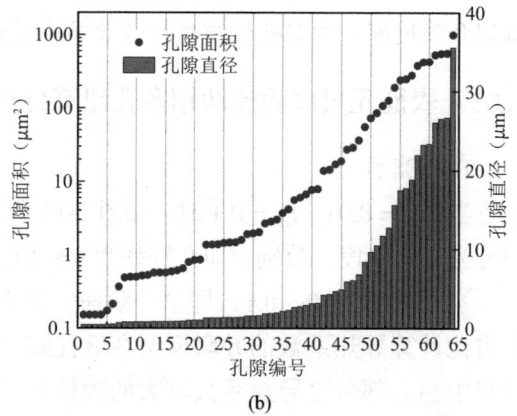

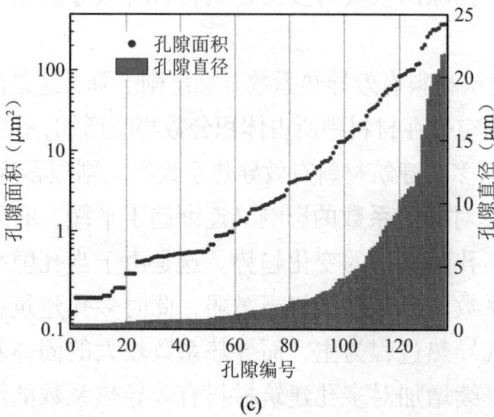

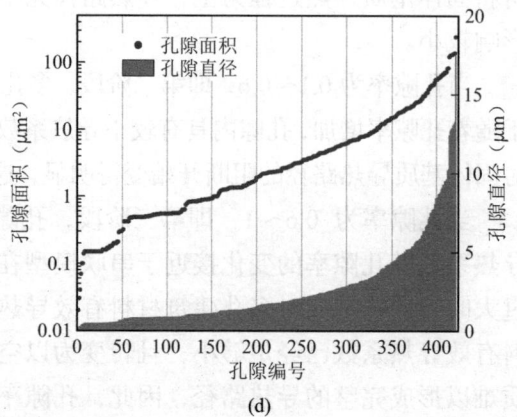

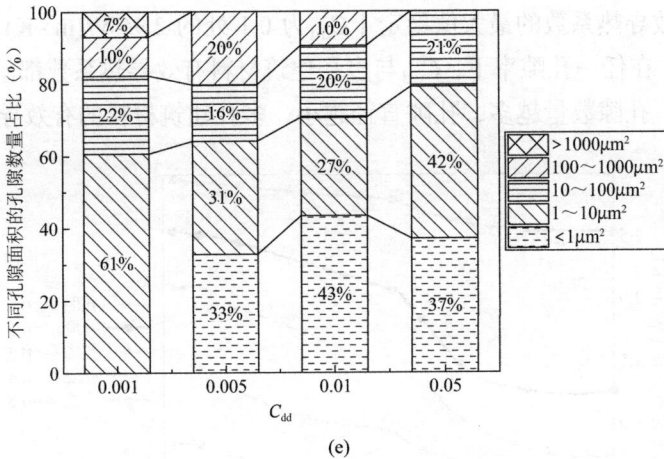

(e)

图 2-14　C_{dd}对孔隙分布特征的影响

（a）C_{dd}为 0.001 时的孔隙面积和孔隙直径；（b）C_{dd}为 0.005 时的孔隙面积和孔隙直径；（c）C_{dd}为 0.01 时的孔隙面积和
孔隙直径；（d）C_{dd}为 0.05 时的孔隙面积和孔隙直径；（e）不同孔隙面积分布的孔隙数量占比

　　图 2-14（a）～（d）分别为C_{dd}取 0.001、0.005、0.01、0.05 时重构孔隙结构的孔隙面积和孔隙直径特点，图 2-14（e）为不同孔隙面积分布的孔隙数量占比，随着C_{dd}的增大，孔隙面积 $10\mu m^2$ 以上的大孔隙数量占比变小，孔隙面积 $10\mu m^2$ 以下的小孔隙数量占比变大。表 2-4 为 4 种C_{dd}情况下的孔隙结构统计参数，C_{dd}越大，孔隙数量越多，平均孔隙面积越小，平均孔径由C_{dd}为 0.001 时的 $8.12\mu m$ 减小到C_{dd}为 0.05 时的 $2.56\mu m$。

4 种 C_{dd}情况下的孔隙结构统计参数对比　　　　　　　　　表 2-4

C_{dd}值		0.001	0.005	0.01	0.05
孔隙数量（个）		28	64	136	421
孔隙面积（μm^2）	最大值	1730.07	994.17	374.97	239.06
	最小值	1.14	0.152	0.098	0.02
	平均值	161.43	86.14	32.14	10.43
孔隙直径（μm）	最大值	46.93	35.58	21.85	17.45
	最小值	1.21	0.44	0.35	0.16
	平均值	8.12	6.22	3.85	2.56

　　当$P_n = 0.01$，孔隙率φ分别为 0.5、0.4、0.3、0.2、0.1，C_{dd}由 0.001 变化至 0.1 时，多孔建筑材料有效导热系数变化趋势见图 2-15。当孔隙率一定时，多孔建筑材料导热系数随C_{dd}变化的趋势基本类似，都是在C_{dd}为 0.001 左右时有效导热系数收敛于最小值，在C_{dd}为 0.1 左右时有效导热系数收敛于最大值，且在C_{dd}为 0.01 处出现有效导热系数增加速率的"拐点"。以孔隙率$\varphi = 0.1$为例，当C_{dd}由 0.001 增加至 0.005 时，多孔建筑材料有效导热系数随C_{dd}的增大而缓慢增加，其最小值基本稳定于C_{dd}为 0.001 处的 $2.54W/(m \cdot K)$。当C_{dd}由 0.005 增加至 0.01，其有效导热系数增加速率加快。而当C_{dd}由 0.01 向 0.05 增加时，其有效导热系数的增加速率开始减缓。当C_{dd}由 0.05 增加至 0.1 时，有效导热系数的增加速率进一

步减缓，最后有效导热系数的最大值稳定于C_{dd}为 0.1 处的 2.96W/(m·K)。从图 2-15 的整个趋势可以看出，在任一孔隙率下，C_{dd}与多孔建筑材料有效导热系数都呈正相关关系，说明同一孔隙率下，孔隙数量越多，孔隙直径越小，多孔建筑材料的有效导热系数也越大。

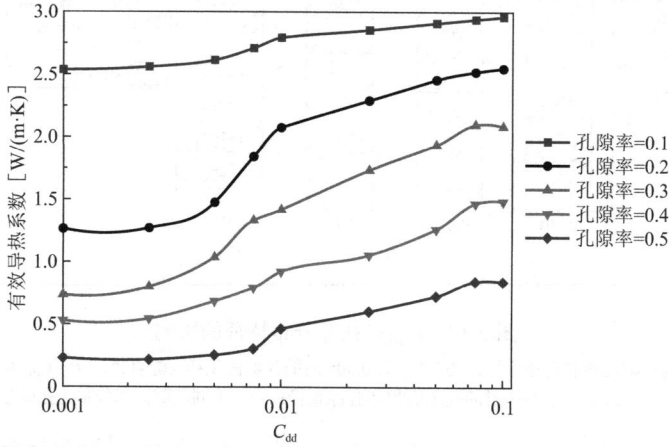

图 2-15　不同孔隙尺寸下多孔建筑材料的有效导热系数变化

3. 孔隙规则程度

P_n通过控制孔隙形状的规则程度来影响多孔建筑材料的孔隙结构。由图 2-16 可以看出，P_n越大，孔隙壁面越光滑，孔隙形状越接近矩形，因此，本研究通过矩形度来描述孔隙的规则程度。矩形度代表目标区域与矩形的近似程度，可通过式(2-33)进行计算，矩形度越大，说明孔隙形状越接近矩形，孔隙规则程度越高。图 2-16 为图 2-11 中 4 种P_n条件下的孔隙矩形度，黑点为每个孔隙的矩形度，灰线代表矩形度的平均值。当P_n分别为 0.9、0.5、0.1、0.05 时，矩形度平均值分别为 0.7、0.53、0.5、0.48。因此，P_n越小，矩形度越小，从而使得孔隙越精细，孔隙形状越不规则。

$$D_r = \frac{M}{L \cdot W} \tag{2-33}$$

其中，D_r为孔隙的矩形度；M为孔隙面积；L、W分别为孔隙最小外接矩形的长度、宽度。

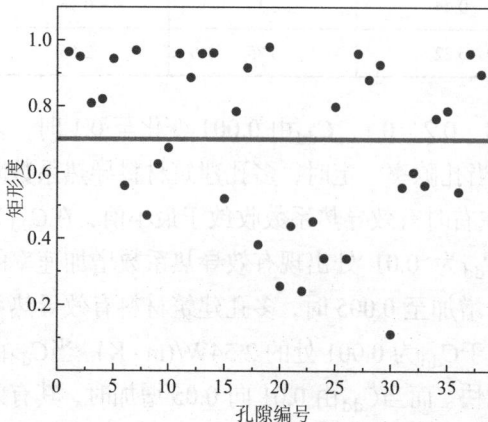

(a)

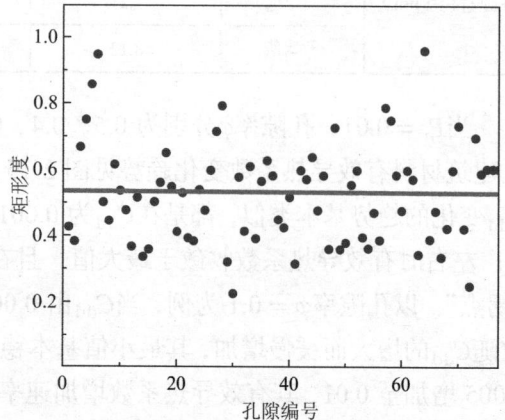

(b)

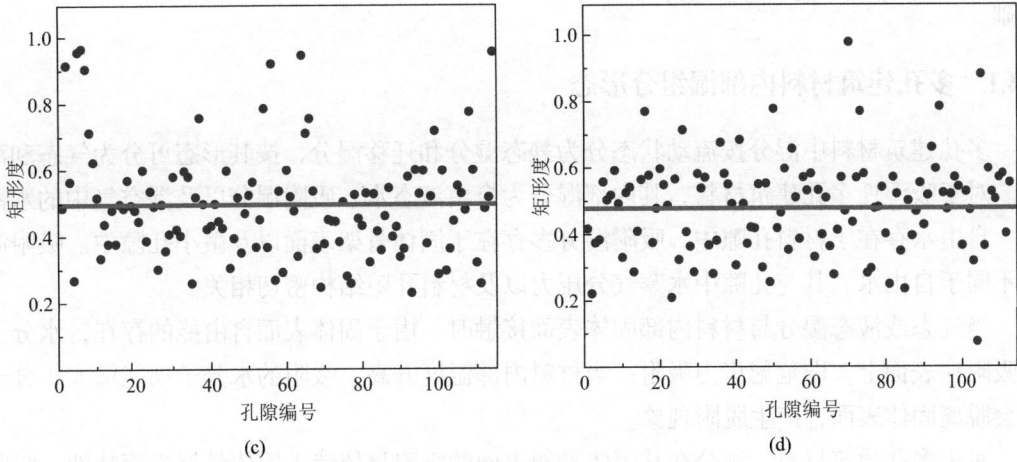

图 2-16　P_n 对孔隙矩形度的影响

（a）$P_n = 0.9$；（b）$P_n = 0.5$；（c）$P_n = 0.1$；（d）$P_n = 0.05$

当 $C_{dd} = 0.01$，孔隙率 φ 分别为 0.1、0.2、0.3、0.4、0.5，P_n 由 0.9 变化到 0.0001 时，P_n 与多孔建筑材料有效导热系数间的关系见图 2-17，当 P_n 由 0.9 变化到 0.01 左右时，多孔建筑材料有效导热系数无论在哪种孔隙率下都随 P_n 的减小而逐渐变大，且变化程度剧烈，孔隙形状越规则，有效导热系数越小。当 P_n 由 0.01 继续减小时，多孔建筑材料有效导热系数变化波动幅度较小，这是由于此时孔隙形式已经极不规则，P_n 继续减小对孔隙形状规则程度的改变已经变得不明显。

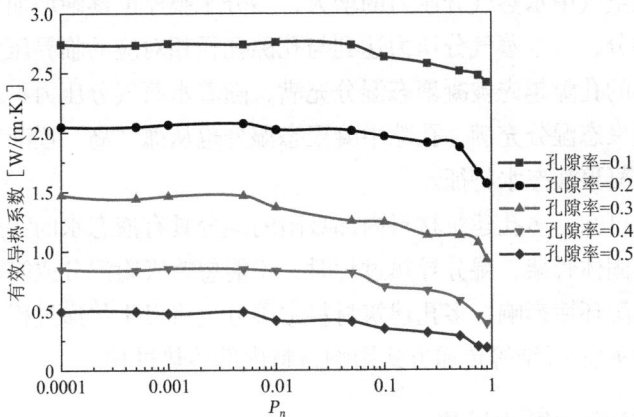

图 2-17　P_n 对多孔建筑材料有效导热系数的影响

2.4　固液气共存多孔建筑材料微观导热机理

由前述分析可知，固、液、气共存的多孔建筑材料内部可忽略对流换热和辐射换热作用，因此，多孔建筑材料内部热量传递主要依赖固、液、气体之间的导热作用。多孔建筑材料内部孔隙包含大量微介观孔，其材料内部传热过程涉及微尺度传热问题。因此，需要从微观角度分析固、液、气共存多孔建筑材料导热机理，为宏观条件导热过程分析提供基础。

2.4.1 多孔建筑材料内部湿组分形态

多孔建筑材料中湿分按流动状态分为静态湿分和迁移湿分，按其形态可分为气态和液态。对于吸湿性多孔建筑材料，其内部湿分为自由液态水、吸附湿分以及湿空气中的水蒸气。自由水存在于材料孔隙中，吸附湿分多存在于固体骨架表面以及微小孔隙中。吸附湿分不同于自由水，其与孔隙中水蒸气分压力以及材料孔隙结构密切相关。

当气态或液态湿分与材料内部固体表面接触时，由于固体表面自由能的存在，水分子会吸附在表面上，即范德华力吸附；当材料内部温度升高，吸附的水分子动能增大，分子将会脱离固体表面，产生脱附现象。

对于多孔建筑材料，湿分在其固体骨架表面的吸附量依赖于固体骨架表面特性、吸附平衡温度以及湿分平衡压力。当固体骨架表面上吸附的湿分仅有一层分子时为单分子层吸附。对于单分子膜随分子量的增多，从无相互作用力的独立分子状态逐渐成为粘附的相对紧密排列状态，且分子间的作用力增强。

随着骨架表面与湿分作用力的增强，在单分子膜层基础上，相继各层的吸附称为多分子层吸附；多分子层紧密堆积，具有高度表面黏度，吸附膜与骨架表面之间的吸附力较强，随着分子层的增多，吸附膜呈现凝聚膜态。凝聚膜近似相当于具有高黏度的非牛顿流体，吸附在固体骨架表面，基本不流动。一般情况下，多孔建筑材料的吸附以多分子层吸附情况居多。

随孔隙内部湿空气中水蒸气分压力的增大，多分子膜厚度逐渐增加，材料中微小孔隙中出现弯月液态湿分；当水蒸气分压力达到与孔隙孔径相对应的临界压力时，将发生毛细孔凝聚。尺寸越小的孔隙越先被凝聚态湿分充满，随着水蒸气分压力不断升高，则孔径较大的孔也逐渐被凝聚态湿分充满，孔隙中凝聚态湿分也从孤"岛"逐渐变成连续状态，毛细吸附的湿分呈现凝聚液态水特征。

通过以上分析可知，多孔建筑材料内部吸附的湿分具有液态水的特点。因此，在分析多孔建筑材料内部固体骨架、湿分导热过程时，不能忽略吸附湿分或简单地将吸附湿分当湿空气处理。受热湿环境影响，多孔建筑材料中湿分也将发生传递过程，并主要以水蒸气扩散、毛细流动和蒸发/凝结等传递方式影响材料内部传热过程。

2.4.2 固液气各相内部微观导热

从微观角度，导热是物体各部分之间不发生相对位移时，依靠分子、原子及自由电子等微观粒子的热运动而产生的热量传递，气体、液体、非导电固体和导电固体的导热微观机理各异。

非导电固体，如多孔建筑材料固体骨架，其导热是通过晶格结构的振动（即原子、分子在其平衡位置附近的振动）来实现，晶格振动的能量单位称为声子，因此，非导电固体导热可认为是声子相互碰撞和传递的结果。

气体导热是不同能量水平的分子间不规则热运动时相互碰撞，使热量发生转移和传递，并从高温处传到低温处。

对于液体微观导热，存在不同的观点，一种观点认为定性上类似于气体，只是分子热量传递情况更复杂，因为液体分子间的距离比较近，分子间的作用力对碰撞过程的影响比气体大得多；另一种观点认为液体的导热机理类似于非导电固体，主要靠晶格的振动作用。

通过统计物理方法利用 Boltzmann 等输运方程，可将微观粒子热运动与宏观热传递联系起来，进而可得到气体分子、声子和电子等微观粒子形成的导热载体的导热系数计算公式。

$$\lambda_c = \frac{1}{3} c_{vc} v_c l_c \tag{2-34}$$

其中，λ_c 为导热载体导热系数，$W/(m \cdot K)$；c_{vc} 为导热载体体积比热容，$J/(kg \cdot K)$；v_c 为导热载体平均运动速度，m/s；l_c 为导热载体平均自由程，m。

声子运动满足平衡态的 Bose-Einstein 分布规律，根据气体分子运动论，气体分子运动满足平衡态的 Maxwell 分布规律，运用微观统计方法，可获得气体和固体导热系数。液体微观导热系数多借鉴非导电固体晶格的振动分析，相关研究给出了液体的导热系数经验公式。

$$\lambda_l = \xi \frac{c_{pl} \rho_l^{4/3}}{M_l^{1/3}} \tag{2-35}$$

其中，λ_l 为液体导热系数，$W/(m \cdot K)$；c_{pl} 为气体定压比热容，$J/(kg \cdot K)$；ρ_l 为液体密度，kg/m^3；M_l 为液体分子量；ξ 为与液体晶格振动相关的系数，主要与温度有关。

以上针对固、液、气体导热系数的分析是从微观传热角度得到宏观尺度下的导热系数。实际上三相的微观粒子运动会受到传热空间的影响，特别是气体分子之间的碰撞，其碰撞过程运动空间较声子更大，微尺度传热效应更为明显。

2.4.3　固液气各相之间传热

1. 固气之间传热

宏观条件即分子平均自由程 l 远小于特征尺寸 L 时，对于气体流动与传热，宏观输运方程有效；当该条件不满足时，l 不是远小于 L 时，气体传热不再处于局域热平衡，傅里叶定律等唯象定律的使用将受到限制。

在微尺度范围内热过程，薄层内的粒子热输运现象具有微观机制；在流体传热中多采用 K_n 数联系分子平均自由程和特征尺度：

$$K_n = l/L \tag{2-36}$$

其中，l 为分子平均自由程长度；L 为特征尺度。

众多学者建议使用 K_n 数来划分气体的流动和传热区域：

①$K_n \leqslant 10^{-3}$ 为连续介质区；②$10^{-3} < K_n \leqslant 10^{-1}$ 为温度跳跃与速度滑移区；③$10^{-1} < K_n \leqslant 10$ 为过渡区；④$K_n > 10$ 为自由分子区。在传热区域内通过气体分子之间的碰撞以及气体分子与固体表面的碰撞传递热量，随着 K_n 的增大（即传热空间的减小），气体分子间的碰撞和气体分子与固体表面之间的碰撞频率差异逐渐增大。因此，在不同类型传

热区，气体与固体间导热过程的描述将发生改变。如，$10^{-3} < K_n \leqslant 10^{-1}$ 时，导热边界条件需考虑温度的跳跃，$K_n > 10$ 时，气体分子间的碰撞作用可忽略。

气体与固体表面的传热作用不仅与表面温度有关，而且也与表面的光滑程度等特性有关。从运动论的角度来处理气固界面的传热作用时，多采用简化模型。微尺度空间内，气体导热主要源于气体分子间的碰撞和气体分子与两侧界面间的碰撞作用，基于两平行平板间的气体碰撞理论，Kaganer 提出了微尺度气体导热系数修正公式：

$$\lambda_{g0} = \frac{\lambda_g}{1 + 2\beta K_n} \tag{2-37}$$

其中，λ_g 为宏观尺度下空气导热系数，$W/(m \cdot K)$；β 用于表示气体分子与固体表面能量传递的程度，其值一般为 1.5～2，其与气体和固体的界面形式及传热条件有关。相关研究给出了各种气体与固体界面能量传递修正系数的取值。

上述计算模型被众多学者运用到微纳米尺度的多孔建筑材料传热研究中，对于多孔建筑材料，将根据其内部孔隙结构特征对孔隙中湿空气导热系数进行修正。

2. 固液界面传热

对于液体薄膜与固体间的传热，当热流通过液固界面时，界面处会出现温度的不连续现象，此温度跳跃由固液之间的界面热阻引起，该固液界面热阻也称为 Kapitza 热阻，固液界面处的温度跳跃可表示为：

$$\Delta T = T_l - T_s = R_k q_e = l_k \frac{q_e}{\lambda_l} \tag{2-38}$$

其中，T_s 和 T_l 分别为固体、液体界面温度，℃；R_k 为固液界面热阻，$m^2 \cdot K/W$；l_k 为界面热阻长度，m，也称 Kapitza 长度；λ_l 为液体导热系数，$W/(m \cdot K)$；q_e 为热流，W/m^2。

固液界面的温度跳跃是由于固体原子和液体分子热振动频率不一致引起，且固液界面热阻的大小受液体分子和固体原子间作用强度影响，液体与固体换热强度与固体界面特性密切相关。研究显示界面热阻与固体原子和液体分子的热振荡频率比值的 4 次方成正比。

在宏观尺度下，固液界面热阻可不考虑，在固液微小换热空间，薄液膜区固液界面之间存在几个分子层厚度的微热阻层。薄液膜区壁面产生了速度和温度滑移，可利用温度滑移与速度滑移参数的关系确定 Kapitza 长度。

$$l_k = Pr^{(-1/3)}\gamma/\delta_l \tag{2-39}$$

其中，Pr 为普朗特数；γ 为速度滑移系数，与流动液膜厚度成正相关；δ_f 为流动液膜厚度，m。

由于多孔建筑材料对湿分吸附作用，材料内部固体表面存在一定厚度的液态膜，使得固液界面存在固液界面热阻，同时由于固体表面与水分子间的较强吸附性，吸附液膜的导热系数大于液态水本身，而吸附液膜的导热系数较难准确计算，此处认为吸附液膜的导热系数与液态水相同。

多孔建筑材料中液态湿分与湿空气之间的微观传热过程较为复杂，液态水分子与湿空气分子碰撞过程，不仅有导热过程，而且会发生分子交换，发生湿分蒸发/凝结。针对湿分的蒸发/凝结的热作用将在下一章中分析，对于两者导热问题借鉴固气之间传热过程进行分析。

多孔建筑材料导热过程不仅与固、液、气体内部粒子运动强度有关，还与各相态粒子之间相互作用力及其空间分布密切相关。

各相态导热系数数值多是通过宏观条件的实验测试获得。在固、液、气体共存的多孔建筑材料导热系数计算中，固体和液体导热系数采用常温常压下的实验测试数值，气体导热系数则需要根据微尺度气体导热系数修正式进一步进行确定。由于从微观角度很难定量分析多孔建筑材料内部结构及三相空间分布对材料导热系数的影响，因此将在下一节从宏观角度展开分析。

2.5　静态湿分布下多孔建筑材料导热系数计算模型

2.5.1　内部液气空间替换导热物理模型

根据多孔建筑材料内部湿分形态分析可知，材料内部不仅存在气态湿分，还存在吸附态、凝聚态等液态湿分。因此，建立固液气三相共存的导热物理模型是分析静态湿分布多孔建筑材料导热过程的基础，而准确地描述材料内部固体骨架、液态湿分和湿空气的空间分布是分析导热过程的关键。

本节将在固液气共存微观导热的基础上，利用宏观上的热电类比原理，并借助分形理论描述多孔建筑材料内部结构特征，分析固、液、气体空间占有比例及空间分布对多孔建筑材料内部导热的影响作用，进而获得静态湿分布多孔建筑材料导热系数计算模型。

根据普通混凝土等多孔建筑材料孔隙曲折连通的结构特点，以及湿分在材料内部的传递特性，近似认为多孔建筑材料孔隙结构是由不同尺度大小孔隙相连通，并构成具有一定迂曲度的毛细管束。多孔建筑材料孔隙结构简化模型如图 2-18 所示，在垂直热流方向的横截面上，认为一定孔径范围的孔隙随机分布；在沿热流方向的纵截面上，孔隙连通构成毛细通道，且大量毛细通道并联排列。

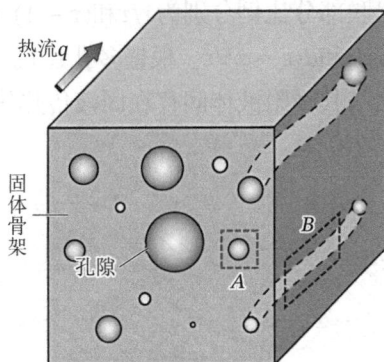

图 2-18　多孔建筑材料孔隙结构简化模型

根据多孔建筑材料内部湿分形态分析可知，湿空气在多孔建筑材料的传递过程中，由于固体骨架表面对水分子的吸附作用，在固体骨架表面处会形成一定体积的吸附水，此外，热湿耦合传递过程中可能产生凝结水，液态湿分导热系数远大于湿空气。当前关于多孔建筑材料导热系数的理论分析，仅考虑固体骨架和湿空气的导热作用，无法真实反映建筑材料内部的多相态导热过程，将对材料导热系数计算造成较大误差。

鉴于此，本书针对含有湿空气的多孔建筑材料，依据材料内部的湿分状态变化形成的液、气空间替换，综合考虑固体骨架、液体和湿空气之间的传热作用，提出液、气空间替换的固液气共存导热模型。

在多孔建筑材料垂直热流方向的横截面上，取一表征单元（图 2-18 中A），在材料内部固气导热模型基础上，如图 2-19（a）所示，本书提出液、气空间替换的固液气共存导热物理模型，如图 2-19（b）所示。

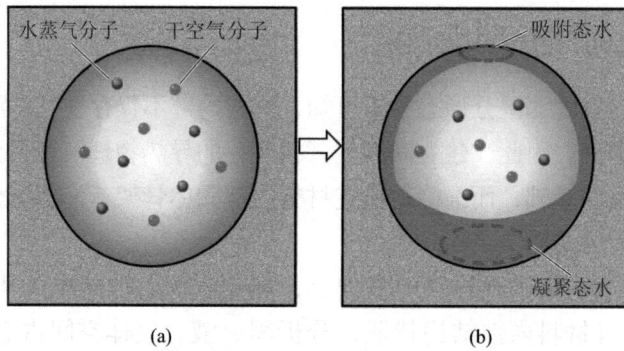

图 2-19　多孔建筑材料内部固液气导热物理模型
（a）材料内部固气导热模型；（b）液、气空间替换的固液气共存导热物理模型

在多孔建筑材料沿垂直热流方向的纵截面上，认为液、气空间替换形成固、液、气体三相相互并联。在纵截面上取一表征单元（图 2-18 中B），其纵截面固气液导热单元，如图 2-20（a）所示。考虑到毛细管具有一定迁曲度，将静态湿分布多孔建筑材料的纵截面表征单元简化固体骨架、液体和气体串联和并联组合的简化表征单元，如图 2-20（b）所示。

简化单元中三相并联和串联部分比例分别为$1/\tau$和$(\tau-1)/\tau$，且并联和串联中固、液、气体部分分别为$d(1-\varepsilon)/\varepsilon$、$d\varphi/\varepsilon$和$d(\varepsilon-\varphi)/\varepsilon$。根据多孔建筑材料内部固、液、气体之间的微观传热分析，可知固体表面与其吸附液体间存在固液传热热阻，在表征单元中认为存在一定尺度l_k的固液界面热阻等效液体。

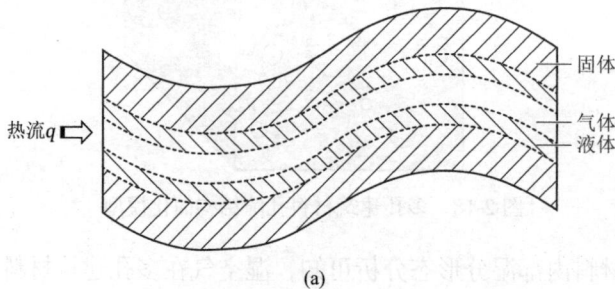

(a)

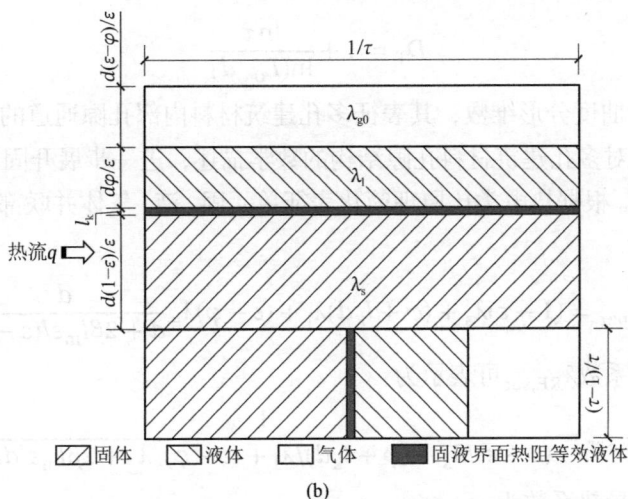

图 2-20　材料纵截面固液气共存简化导热单元

（a）材料内部纵截面固液气导热单元；（b）材料纵截面固液气串并联导热单元

2.5.2　固液气共存多孔建筑材料导热分形分析

对于多孔建筑材料能否用分形理论进行分析，Yu 提出在一定尺度范围多孔建筑材料孔径分布需满足式(2-40)，可近似认为多孔建筑材料符合统计自相似分形结构。

$$(L_{\min}/L_{\max})^{D_f} \approx 0 \tag{2-40}$$

同时指出，一般当 $L_{\min}/L_{\max} < 10^{-2}$，大多数多孔建筑材料符合统计自相似，可利用分形理论进行相关分析。根据常见多孔建筑材料孔径分布特征分析可知，多孔建筑材料满足此条件，因此，可利用分形理论来描述多孔建筑材料内部孔隙结构特征。

多孔建筑材料的某些宏观输运参数如液体传导系数、扩散系数等，通常与流体流动或扩散的弯曲路径即迂曲度有关，一般迂曲度 τ 被定义为：

$$\tau = L_t/L_0 \tag{2-41}$$

其中，L_t 为流体路径的实际长度；L_0 为沿宏观驱动势梯度方向上的特征长度。

对于统计自相似分形结构，Yu 等研究得出分形结构材料的累积孔隙数目 N 与孔径分布服从如下的函数关系：

$$N(L_0 \geqslant d) = \left(\frac{d_{\max}}{d}\right)^{D_f} \tag{2-42}$$

其中，d 为材料孔隙尺寸，m；$d_{\max}$ 为材料最大孔隙尺寸，m。

由于多孔建筑材料内部空隙数量巨大，近似认为式(2-42)可微，对该式微分得到在 d 和 $d + \mathrm{d}d$ 区间里的材料截面孔隙数目为：

$$- \mathrm{d}N = D_f d_{\max}^{D_f} d^{-(D_f+1)} \, \mathrm{d}d \tag{2-43}$$

Yu 将对多孔建筑材料孔隙的分形描述推广到多孔建筑材料的弯曲毛细管中，用毛细管直径代替把式(2-43)中的测量尺度，则毛细管分形标度关系可以表示为：

$$L_t(d) = d^{1-D_T} L_0^{D_T} \tag{2-44}$$

由式(2-41)和式(2-44)可得毛细管迂曲度分形维数：

$$D_{\mathrm{T}} = 1 + \frac{\ln\tau}{\ln(L_0/d)} \tag{2-45}$$

其中，D_{T} 为迁曲度分形维数，其表征多孔建筑材料内部孔隙通道的弯曲程度。

借助分形理论对多孔建筑材料孔隙结构的数学描述，进一步展开固液气共存多孔建筑材料导热分形分析。根据热电类比原理简化表征单元固、液、气体并联部分导热系数 $\lambda_{\mathrm{RE,par}}$ 可表示为：

$$\lambda_{\mathrm{RE,par}} = (1-\varepsilon)\lambda_{\mathrm{s}} + (\varphi + l_{\mathrm{k}}d)\lambda_{\mathrm{l}} + (\varepsilon - \varphi)\lambda_{\mathrm{g}}\frac{d}{d + 2\beta l_{\mathrm{m}}\varepsilon/(\varepsilon - \varphi)} \tag{2-46}$$

串联部分导热系数 $\lambda_{\mathrm{RE,ser}}$ 可表示为：

$$\lambda_{\mathrm{RE,ser}} = \frac{1}{(1-\varepsilon)/\lambda_{\mathrm{s}} + (\varphi + l_{\mathrm{k}}d)/\lambda_{\mathrm{l}} + (\varepsilon - \varphi)/\lambda_{\mathrm{g}} + 2\beta l_{\mathrm{m}}\varepsilon/d\lambda_{\mathrm{g}}} \tag{2-47}$$

简化表征单元导热系数为：

$$\lambda_{\mathrm{RE}} = \frac{1}{\tau}\cdot\lambda_{\mathrm{RE,par}} + \frac{\tau-1}{\tau}\cdot\lambda_{\mathrm{RE,ser}} \tag{2-48}$$

根据傅里叶定律，通过厚度为 L_0 的表征单元截面的热流为：

$$q_{\mathrm{R}} = \frac{d^2}{\varepsilon}\cdot\frac{\lambda_{\mathrm{RE}}}{L_0}\Delta T \tag{2-49}$$

从最小到最大固液气单元截面热流积分可计算通过材料的总热量 Q_{t}：

$$Q_{\mathrm{t}} = -\int_{d_{\min}}^{d_{\max}} q_{\mathrm{R}}(d)\,\mathrm{d}N \tag{2-50}$$

把式(2-43)、式(2-48)和式(2-49)带入式(2-50)得到：

$$Q_{\mathrm{t}} = \frac{\lambda_{\mathrm{e}}D_{\mathrm{f}}d_{\max}^{D_{\mathrm{f}}}}{L_0^{D_{\mathrm{T}}}\varepsilon}\Delta T\cdot\int_{d_{\min}}^{d_{\max}}\left[\frac{d^{D_{\mathrm{T}}-D_{\mathrm{f}}}}{Ad+B} + Cd^{D_{\mathrm{T}}-D_{\mathrm{f}}+1} + E\frac{d^{D_{\mathrm{T}}-D_{\mathrm{f}}+2}}{d+2\beta l_{\mathrm{m}}} + \frac{\varepsilon(\tau-1)}{\tau}\cdot\lambda_{\mathrm{l}}l_{\mathrm{k}}\right]\mathrm{d}d \tag{2-51}$$

进一步积分得到：

$$Q_{\mathrm{t}} = \frac{\lambda_{\mathrm{e}}D_{\mathrm{f}}d_{\max}^{D_{\mathrm{f}}}}{L_0^{D_{\mathrm{T}}}\varepsilon}\Delta T\left\{C\cdot\frac{d_{\max}^{D_{\mathrm{T}}-D_{\mathrm{f}}+2} - d_{\min}^{D_{\mathrm{T}}-D_{\mathrm{f}}+2}}{D_{\mathrm{T}}-D_{\mathrm{f}}+2} + \frac{\varepsilon(\tau-1)}{\tau}\cdot\lambda_{\mathrm{l}}l_{\mathrm{k}}\left(d_{\max}^{D_{\mathrm{T}}} - d_{\min}^{D_{\mathrm{T}}}\right) + \right.$$
$$\left[\frac{d^{D_{\mathrm{T}}-D_{\mathrm{f}}+1}{}_2F_1(1, D_{\mathrm{T}}-D_{\mathrm{f}}+1; D_{\mathrm{T}}-D_{\mathrm{f}}+2; -Ad/B)}{B(D_{\mathrm{T}}-D_{\mathrm{f}}+1)}\right]_{d_{\min}}^{d_{\max}} +$$
$$\left.\left[E\cdot\frac{d^{D_{\mathrm{T}}-D_{\mathrm{f}}+3}{}_2F_1\left(1, D_{\mathrm{T}}-D_{\mathrm{f}}+3; D_{\mathrm{T}}-D_{\mathrm{f}}+4; -d/(2\beta l_{\mathrm{m}})\right)}{2\beta l_{\mathrm{m}}(D_{\mathrm{T}}-D_{\mathrm{f}}+3)}\right]_{d_{\min}}^{d_{\max}}\right\} \tag{2-52}$$

其中，$A = \frac{1}{\tau}[(1-\varepsilon)\lambda_{\mathrm{s}} + \varphi\lambda_l]$，$B = \frac{1}{\tau}(\varepsilon - \varphi)\lambda_{\mathrm{g}}$，$C = \frac{\tau-1}{\tau}\left(\frac{1-\varepsilon}{\lambda_{\mathrm{s}}} + \frac{\varphi}{\lambda_l} + \frac{\varepsilon-\varphi}{\lambda_{\mathrm{g}}}\right)$，$E = \frac{\tau-1}{\tau}\cdot\frac{\varepsilon-\varphi}{\lambda_{\mathrm{g}}}$。

${}_2F_1(a, b; c; -z)$ 为超几何函数，可采用 Mathematica 软件进行求解。

根据傅里叶定律从宏观角度可知，通过面积为 A_{t}、厚度为 L_0 的材料热量 Q_{t} 可表示为：

$$Q_{\mathrm{t}} = \frac{\lambda_{\mathrm{e,m}}}{L_0}A_{\mathrm{t}}\Delta T \tag{2-53}$$

其中，$\lambda_{e,m}$ 为静态湿分布多孔建筑材料导热系数，W/(m·K)。

从最小到最大，固、液、气体构成单元截面面积积分得到总截面面积 A_t 为：

$$A_t = -\int_{d_{\min}}^{d_{\max}} \frac{d^2}{\varepsilon} dN \tag{2-54}$$

进一步积分得到：

$$A_t = \frac{D_f d_{\max}^{D_f} \left(d_{\max}^{2-D_f} - d_{\min}^{2-D_f}\right)}{\varepsilon(2-D_f)} \tag{2-55}$$

截面尺寸 L_0 与界面面积 A_t 近似关系为：

$$L_0 = \sqrt{A_t} \tag{2-56}$$

由式(2-46)～式(2-56)计算可得固液气共存多孔建筑材料导热系数：

$$\lambda_{e,m} = \frac{2-D_f}{d_{\max}^{2-D_f} - d_{\min}^{2-D_f}} \left\{ C \cdot \frac{d_{\max}^{D_T-D_f+2} - d_{\min}^{D_T-D_f+2}}{D_T - D_f + 2} + \frac{\varepsilon(\tau-1)}{\tau} \cdot \lambda_l l_k \left(d_{\max}^{D_T} - d_{\min}^{D_T}\right) + \right.$$

$$\left[\frac{d^{D_T-D_f+1} {}_2F_1\left(1, D_T-D_f+1; D_T-D_f+2; -Ad/B\right)}{B(D_T-D_f+1)} \right]_{d_{\min}}^{d_{\max}} +$$

$$\left. \left[E \cdot \frac{d^{D_T-D_f+3} {}_2F_1\left(1, D_T-D_f+3; D_T-D_f+4; -d/(\beta l_m)\right)}{\beta l_m (D_T-D_f+3)} \right]_{d_{\min}}^{d_{\max}} \right\} \tag{2-57}$$

为便于计算，由以上分析得知，表征单元中气体导热系数以及固液截面热阻与孔隙尺寸有关，对于静态湿分布多孔建筑材料来说，孔隙平均气体导热系数以及总固液界面热阻对分析材料导热系数更有意义。因此，可换种思路分析，将材料孔隙平均气体导热系数以及总固液界面热阻分别计算后带入固液气共存多孔建筑材料导热系数计算模型中，得到下述计算式：

$$\lambda_{e,m} = \lambda_{RE,t} \cdot \frac{1}{L_0^{D_T-1}} \cdot \frac{2-D_f}{d_{\max}^{2-D_f} - d_{\min}^{2-D_f}} \cdot \frac{d_{\max}^{D_T-D_f+1} - d_{\min}^{D_T-D_f+1}}{D_T - D_f + 1} \tag{2-58}$$

其中，$\lambda_{RE,t}$ 为考虑总固液界面热阻和孔隙平均气体导热系数的表征截面单元导热系数，W/(m·K)。

多孔建筑材料内部总固液界面热阻以及孔隙平均气体导热系数可分别表示为：

$$l_{kt} = -\int_{d_{\min}}^{d_{\max}} l_k d \, dN \tag{2-59}$$

$$\lambda_{g0,av} = \frac{-\int_{d_{\varphi,\min}}^{d_{\varphi,\max}} \frac{\lambda_g}{1+2\beta K_n} \cdot \frac{d^2(\varepsilon-\varphi)}{\varepsilon} dN}{A_p} \tag{2-60}$$

其中，l_{kt} 为固液界面总热阻长度，m；$\lambda_{g0,av}$ 为孔隙平均气体导热系数，W/(m·K)；A_p 为材料截面气体的面积，m²；$d_{\varphi,\max}$ 和 $d_{\varphi,\min}$ 分别为材料内部湿空气所占空间的最小和最大孔径，m。

通过计算可得到：

$$l_{kt} = \frac{l_k D_f d_{\max}^{D_f} (d_{\max}^{1-D_f} - d_{\min}^{1-D_f})}{1 - D_f} \tag{2-61}$$

$$\lambda_{g0,av} = \lambda_g \frac{2 - D_f}{d_{\max}^{2-D_f} - d_{\min}^{2-D_f}} \cdot \left[\frac{d^{3-D_f} {}_2F_1(1, 3 - D_f, 4 - D_f, -d/G)}{G(3 - D_f)} \right]_{d_{\min}}^{d_{\max}} \tag{2-62}$$

其中，$G = \frac{2\beta l_m \varepsilon}{\varepsilon - \varphi}$。

式(2-58)即为静态湿分布条件的基于分形理论的液、气空间替换的固液气共存多孔建筑材料导热系数计算模型。该模型考虑了材料固体骨架、液态湿分以及湿空气之间综合导热作用，以及它们的微尺度传热效应；在材料结构上涉及了孔隙的孔径分布、孔隙率、孔隙迂曲度、迂曲度分形维数及面积分形维数等描述多孔建筑材料结构的重要参数。

2.5.3 静态湿分布下多孔建筑材料导热系数影响因素分析

1. 孔隙率和孔径分布

静态湿分布下多孔建筑材料导热系数$\lambda_{e,m}$随孔隙率ε的变化如图 2-21 所示，随着孔隙率的增大，静态湿分布多孔建筑材料导热系数变化率先减小后增加，在孔隙率小于 0.1 时，导热系数变化较为明显，在中等孔隙率范围，导热系数变化平缓，且饱和度Sr越低，此变化特性越明显。

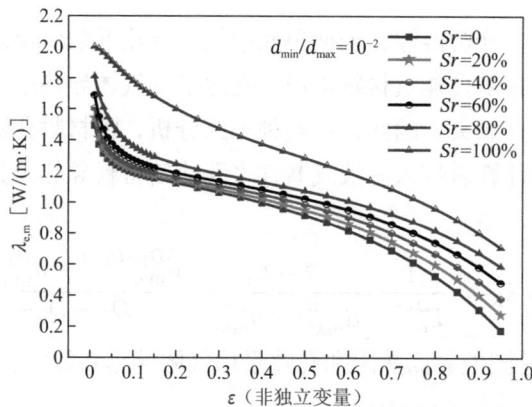

图 2-21　静态湿分布下多孔建筑材料导热系数随孔隙率的变化

多孔建筑材料内部孔径分布函数近似可微时，多孔材料孔径分布范围可用最小孔径与最大孔径比体现。从相同和不同数量级进行对比分析孔径分布对静态湿分布多孔建筑材料导热系数影响，如图 2-22 所示。

图 2-22 中材料$d_{\min}/d_{\max}$数量级分别为 10^{-2}、10^{-3}、10^{-4} 和 10^{-5}，随着孔径比数量级降低，静态湿分布多孔建筑材料导热系数逐渐减小，且减小幅度较大，如$d_{\max} = 1000\mu m$ 时$d_{\min}$由 $10\mu m$ 减小至 $0.01\mu m$，静态湿分布多孔建筑材料导热系数降低了 29%。其主要原因为：$d_{\min}/d_{\max}$与材料面积分形维数密切相关，随$d_{\min}/d_{\max}$的减小，材料面积分形维数逐渐增加，孔隙结构越不规则，加剧了多孔材料内部固、液及气体分布的复杂程度，从而导致了静态湿分布多孔建筑材料导热系数的降低。

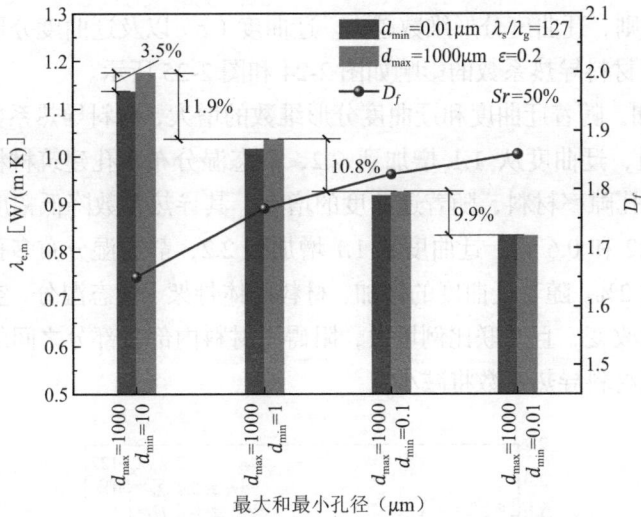

图 2-22　孔径分布对静态湿分布多孔建筑材料导热系数影响

2. 含湿量

多孔建筑材料中湿分含量对材料导热系数影响最为直观的体现是液态湿分所占的体积比例，因此，采用液态湿分饱和度 Sr 反映含湿量对材料导热系数的影响。饱和度对静态湿分布多孔建筑材料导热系数的影响如图 2-23 所示。

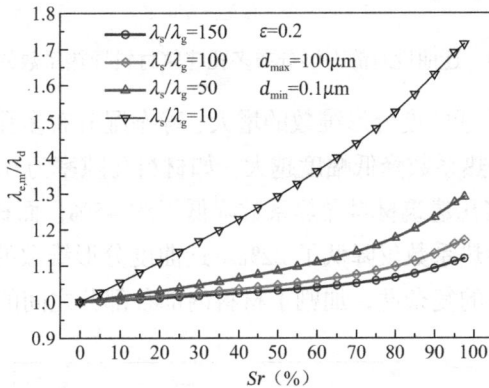

图 2-23　饱和度对静态湿分布多孔建筑材料导热系数的影响

由图 2-23 可知，随着饱和度的增加，固气导热系数比越小时，静态湿分布多孔建筑材料导热系数增加幅度越大。当固气导热系数比为 127 时，对孔隙率为 0.2 的材料，饱和度从 5% 增至 95%，静态湿分布多孔建筑材料导热系数增加了约 13%，孔隙率为 0.6 的材料，导热系数增加了 26%。当孔隙率为 0.2 时，对于固气导热系数比为 10 的材料，饱和度由 0 增至 0.9，静态湿分布多孔建筑材料导热系数增加约 63%，对于固气导热系数比为 150 的材料，导热系数仅增加约 9%。

3. 分形结构参数

迂曲度和迂曲度分形维数均可体现孔隙通道弯曲程度，迂曲度侧重反映孔隙通道总长度与对应的材料尺寸比例，而迂曲度分形维数侧重反映孔隙通道不规则程度，孔隙通道弯曲越复杂、越不规则，迂曲度分形维数越大。迂曲度（τ）以及迂曲度分形维数（D_T）对静态湿分布多孔建筑材料导热系数的影响如图 2-24 和图 2-25 所示。

　　由图 2-24 可知，随着迂曲度和迂曲度分形维数的增大，材料导热系数逐渐减小，如材料孔隙率为 0.4 时，迂曲度从 1.1 增加到 2.2，静态湿分布多孔建筑材料导热系数降低约 47%。而对于不同孔隙率材料，随着迂曲度的增大，其导热系数降低幅度相差不大，如材料孔隙率分别为 0.2 和 0.6 时，迂曲度从 1.1 增加到 2.2，静态湿分布多孔建筑材料导热系数降低幅度相差约 2%。随着迂曲度的增加，材料固体骨架、液态湿分、空气串联和并联部分分布比例将发生改变，且并联比例增大，阻碍了材料内部各部分之间的导热。因此，静态湿分布多孔建筑材料导热系数将减小。

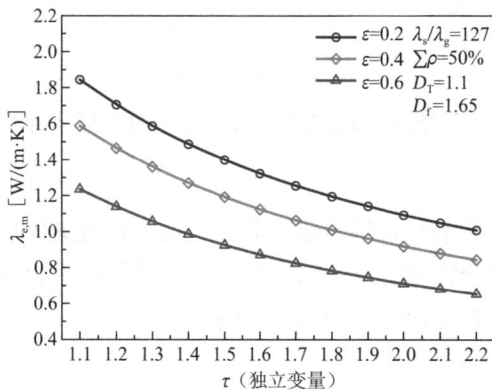

图 2-24　迂曲度对静态湿分布多孔建筑材料导热系数的影响

　　由图 2-25 可知，随着迂曲度分形维数的增大，静态湿分布多孔建筑材料导热系数逐渐减小，且孔隙率越小，导热系数降低幅度越大。如材料孔隙率为 0.2、迂曲度分形维数从 1 增至 2 时，静态湿分布多孔建筑材料导热系数降低了约 45%，而材料孔隙率为 0.6 时，静态湿分布多孔建筑材料导热系数仅降低了 22%。迂曲度分形维数的增加，增大了固、液、气体串联和并联部分排布的复杂性，加剧了材料内部各部分之间的导热阻碍作用。

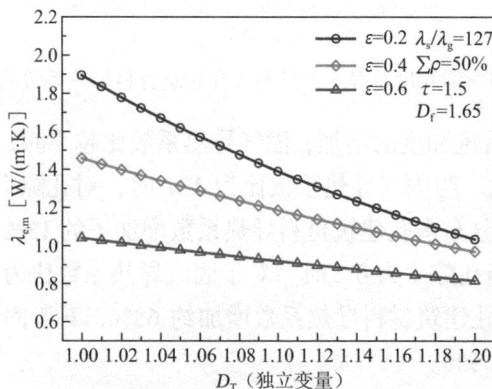

图 2-25　迂曲度分形维数对静态湿分布多孔建筑材料导热系数的影响

　　面积分形维数反映了多孔介质截面复杂形体所占的有效空间，也是多孔介质内部空间不规则性的重要度量参数。图 2-26 为面积分形维数对静态湿分布多孔建筑材料导热系数的影响。由图 2-26 可知，随面积分形维数增大，静态湿分布多孔建筑材料导热系数逐渐减小，且导热系数减小幅度逐渐增大，尤其是面积分形维数高于 1.8 时，此变化趋势越明显。对于孔隙率为 0.2 的材料，面积分形维数从 1.1 增至 1.5，与从 1.5 增至 1.9 时，导热系数分别降低了约 8% 和 31%。对于不同孔隙率的材料，孔隙率越小，随面积分形维数的变化，导热系数变化幅度越大，如面积分形维数从 1.1 增至 1.9，对于孔隙率为 0.6 的材料，其导热系数降低约 28%，而对于孔隙率为 0.2 的材料，其导热系数降低了约 44%。

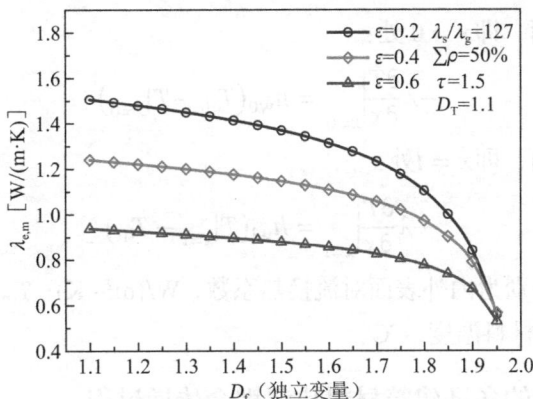

图 2-26　面积分形维数对静态湿分布多孔材料导热系数的影响

2.6　动态湿迁移下多孔建筑材料导热系数计算模型

静态湿分主要以导热方式影响材料内部热量变化，而迁移湿分主要通过湿分传递过程导致材料焓值变化。目前，对建筑湿传递的相关研究，主要集中在湿传递对围护结构传热及建筑负荷的影响分析上，而如何定量分析湿传递对材料导热系数的影响程度则少见报道。多孔建筑材料中热湿传递高度耦合，且湿分传递过程中可能发生湿相变，如何将材料热湿耦合传递过程中湿传递对传热影响作用等效为导热，获得湿迁移和湿相变引起的附加导热系数是研究重点。

通过对多孔建筑材料热湿耦合传递机理进行分析，以水蒸气分压力差和温度差为驱动势，建立无湿相变条件的热湿耦合传递控制方程。针对当前材料内部湿分相变采用宏观湿分扩散理论无法反映湿分相变机理的问题，在无湿相变的热湿耦合传递方程基础上，结合蒸发冷凝理论，建立有湿相变的热湿耦合传递方程，并提出湿迁移和湿相变引起的附加导热系数计算方法，为分析热湿传递对多孔建筑材料导热系数的定量影响关系提供理论基础。

为对比分析多孔建筑材料热湿耦合传递过程对传热作用影响，进而分析湿迁移和湿相变引起的附加导热系数，在此忽略了材料和室内外环境的湿交换，且不考虑材料内部湿传递，建立多孔建筑材料传热数学模型。

1. 导热微分方程

认为材料结构层近似为一维传热，其热平衡方程可表示为：

$$\rho_{\mathrm{d}} c_{\mathrm{pd}} \frac{\partial T}{\partial t} = -\frac{\partial}{\partial x}\left(-\lambda_{\mathrm{d}} \frac{\partial T}{\partial x}\right) \tag{2-63}$$

其中，λ_{d} 为干材料导热系数，W/(m·K)；ρ_{d} 为干材料密度，kg/m³；c_{pd} 为干材料定压比热容，J/(kg·K)。

2. 定解条件

（1）初始条件

$$T(x,t)|_{t=0} = T(x,0) \tag{2-64}$$

（2）边界条件

材料结构层外表面，即 $x = 0$ 处：

$$-\lambda \frac{\partial T}{\partial x}\Big|_{x=0} = h_{\mathrm{w0}}\left(T_{\mathrm{out}} - T|_{x=0}\right) \tag{2-65}$$

材料结构层内表面，即 $x = l$ 处：

$$-\lambda \frac{\partial T}{\partial x}\Big|_{x=l} = h_{\mathrm{wl}}\left(T|_{x=l} - T_{\mathrm{in}}\right) \tag{2-66}$$

其中，h_{wl} 和 h_{w0} 分别为内外表面对流换热系数，W/(m²·K)；T_{in} 和 T_{out} 分别为室内和室外空气温度，℃；T 为材料温度，℃。

2.6.1 内部无湿相变的多孔建筑材料热湿耦合传递过程

多孔建筑材料内部传热不仅受静态湿分影响，而且受湿分传递影响。湿传递有两种情况，一种是不发生相变，湿分仅以显热形式影响传热；另一种是发生湿相变，湿分以显热和潜热两种形式影响传热。针对湿传递对传热过程的影响作用，通过热湿耦合机理分析，建立有无湿相变的多孔建筑材料热湿耦合传递数学模型，分析湿传递对传热的影响并将其转化当量导热，进而获得湿传递引起的附加导热系数。

多孔建筑材料热湿耦合传递过程复杂，且材料内部结构不规则，为简化复杂计算过程，对热湿传递数学物理模型进行以下假设：

（1）认为干燥的多孔建筑材料均匀分布且各向同性；

（2）多孔建筑材料热湿耦合传递过程按一维处理；

（3）忽略材料内部液态湿分及湿空气中压缩功和黏性耗散；

（4）材料内部固、液、气三相处于局部热平衡，液态湿分和气态湿分处于局部湿平衡；

（5）环境及材料内部空气及水蒸气为理想气体；

（6）各相态之间满足压力平衡。

1. 湿传递方程

多孔建筑材料中湿分传递包括液态湿分和气态湿分传递，其湿平衡方程可表示为：

$$\frac{\partial w}{\partial t} + \frac{\partial}{\partial x}(J_{\mathrm{v}} + J_{\mathrm{l}}) = 0 \tag{2-67}$$

其中，w 为多孔建筑材料体积含湿量，kg/m³；J_{v} 为多孔建筑材料内部水蒸气流量，kg/(m²·s)；J_{l} 为多孔建筑材料内部液态水流量，kg/(m²·s)。

当多孔建筑材料内部无湿相变时，材料内部湿分变化量可根据含湿量与相对湿度以及水蒸气分压力之间的关系进行转换确定。

$$\frac{\partial u}{\partial t} = \frac{\partial u}{\partial \varphi}\frac{\partial \varphi}{\partial P_v}\frac{\partial P_v}{\partial t} \tag{2-68}$$

其中，u 为多孔建筑材料质量含湿量，kg/kg；P_v 为水蒸气分压力，Pa；φ 为相对湿度。$w = u\rho$，$\xi = \frac{\partial u}{\partial \varphi}$，$\varphi = \frac{P_v}{P_{v,\mathrm{sat}}}$。

则多孔建筑材料体积含湿量与内部水蒸气分压力关系可表示为：

$$\frac{\partial w}{\partial t} = \rho\xi\frac{1}{P_{v,\mathrm{sat}}}\frac{\partial P_v}{\partial t} \tag{2-69}$$

其中，ξ 为多孔建筑材料的等温吸附曲线斜率；ρ 为多孔建筑材料密度，kg/m³；$P_{v,\mathrm{sat}}$ 为饱和水蒸气分压力，Pa。

根据 Fick 定律，多孔建筑材料内部水蒸气流量可表示为：

$$J_v = -k_v\frac{\partial P_v}{\partial x} \tag{2-70}$$

其中，k_v 为水蒸气渗透系数，kg/(Pa·m·s)。

根据 Darcy 定律，多孔建筑材料内部液态水流量可表示为：

$$J_l = -k_l\left(\frac{\partial P_l}{\partial x} - \rho_l g\right) \tag{2-71}$$

其中，k_l 为液态水传导系数，kg/(Pa·m·s)；P_l 为液态水压力，Pa；ρ_l 为液态水密度，kg/m³。

多孔建筑材料中由于重力导致的液态水迁移量可忽略，则：

$$J_l = -k_l\frac{\partial P_l}{\partial x} \tag{2-72}$$

当多孔建筑材料内部毛细孔发生凝聚现象时，水蒸气分压力与孔隙尺寸之间的关系可由 Kelvin 方程表示：

$$\ln\frac{P_v}{P_{v,\mathrm{sat}}} = -\frac{\sigma_l V_l}{R_v T_k}\frac{1}{r_m} \tag{2-73}$$

其中，σ_l 为液态水表面张力，N/m；r_m 为毛细管半径，m；R_v 为水蒸气气体常数，J/(kg·K)；T_k 为温度，K；V_l 为液态水比容，m³/kg。

毛细压力与毛细管凝聚态水表面张力关系可由 Young-Laplace 方程表示：

$$P_c = \frac{\sigma_l}{r_m} \tag{2-74}$$

其中，P_c 为毛细压力，Pa。

由式(2-73)和式(2-74)，毛细压力可表示为：

$$P_c = -\frac{\rho_l R T_k}{M}\ln\frac{P_v}{P_{v,\mathrm{sat}}} \tag{2-75}$$

其中，R 为通用气体常数，J/(mol·K)；M 为水的摩尔质量，kg/mol。

多孔建筑材料内部液态水传递驱动势主要为毛细压力，且液态水流量与毛细压力成正比，因此，液态水流量可表示为：

$$J_1 = k_1 \frac{\partial P_c}{\partial x} = k_1 \frac{\partial}{\partial x}\left(-\frac{\rho_1 R T_k}{M}\ln\frac{P_v}{P_{v,sat}}\right) \tag{2-76}$$

饱和水蒸气分压力是温度的单值函数，因此，可得液态水流量为：

$$J_1 = -k_1 \frac{\rho_1 R}{M}\left(\ln\frac{P_v}{P_{v,sat}}\frac{\partial T}{\partial x} + \frac{T_k}{P_v}\frac{\partial P_v}{\partial x} - \frac{T_k}{P_{v,sat}}\frac{\partial P_{v,sat}}{\partial T}\frac{\partial T}{\partial x}\right) \tag{2-77}$$

将饱和水蒸气视为理想气体，根据 Clausius-Clapeyron 方程，饱和水蒸气分压力随温度变化率可表示为：

$$\frac{\partial P_{v,sat}}{\partial T} = \frac{\Delta h_v}{T_k(V_v - V_1)} \tag{2-78}$$

其中，V_v 为水蒸气比容，m³/kg；Δh_v 为水蒸气或液态水相变潜热量，J/kg；水的相变潜热量主要与温度有关，可表示为：$\Delta h_v = (2500 - 2.4T)\times 10^3$。

忽略液态水比容，式(2-78)可表示为：

$$\frac{\partial P_{v,sat}}{\partial T} = \frac{\Delta h_v}{T_k V_v} = \frac{P_{v,sat}\Delta h_v}{R_v T_k^2} \tag{2-79}$$

则多孔建筑材料内部液态水质量流量可表示为：

$$J_1 = -k_1 \frac{\rho_1 R}{M}\left(\ln\frac{P_v}{P_{v,sat}}\frac{\partial T}{\partial x} + \frac{T_k}{P_v}\frac{\partial P_v}{\partial x} - \frac{\Delta h_v}{R_v T_k}\frac{\partial T}{\partial x}\right) \tag{2-80}$$

综合以上分析，多孔建筑材料湿平衡方程可表示为：

$$\rho\xi\frac{1}{P_{v,sat}}\frac{\partial P_v}{\partial t} + \frac{\partial}{\partial x}\left[-\left(k_v + k_1\frac{\rho_1 R}{M}\frac{T_k}{P_v}\right)\frac{\partial P_v}{\partial x} - k_1\frac{\rho_1 R}{M}\left(\ln\frac{P_v}{P_{v,sat}} - \frac{\Delta h_v}{R_v T_k}\right)\frac{\partial T}{\partial x}\right] = 0 \tag{2-81}$$

在计算分析中，饱和水蒸气分压力可根据其与对应的温度之间的拟合关系式进行确定。

$$P_{v,sat}(T) = 610.5\exp\left(\frac{17.269T}{237.3 + T}\right) \tag{2-82}$$

多孔建筑材料内部液态水传导系数较难测试，且对于多孔建筑材料缺乏相应液态水传导系数，一般可根据多孔建筑材料内部液态水传导系数与水蒸气扩散系数等参数之间的关系进行确定。

$$k_1 = \frac{D_v \varphi \rho_{v,sat}}{R_v T \rho_1} \tag{2-83}$$

其中，D_v 为水蒸气扩散系数，m²/s；$\rho_{v,sat}$ 为饱和水蒸气密度，kg/m³。

水蒸气扩散系数和水蒸气渗透系数关系可表示为：

$$D_v = k_v R_v T_k \tag{2-84}$$

由此可得，液态水传导系数与水蒸气渗透系数关系为：

$$k_1 = \frac{k_v \rho_v T_k}{T \rho_1} \tag{2-85}$$

2. 热传递方程

多孔建筑材料内能的变化等于水蒸气和液态水传递过程产生的热量以及材料内部导热量，因此多孔建筑材料热平衡方程可表示为：

$$\rho c_p\frac{\partial T}{\partial t} + \frac{\partial}{\partial x}(h_1 J_1 + h_v J_v) = -\frac{\partial}{\partial x}(q_{con}) \tag{2-86}$$

其中，q_{con} 为多孔建筑材料导热量，$J/(W \cdot m^2)$；h_v 和 h_1 分别为水蒸气和液态水的焓，J/kg。

水蒸气和液态水的焓可分别表示为：

$$h_v = \Delta h_v + c_{pv}(T - T_0) \tag{2-87}$$

$$h_1 = c_{pl}(T - T_0) \tag{2-88}$$

其中，c_{pv} 和 c_{pl} 分别为水蒸气和液态水定压比热容，$J/(kg \cdot K)$。

综合以上分析，多孔建筑材料热平衡方程可表示为：

$$\rho c_p \frac{\partial T}{\partial t} + \frac{\partial}{\partial x}\left[-\left(h_v k_v + h_1 k_1 \frac{\rho_1 R}{M}\frac{T_k}{P_v}\right)\frac{\partial P_v}{\partial x} - h_1 k_1 \frac{\rho_1 R}{M}\left(\ln\frac{P_v}{P_{v,sat}} - \frac{\Delta h_v}{R_v T_k}\right)\frac{\partial T}{\partial x}\right] = \frac{\partial}{\partial x}\left(\lambda_e \frac{\partial T}{\partial x}\right)$$
$$\tag{2-89}$$

为反映材料内部水蒸气分压力梯度和温度梯度对热湿传递过程的影响程度，用 $K_{Pv,Pv}$、$K_{Pv,T}$、$K_{T,Pv}$、$K_{T,T}$ 分别表示湿平衡方程和热平衡方程中的相关参数项。

$$K_{Pv,Pv} = k_v + k_1 \frac{\rho_1 R}{M}\frac{T_k}{P_v}$$

$$K_{Pv,T} = k_1 \frac{\rho_1 R}{M}\left(\ln\frac{P_v}{P_{v,sat}} - \frac{\Delta h_v}{R_v T_k}\right)$$

$$K_{T,Pv} = h_v k_v + h_1 k_1 \frac{\rho_1 R}{M}\frac{T_k}{P_v}$$

$$K_{T,T} = h_1 k_1 \frac{\rho_1 R}{M}\left(\ln\frac{P_v}{P_{v,sat}} - \frac{\Delta h_v}{R_v T_k}\right) + \lambda_e$$

$K_{Pv,Pv}$ 和 $K_{Pv,T}$ 分别表示水蒸气分压力梯度作用下的湿传递和热传递系数；$K_{T,Pv}$ 和 $K_{T,T}$ 分别表示温度梯度作用下的湿传递和热传递系数，它们表征湿传递和热传递相互之间影响的大小。

3. 定解条件

（1）初始条件

多孔建筑材料内部初始温度和初始水蒸气分压力分布分别为：

$$T(x,t)|_{t=0} = T(x,0) \tag{2-90}$$

$$P_v(x,t)|_{t=0} = P_v(x,0) \tag{2-91}$$

（2）边界条件

材料层外表面（$x = 0$ 处）与室外空气湿交换和热交换方程可分别表示为：

$$\left(-K_{Pv,Pv}\frac{\partial P_v}{\partial x} - K_{Pv,T}\frac{\partial T}{\partial x}\right)\bigg|_{x=0} = \frac{h_{m0}}{R_v}\left(\frac{P_{v,out}}{T_{k,out}} - \frac{P_v}{T_k}\bigg|_{x=0}\right) \tag{2-92}$$

$$\left(-\lambda_e \frac{\partial T}{\partial x} - K_{T,Pv}\frac{\partial P_v}{\partial x} - K_{T,T}\frac{\partial T}{\partial x}\right)\bigg|_{x=0} = h_{w0}(T_{out} - T|_{x=0}) + \Delta h_v \frac{h_{m0}}{R_v}\left(\frac{P_{v,out}}{T_{k,out}} - \frac{P_v}{T_k}\bigg|_{x=0}\right) \tag{2-93}$$

材料层内表面（$x = l$ 处）与室外空气湿交换和热交换方程可分别表示为：

$$\left(-K_{Pv,Pv}\frac{\partial P_v}{\partial x} - K_{Pv,T}\frac{\partial T}{\partial x}\right)\bigg|_{x=l} = \frac{h_{ml}}{R_v}\left(\frac{P_v}{T_k}\bigg|_{x=l} - \frac{P_{v,in}}{T_{k,in}}\right) \tag{2-94}$$

$$\left(-\lambda_e \frac{\partial T}{\partial x} - K_{T,Pv}\frac{\partial P_v}{\partial x} - K_{T,T}\frac{\partial T}{\partial x}\right)\Big|_{x=l} = h_{wl}(T|_{x=l} - T_{in}) + \Delta h_v \frac{h_{ml}}{R_v}\left(\frac{P_v}{T_k}\Big|_{x=l} - \frac{P_{v,in}}{T_{k,in}}\right) \quad (2\text{-}95)$$

其中，h_{ml} 和 h_{m0} 分别为内和外表面质交换系数，m/s；$P_{v,in}$ 和 $P_{v,out}$ 分别为室内和室外空气水蒸气分压力，Pa；$T_{k,in}$ 和 $T_{k,out}$ 分别为室内和室外空气温度，K。

室内外环境中水蒸气与材料层表面发生湿传递的方式为：吸附/解吸或蒸发/凝结；室内外空气与材料层发生热传递的方式为：对流换热及多孔建筑材料层表面与室内外空气湿传递和热传递耦合作用。在常温条件，通过对表面热交换和质交换相似准则简化，可直接引用 Lewis 关系式来确定表面质交换系数。

根据 Lewis 关系式，表面质交换系数可表示为：

$$h_m = \frac{h_c}{\rho_a c_{ap}} \quad (2\text{-}96)$$

其中，h_m 为表面质交换系数，m/s；ρ_a 为环境空气密度，kg/m^3；c_{pa} 为环境空气定压比热容，J/(kg·K)。

2.6.2 湿迁移引起的附加导热系数

由多孔建筑材料热平衡方程可知，湿迁移引起的传热量可表示为：

$$q_{mig} = -h_v J_v - h_l J_l \quad (2\text{-}97)$$

将多孔建筑材料湿迁移引起的传热量 q_{mig} 表示成 Fourier 定律的形式：

$$q_{mig} = -\left(h_v k_v + h_l k_l \frac{\rho_l R}{M}\frac{T_k}{P_v}\right)\frac{\partial P_v}{\partial T}\frac{\partial T}{\partial x} - h_l k_l \frac{\rho_l R}{M}\left(\ln\frac{P_v}{P_{v,sat}} - \frac{\Delta h_v}{R_v T_k}\right)\frac{\partial T}{\partial x} \quad (2\text{-}98)$$

即：

$$q_{mig} = -\lambda_{mig}\frac{\partial T}{\partial x} \quad (2\text{-}99)$$

则湿迁移引起的材料附加导热系数可表示为：

$$\lambda_{mig} = -\left(h_v k_v + h_l k_l \frac{\rho_l R}{M}\frac{T_k}{P_v}\right)\frac{\partial P_v}{\partial T} - h_l k_l \frac{\rho_l R}{M}\left(\ln\frac{P_v}{P_{v,sat}} - \frac{\Delta h_v}{R_v T_k}\right) \quad (2\text{-}100)$$

由式(3-54)可知，湿迁移引起的附加导热系数不仅与水蒸气渗透系数、液态水传导系数以及水蒸气气体常数等参数有关，还与材料内部水蒸气分压力和温度及其梯度有关。

利用无湿相变的热湿耦合传递数学模型及湿迁移引起的附加导热系数计算方法，可获得湿迁移对多孔建筑材料导热系数的定量影响。同时也可利用不考虑湿传递的多孔建筑材料传热数学模型与热湿耦合传递数学模型计算的传热量与传热温差的关系，获得湿迁移对材料导热系数的影响：

$$\eta_1 = \frac{q_1 \Delta t_0}{q_0 \Delta t_1} \quad (2\text{-}101)$$

其中，η_1 为湿迁移引起的材料导热系数修正值；q_0 和 q_1 分别为无湿传递和热湿耦合传递时多孔建筑材料传热量，W/m^2；Δt_0 和 Δt_1 分别为无湿传递和热湿耦合传递时多孔建筑材料传热温差，℃。

2.6.3　内部有湿相变的多孔建筑材料热湿耦合传递过程

1. 湿传递和热传递方程

多孔建筑材料等温吸放湿曲线只能表示相对湿度在 0～100% 内的湿度变化情况，当材料内部发生湿分凝结或蒸发时，则无法表示材料含湿量变化。因此，在无湿相变条件下的热湿耦合传递方程基础上，将相变湿量作为材料内部湿源项引入湿传递方程中，材料中相变热量作为热源项，引入热传递方程中。发生湿相变时，多孔建筑材料湿平衡和热平衡方程可分别表示为：

$$\rho\xi\frac{1}{P_{v,sat}}\frac{\partial P_v}{\partial t}+\frac{\partial}{\partial x}(J_1+J_v)=-\dot{m} \tag{2-102}$$

$$\rho c_p\frac{\partial T}{\partial t}+\frac{\partial}{\partial x}(h_1J_1+h_vJ_v)=\frac{\partial}{\partial x}\left(\lambda_e\frac{\partial T}{\partial x}\right)-\dot{m}\Delta h_v \tag{2-103}$$

其中，$\dot{m}$ 为多孔建筑材料内部湿分蒸发或冷凝率，$kg/(m^3 \cdot s)$。

2. 定解条件

多孔建筑材料内部初始温度和初始水蒸气分压力分布分别为：

（1）初始条件

$$T(x,t)|_{t=0}=T(x,0) \tag{2-104}$$

$$P_v(x,t)|_{t=0}=P_v(x,0) \tag{2-105}$$

（2）边界条件

材料层外表面（$x=0$ 处）与室外空气湿交换和热交换方程可分别表示为：

$$\left(-K_{Pv,Pv}\frac{\partial P_v}{\partial x}-K_{Pv,T}\frac{\partial T}{\partial x}\right)\Big|_{x=0}=\frac{h_{m0}}{R_v}\left(\frac{P_{v,out}}{T_{k,out}}-\frac{P_v}{T_k}\Big|_{x=0}\right) \tag{2-106}$$

$$\left(-\lambda_e\frac{\partial T}{\partial x}-K_{T,Pv}\frac{\partial P_v}{\partial x}-K_{T,T}\frac{\partial T}{\partial x}\right)\Big|_{x=0}=h_{w0}(T_{out}-T|_{x=0})+\Delta h_v\frac{h_{m0}}{R_v}\left(\frac{P_{v,out}}{T_{k,out}}-\frac{P_v}{T_k}\Big|_{x=0}\right) \tag{2-107}$$

材料层内表面（$x=l$ 处）与室外空气湿交换和热交换方程可分别表示为：

$$\left(-K_{Pv,Pv}\frac{\partial P_v}{\partial x}-K_{Pv,T}\frac{\partial T}{\partial x}\right)\Big|_{x=l}=\frac{h_{ml}}{R_v}\left(\frac{P_v}{T_k}\Big|_{x=l}-\frac{P_{v,in}}{T_{k,in}}\right) \tag{2-108}$$

$$\left(-\lambda_e\frac{\partial T}{\partial x}-K_{T,Pv}\frac{\partial P_v}{\partial x}-K_{T,T}\frac{\partial T}{\partial x}\right)\Big|_{x=l}=h_{wl}(T|_{x=l}-T_{in})+\Delta h_v\frac{h_{ml}}{R_v}\left(\frac{P_v}{T_k}\Big|_{x=l}-\frac{P_{v,in}}{T_{k,in}}\right) \tag{2-109}$$

（3）材料内部湿相变求解方法

在多孔介质内部，在 t_0 时刻材料内部处于温湿度动态平衡时，某 x_0 处在一定温度条件（T_0）下，水蒸气分压力 $P_v(x_0,t_0)>P_{v,sat}(x_0)$，则此界面处将出现水蒸气凝结现象。根据多孔建筑材料吸附特征，当水蒸气分压力达到对应温度的 $P_{v,sat}(T)$ 时，材料对水分吸附达到最大吸附值。

水蒸气的凝结一方面使此处的水蒸气分压力下降，另一方面使此处材料温度上升，水蒸气温度上升，导致水蒸气饱和分压力升高。同时，由于此界面水蒸气分压力和温度发生变化，材料内部将发生热湿传递直至下一时刻热湿平衡。

图 2-27 为多孔建筑材料内部含湿量随相对湿度的变化特性，随着材料内部相对湿度增加，当湿空气相对湿度达到 100%时，即水蒸气分压力达到该温度下饱和水蒸气分压力时，材料湿分吸附量到达最大值 u_{amax}。A 段表示为材料的湿分吸附曲线；当水蒸气分压力大于该温度下饱和水蒸气分压力时，材料内部将发生湿分凝结现象，B 段即为材料湿分凝结曲线。

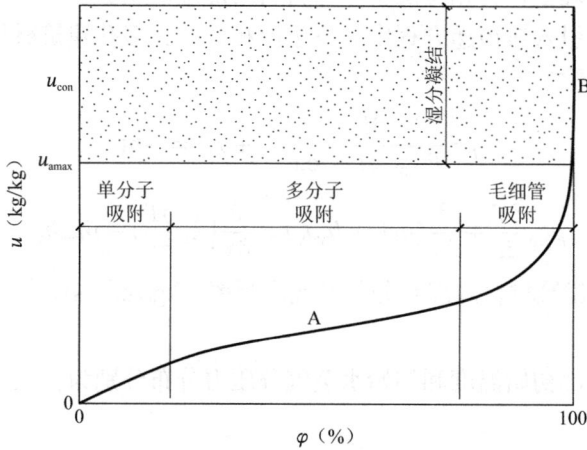

图 2-27　多孔建筑材料内部含湿量随相对湿度的变化特性

根据气体动力论，湿分的蒸发/凝结流率可看作是从水蒸气空间与液面之间分子运动的质量流差，认为水蒸气为理想气体，分子运动满足热力学平衡条件的 Maxwell 分布，通过统计碰撞气液界面分子通量可得到湿分蒸发/凝结质量流率：

$$J_i = P_i \left(\frac{M}{2\pi R T_{ki}} \right)^{\frac{1}{2}} \tag{2-110}$$

其中，J_i 为气液界面的水分子质量流量，kg/(m² · s)；P_i 为水蒸气或液态水压力，Pa；T_{ki} 为水蒸气或液态水温度，K。

通过对经典的蒸发/凝结理论的湿分相变流率的预测修正，水蒸气和液态水的凝结/蒸发流量可根据准平衡条件 Hertz-Knudsen-Schrage 公式进行计算：

$$J_{pha} = \frac{2}{2-\alpha_c} \sqrt{\frac{M}{2\pi R}} \left(\alpha_c \frac{P_v}{T_{kv}^{0.5}} - \alpha_e \frac{P_l}{T_{kl}^{0.5}} \right) \tag{2-111}$$

其中，J_{pha} 为湿相变的水分子质量流量，kg/(m² · s)；α_c 为蒸发系数；α_e 为凝结系数；蒸发系数和凝结系数可由实验确定；P_g 为液态水周围蒸汽压力，Pa；P_l 为 T_{ki} 温度条件下的液体饱和压力，Pa。

对于本书多孔建筑材料内部湿相变临界条件，P_g 相当于 P_v，P_l 相当于 $P_{v,sat}$。一般情况下，认为 α_c 和 α_e 近似相等，多孔建筑材料内部相变湿流量可表示为：

$$J_{pha} = \frac{2\alpha}{2-\alpha} \sqrt{\frac{M}{2\pi R}} \left(\frac{P_v}{T_k^{0.5}} - \frac{P_{v,sat}}{T_k^{0.5}} \right) \tag{2-112}$$

其中，α 为蒸发/凝结系数，对于常温常压条件下的多孔建筑材料可取 0.3。

多孔建筑材料内部湿分蒸发/凝结率可表示为：

$$\dot{m} = \frac{\partial J_{pha}}{\partial x} = \frac{2\alpha}{2-\alpha}\sqrt{\frac{M}{2\pi R}}\left(\frac{1}{T_k^{0.5}}\frac{\partial P_v}{\partial x} - \frac{P_v}{T_k^{1.5}}\frac{\partial T}{\partial x} - \frac{1}{T_k^{0.5}}\frac{\partial P_{v,sat}}{\partial T}\frac{\partial T}{\partial x} + \frac{P_{v,sat}}{T_k^{1.5}}\frac{\partial T}{\partial x}\right) \tag{2-113}$$

将式(2-112)带入式(2-113)中可得：

$$\dot{m} = \frac{2\alpha}{2-\alpha}\sqrt{\frac{M}{2\pi R}}\left(\frac{1}{T_k^{0.5}}\frac{\partial P_v}{\partial x} - \frac{P_v}{T_k^{1.5}}\frac{\partial T}{\partial x} - \frac{\Delta h_v P_{v,sat}}{R_v T_k^{2.5}}\frac{\partial T}{\partial x} + \frac{P_{v,sat}}{T_k^{1.5}}\frac{\partial T}{\partial x}\right) \tag{2-114}$$

湿相变引起的相变热量可表示为：

$$\dot{q}_{pha} = \frac{2\alpha\Delta h_v}{2-\alpha}\sqrt{\frac{M}{2\pi R}}\left(\frac{1}{T_k^{0.5}}\frac{\partial P_v}{\partial x} - \frac{P_v}{T_k^{1.5}}\frac{\partial T}{\partial x} - \frac{\Delta h_v P_{v,sat}}{R_v T_k^{2.5}}\frac{\partial T}{\partial x} + \frac{P_{v,sat}}{T_k^{1.5}}\frac{\partial T}{\partial x}\right) \tag{2-115}$$

根据相变湿量和相变热量计算式，多孔建筑材料内部发生湿相变时，湿平衡和热平衡方程可分别表示为：

$$\rho\xi\frac{1}{P_{v,sat}}\frac{\partial P_v}{\partial t} + \frac{\partial}{\partial x}\left[-\left(k_v + k_1\frac{\rho_1 R}{M}\frac{T_k}{P_v}\right)\frac{\partial P_v}{\partial x} - k_1\frac{\rho_1 R}{M}\left(\ln\frac{P_v}{P_{v,sat}} - \frac{\Delta h_v}{R_v T_k}\right)\frac{\partial T}{\partial x}\right]$$
$$= -\frac{2\alpha}{2-\alpha}\sqrt{\frac{M}{2\pi R}}\left(\frac{1}{T_k^{0.5}}\frac{\partial P_v}{\partial x} - \frac{P_v}{T_k^{1.5}}\frac{\partial T}{\partial x} - \frac{\Delta h_v P_{v,sat}}{R_v T_k^{2.5}}\frac{\partial T}{\partial x} + \frac{P_{v,sat}}{T_k^{1.5}}\frac{\partial T}{\partial x}\right) \tag{2-116}$$

$$\rho c_p\frac{\partial T}{\partial t} + \frac{\partial}{\partial x}\left[-\left(h_v k_v + h_1 k_1\frac{\rho_1 R}{M}\frac{T_k}{P_v}\right)\frac{\partial P_v}{\partial x} - h_1 k_1\frac{\rho_1 R}{M}\left(\ln\frac{P_v}{P_{v,sat}} - \frac{\Delta h_v}{R_v T_k}\right)\frac{\partial T}{\partial x}\right]$$
$$= \frac{\partial}{\partial x}\left(\lambda_e\frac{\partial T}{\partial x}\right) - \frac{2\alpha\Delta h_v}{2-\alpha}\sqrt{\frac{M}{2\pi R}}\left(\frac{1}{T_k^{0.5}}\frac{\partial P_v}{\partial x} - \frac{P_v}{T_k^{1.5}}\frac{\partial T}{\partial x} - \frac{\Delta h_v P_{v,sat}}{R_v T_k^{2.5}}\frac{\partial T}{\partial x} + \frac{P_{v,sat}}{T_k^{1.5}}\frac{\partial T}{\partial x}\right) \tag{2-117}$$

当多孔建筑材料内部发生湿相变时，湿相变产生的相变湿量和热量导致多孔建筑材料内部温度和水蒸气分压力分布发生改变，因此相变状态也将发生变化，发生相变的区域以及相变湿量和热量的大小也由此而发生变化。可见，材料内部湿相变与温湿度场相互影响。

2.6.4 湿相变引起的附加导热系数

将多孔建筑材料内部湿相变引起的相变热量表示为傅里叶定律的形式：

$$q_{pha} = \Delta h_v J_{pha} = -\lambda_{pha}\frac{\partial T}{\partial x} \tag{2-118}$$

湿相变引起的材料附加导热系数可表示为：

$$\lambda_{pha} = -\frac{2\alpha\Delta h_v}{2-\alpha}\sqrt{\frac{M}{2\pi R}}\left(\frac{P_v}{T_k^{0.5}} - \frac{P_{v,sat}}{T_k^{0.5}}\right)\bigg/\left(\frac{\partial T}{\partial x}\right) \tag{2-119}$$

当多孔建筑材料内部发生湿相变时，材料内部传热量受湿相变和湿迁移共同作用。利用有湿相变的热湿耦合传递数学模型及湿相变和湿迁移引起的材料附加导热系数计算方法，可获得湿相变和湿迁移对多孔建筑材料导热系数的定量影响。同时也可利用不考虑湿传递的多孔建筑材料传热数学模型与有湿相变的热湿耦合传递数学模型计算的传热量与传热温差的关系，获得湿相变和湿迁移对导热系数的共同影响：

$$\eta_2 = \frac{q_2\Delta t_0}{q_0\Delta t_2} \tag{2-120}$$

其中，η_2为湿相变和湿迁移引起的材料导热系数修正值，q_2和Δt_2分别为湿相变时热湿耦合传递时多孔建筑材料传热量（单位为 W/m²）和传热温差（单位为℃）。

2.6.5 动态湿迁移与湿相变对多孔建筑材料导热系数的影响

1. 仅有湿迁移、无湿相变对材料附加导热系数的影响

（1）稳态湿热传递

研究工况：室内空气温度和水蒸气分压力分别为 25℃和 1000Pa；室外空气温度为 35℃时，水蒸气分压力为 1000~4000Pa；室外空气水蒸气分压力为 2000Pa 时，空气温度为 20~40℃。其中材料层分别以 200mm 普通混凝土、200mm 黏土砖和 200mm 加气混凝土的单层结构为例进行分析。

根据湿迁移引起的材料附加导热系数计算式可知，附加导热系数与水蒸气分压力梯度和水蒸气渗透系数呈正相关。水蒸气分压力对湿迁移引起的材料附加导热系数影响如图 2-28 所示，室外空气水蒸气分压力由 1000Pa 增至 4000Pa 时，普通混凝土、黏土砖和加气混凝土导热系数分别增加了 0.02W/(m·K)、0.04W/(m·K)和 0.08W/(m·K)，附加修正率分别约为 2.3%、9.8%和 35.9%。普通混凝土、黏土砖和加气混凝土湿迁移引起的附加导热系数为 0 时，室外空气水蒸气分压力分别为 1266Pa、1322Pa 和 1675Pa，均高于室内水蒸气分压力。

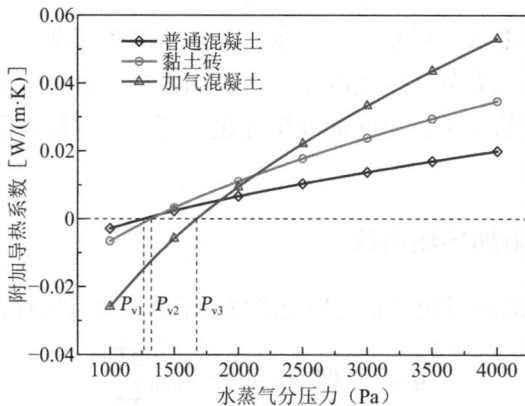

图 2-28 水蒸气分压力对湿迁移引起的材料附加导热系数影响

根据室内外热湿参数的取值，可知室外空气温度在 25℃左右，材料层热流接近 0，水蒸气分压力和温度梯度作用下的热流之和等于 0，湿迁移引起的材料导热系数出现最大值，此时取室外空气温度为 T_{w0}。

温度对湿迁移引起的材料附加导热系数影响如图 2-29 所示。由图 2-29 可知，随着室内外温差的减小，湿迁移引起的材料附加导热系数变化幅度越大。当室外温度小于 T_{w0} 时，湿迁移引起的附加导热系数为负值；当室外温度大于 T_{w0} 时，随着室外空气温度升高，材料附加导热系数逐渐减小，且受湿流方向影响，将出现负值。室外空气温度越接近 T_{w0}，附加导热系数变化幅度越大，如室外空气温度为 25℃时，普通混凝土、黏土砖和加气混凝土附加导热系数修正率分别约为 41%、73%和 127%。

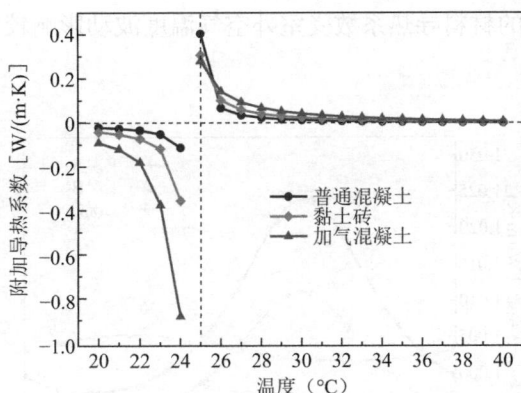

图 2-29　温度对湿迁移引起的材料附加导热系数影响

（2）非稳态湿热传递

室外空气温度和相对湿度一般处于动态变化，可认为室外空气温度和相对湿度近似呈现周期性变化，且多用正弦函数和余弦函数表示。室外空气温度和相对湿度的拟合式如下：

$$室外空气温度：T_e(t) = 30 + 5\cos\left(\frac{\pi t}{12} + 9\right) \tag{2-121}$$

$$室外空气相对湿度：\varphi(t) = 0.6 - 0.3\cos\left(\frac{\pi t}{12} + 9\right) \tag{2-122}$$

根据饱和水蒸气压力与温度之间关系，计算可得水蒸气分压力：

$$P_v(t) = 610.5\varphi(t)\exp\left(\frac{17.269 T_e(t)}{237.3 + T_e(t)}\right) \tag{2-123}$$

研究工况：室内空气温度和水蒸气分压力分别为 25℃和 1000Pa，室外空气温度、相对湿度及水蒸气分压力根据表 2-5 进行确定。工况 A：室外空气温度呈周期性变化，水蒸气分压力为定值；工况 B：室外空气温度为定值，相对湿度呈周期性变化值；工况 C：室外空气温度和相对湿度均呈周期性变化。仅考虑传热情况。

不同工况下室外空气温湿度及水蒸气分压力　　　　表 2-5

工况	$T_e(t)$（℃）	$\varphi(t)$（%）	$P_v(t)$（Pa）
工况 A	$30 + 5\cos\left(\frac{\pi t}{12} + 9\right)$	$4.095/\exp\left(\frac{17.269 T_e(t)}{237.3 + T_e(t)}\right)$	2500
工况 B	30	$0.6 - 0.3\cos\left(\frac{\pi t}{12} + 9\right)$	$4240.5\varphi(t)$
工况 C	$30 + 5\cos\left(\frac{\pi t}{12} + 9\right)$	$0.6 - 0.3\cos\left(\frac{\pi t}{12} + 9\right)$	$610.5\varphi(t)\exp\left(\frac{17.269 T_e(t)}{237.3 + T_e(t)}\right)$

不同室内外热湿工况下，湿迁移作用下的普通混凝土导热系数变化特性如图 2-30 所示。工况 A、B 和 C 下普通混凝土导热系数平均值分别约为 1.007W/(m·K)、1.003W/(m·K) 和 0.999W/(m·K)，其导热系数波幅分别约为 0.013W/(m·K)、0.002W/(m·K) 和 0.009W/(m·K)。其中工况 A 湿迁移作用下的普通混凝土导热系数变化幅度最大。

可见湿迁移作用下的材料导热系数受室外空气温度波动影响较大，受水蒸气分压力波动影响相对较小。

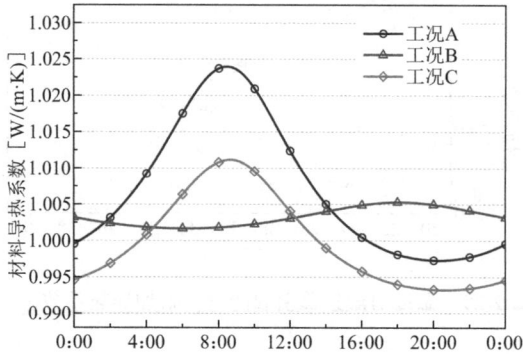

图 2-30　湿迁移作用下的普通混凝土导热系数变化特性

2. 湿迁移和湿相变对材料附加导热系数的影响

（1）定常室内外温湿度

研究分别以 200mm 单层普通混凝土及 200mm 单层黏土砖结构为例进行分析。研究工况：室内空气温度和水蒸气分压力分别为 25℃和 2500Pa（$\varphi = 79\%$），室外空气温度和水蒸气分压力分别为 35℃和 5500Pa（$\varphi = 98\%$）。

如图 2-31 所示，在大部分湿分凝结区域，材料内部湿凝结引起的附加导热系数高于湿迁移引起的附加导热系数。对于普通混凝土结构，在外表面处，湿凝结引起的附加导热系数比湿迁移引起的附加导热系数高 20 倍。

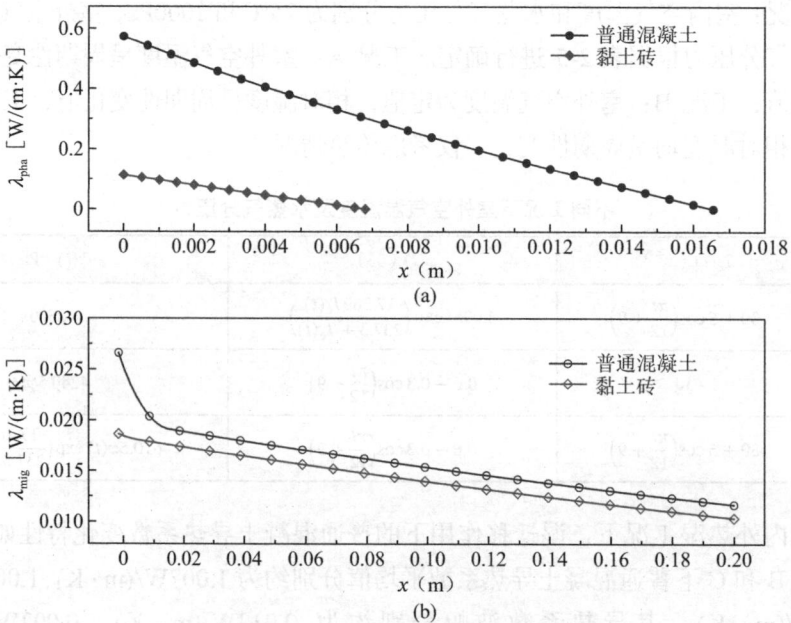

图 2-31　湿相变和湿迁移引起的附加导热系数

（2）周期性和阶跃性室外温湿度

大多情况下，室外空气温度和相对湿度处于动态变化，选取在室外温湿度周期性与阶跃性变化条件下，分析湿分凝结引起的附加导热系数变化特性。室外周期性温湿度分别为：

$$室外温度：T_e(t) = 30 + 5\cos\left(\frac{\pi t}{12} + 9\right) \tag{2-124}$$

$$室外相对湿度：\varphi(t) = 0.8 - 0.2\cos\left(\frac{\pi t}{12} + 9\right) \tag{2-125}$$

根据饱和水蒸气压力与温度之间关系，计算可得水蒸气分压力：

$$P_v(t) = 610.5\varphi(t)\exp\left(\frac{17.269T_e(t)}{237.3 + T_e(t)}\right) \tag{2-126}$$

研究工况：室外空气温湿度呈以上周期性变化，在 0：00 时，室外温度不变，室外相对湿度急剧升高，至 100%，并持续 24h，之后室外相对湿度恢复原周期性。以 200mm 单层混凝土结构为例进行分析。

利用无湿相变热湿耦合传递数学模型，计算得到普通混凝土结构外表面在 5.5h 左右出现了湿分凝结现象。将动态相变湿量和热量，带入有湿相变的热湿耦合传递数学模型中进行循环迭代计算，得到普通混凝土结构表面凝结时间及湿相变引起的附加导热系数，如图 2-32 所示。

由图 2-32 可知，普通混凝土结构外表面（$x = 0$ 处）湿凝结时间持续了 13.5h 左右。在外表面，湿凝结引起的附加导热系数随时间变化逐渐增大，直至 18：00 左右，之后受室外水蒸气分压力和温度影响，附加导热系数变为负值。

普通混凝土结构外侧区域湿凝结引起的附加导热系数随时间的变化见图 2-33。在凝结区域内不同位置湿凝结引起的附加导热系数，先逐渐增加，然后由正值向负值转变。

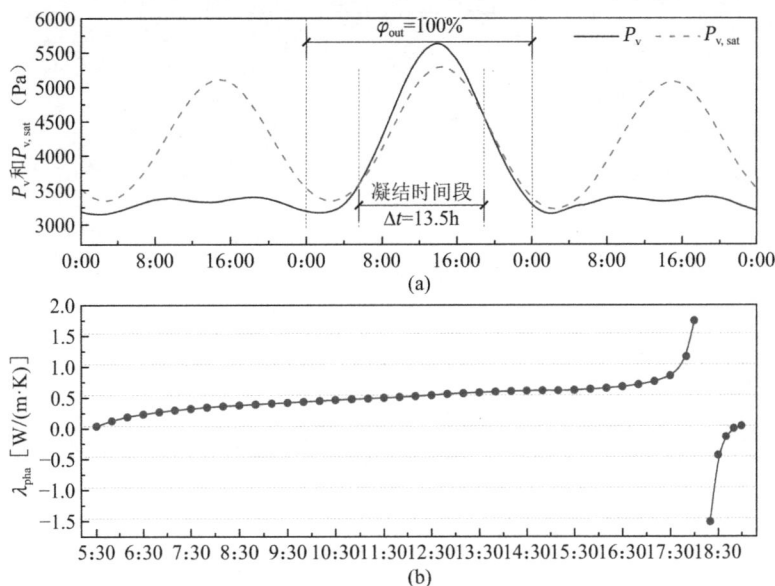

图 2-32　外表面凝结时间及湿相变引起的附加导热系数

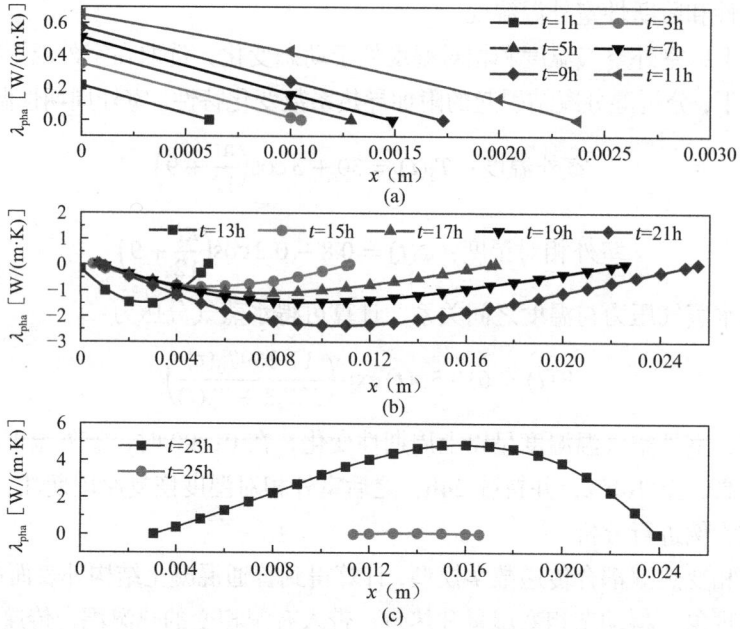

图 2-33　普通混凝土结构外侧区域湿凝结引起的附加导热系数随时间的变化

第 3 章

多孔建筑材料导热系数测试方法
及相关现行标准

3.1 概　述

随着建筑业快速发展，建筑材料大量涌现，且种类繁多，孔隙结构差异性明显，对多孔建筑材料导热系数进行准确测试，是构建完善的多孔建筑材料热物性参数数据库的重要途径之一，也有助于建筑热工设计和能耗的精准预测。目前，多孔建筑材料导热系数的测试方法主要包括稳态法和瞬态法两大类。稳态法主要包括保护热板法、热流计法，瞬态法主要包括瞬态平面热源法、激光闪射法、瞬态热线法等。本章主要针对上述多孔建筑材料导热系数测试方法的测试原理及相关现行标准进行分析。

3.2 保护热板法

3.2.1 测试原理

目前,保护热板法是稳态法中测量多孔建筑材料导热系数应用最广且精度最高的方法。保护热板法装置主要由主加热板、辅助加热板、冷板、外壳等构成。主加热板覆盖的区域称为计量加热区，是保护热板法的有效测量区域。辅助加热板覆盖的区域称为保护加热区，辅助加热板会提供比主加热板更大的热流，维持主、辅助加热板的隔缝温差很小，补偿计量加热区边界的横向热流损失，维持计量加热区的一维热流和被测材料在计量区良好的温度分布。保护热板法一般采用双试件的设计形式，可以避免热板另一侧的辐射和对流换热引起热量损失，其测试原理图见图 3-1。

处于稳态条件下，在具有平行表面的均匀板状试件内，建立两个近似平行的平面，该平面边界温度均匀，将加热元放置在两个材料、大小均相同的样品之间，以获得向上和向下对称的热流，通过样品的热流量等于供给主加热板的能量，依靠真空表加压空气和液氮系统降低温度，利用两侧炉创造冷、热板周围的温度以消除径向热损失。在测试过程中，热板处于两块试件的中间，上、下冷板分别位于两个试件的上下侧，因此，热量由中间的热板分别经两侧试件传给两侧的冷却单元。由于热板和冷板都选用高导热系的金属板，传热效果很好，所以可认为样品表面温度与其紧贴的金属板温度相同，通过设定输入到热板的热量，以及设定周围保护板的温度和冷板温度，得到冷、热板之间的温度梯度。

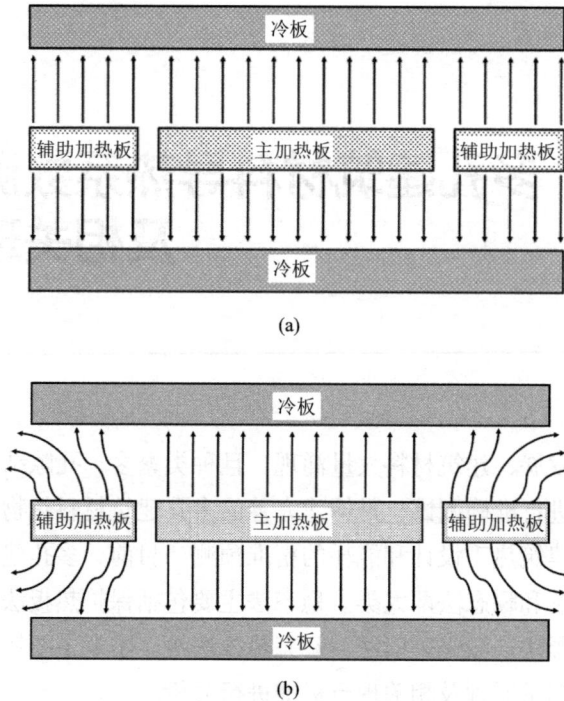

(a)

(b)

图 3-1　保护热板法测试原理图

（a）理想情况下试件的传热；（b）实际情况下试件（边缘存在热损失）的传热

穿过试件的热流可近似看作通过无限大平板中存在的一维均匀热流，测量通过样品的热量、样品厚度、样品冷热面之间温差及样品面积，利用傅里叶定律计算材料的导热系数：

$$\lambda(\lambda_t) = \frac{\Phi \cdot d}{A(T_1 - T_2)} \tag{3-1}$$

其中，λ 为材料的导热系数或者表观导热系数（λ_t），$W/(m \cdot K)$；Φ 为加热单元计量部分的平均加热功率，W；d 为试件的平均厚度，m；A 为计量面积，m^2；T_1 和 T_2 分别为试件热面和冷面的平均温度，K。

当测试装置为双试件型时，热量向上、下两个试件传导：

$$Q_1 = Q_2 = \frac{\Phi}{2} = \frac{1}{2} I \cdot V \tag{3-2}$$

其中，Q_1 和 Q_2 分别为试件 1 和试件 2 的导热量，W；I 为主加热板的电流，A；V 为主加热板的电压，V。

试件平均温度 t 为：

$$t = \frac{T_1 + T_2}{2} \tag{3-3}$$

则平均温度为 t 时对应的材料导热系数或表观导热系数为：

$$\lambda(\lambda_t) = \frac{\Phi \cdot d}{2A(T_1 - T_2)} \tag{3-4}$$

3.2.2 现行标准

随着导热系数测量技术在工程热物理、材料科学、计量测试学等学科领域的不断发展，各国均逐步形成了较为完善的保护热板法测试体系并发布了相关标准。

目前，我国实行的保护热板法导热系数测量标准为《绝热材料稳态热阻及有关特性的测定 防护热板法》GB/T 10294—2008［等同采用国际标准《Thermal insulation-Determination of steady-state thermal resistance and related properties Guarded hot plate apparatus》ISO 8302：1991（以下简称 ISO 8302：1991）］，该标准规定试件热阻不应小于 0.1m^2·K/W，当实验平均温度接近室温时，导热系数的测量精度可达±2%，若试件热阻小于 0.02m^2·K/W，则此精度无法满足。标准中测试方法的应用范围，受试件维持一维稳态均匀热流密度的能力、形状、厚度、结构均匀性、表面平整度等的限制。

美国实行《Standard test method for steady-state heat flux measurements and thermal transmission properties by means of the guarded-hot-plate apparatus》ASTM C177-19 标准，以保护热板法为测试原理，适用于广泛的环境条件，包括极端环境或不同气体和压力环境中的测试。若测试试件在垂直于热流方向存在不均匀性（如层状结构），可以采取该测试方法来评估。但是，若测试试件在热流方向存在不均匀性（如绝热系统的热桥部位），则不应采用此方法进行测量。

欧洲标准《Thermal performance of building materials and products-Determination of thermal resistance by means of guarded hot plate and heat flow meter methods -Products of high and medium thermal resistance》BS EN 12667：2001（以下简称 BS EN 12667：2001）、《Thermal performance of building materials and products-Determination of thermal resistance by means of guarded hot plate and heat flow meter methods-Dry and moist products of medium and low thermal resistance》BS EN 12664：2001（以下简称 BS EN 12664：2001）和《Thermal performance of building materials and products-Determination of thermal resistance by means of guarded hot plate and heat flow meter methods-Thick products of high and medium thermal resistance》BS EN 12939：2001（以下简称 BS EN 12939：2001）分别适用于中高热阻、中低热阻和中高热阻的建筑材料热物性测试。BS EN 12667：2001 规定：由于受接触热阻的影响，试件热阻不得小于 0.5m^2·K/W。BS EN 12664：2001 规定：试件无论是在干燥状态下或在潮湿空气中达到平衡状态，热阻值均不得小于 0.1m^2·K/W，导热系数不得大于 2W/(m^2·K)。BS EN 12667：2001 和 BS EN 12664：2001 规定操作温度范围均为−100～100℃，均提供了设备性能和测试条件的附加限制和按照该标准规定要求设计的设备实例，但不提供通用设备的设计程序、设备故障分析、性能检查或设备准确性评估，不提供需要多次测量的程序（如评估试件非均匀性影响的测试、试件厚度超过装置允许的测试，以及评估厚度影响相关性的测试）。而 BS EN 12939：2001 则提供了超过保护热板法和热流计法允许的试件厚度（不得超过 100mm）确定方法，提供了评价厚度影响相关性的指导，以确定厚试件的热阻是否可以以试件切割片的热阻总和来计算，对 ISO 8302：1991 中的相关内容起到了补充作用。

欧洲标准委员会颁布的技术规范《Thermal insulation products for building equipment and industrial installations determination of thermal resistance by means of the guarded hot plate method》CEN/TS 15548-1：2014，该规范在 BS EN 12667：2001 的基础上进行了补充，测试温度范围变为−100~850℃，可大致分为−100℃~t（t 为室内温度）、t~100℃、100℃以上 3 种温度跨度形式。由于在高温环境下进行测试，此方法的精度无法达到 ISO 8302：1991 中规定的±2%（环境温度接近室内温度时的精度）。扩充温度范围是因为高温环境下温度测量的不确定性增加；温度传感器在高温环境下操作时，其性能会大大下降，因此需要更为频繁地校准检查；由于加热器的非均匀性，平板上的热点增加，故热点附近的传感器易提供虚假数据；温度升高导致辐射热交换更为活跃，需要增加对试样进行膨胀收缩问题的规定。由于加热板材料需要在较高的操作温度下保持其机械性能，此技术规范要求加热板必须达到一定厚度，以保证平板上温度均匀分布，但加热板变厚又导致平板边缘的得热、失热增加。

欧洲标准委员会颁布的技术报告《Thermal performance of building materials-The use of interpolating equations in relation to thermal measurement on thick specimens-Guarded hot plate and heat flow meter apparatus》CEN/TR 15131：2006（以下简称 CEN/TR 15131：2006）补充了关于受厚度影响的中高热阻材料传热建模的技术资料，该标准提供了在 BS EN 12939：2001 中所描述的测试高、中热阻厚试件过程中使用的插值方程的最小背景信息。所有评估厚试件热性能的测试程序都需要公式计算，这些公式本质上是基于包含若干材料参数和测试条件的插值函数，所有材料的插值函数和材料参数都不相同。CEN/TR 15131：2006 还给出了从插值方程导出的图表，以评估一些绝缘材料的厚度影响。

表 3-1 为上述标准的发展历程，对同系列标准新旧版本的新增或更改内容进行了说明。

保护热板法标准发展历程 表 3-1

国家或地区	标准号	发布时间	标准状态	新版相对于旧版变化内容
中国	GB/T 10294—1988	1989 年 10 月 1 日	废止	首次发行，无变化
	GB/T 10294—2008	2009 年 9 月 1 日	现行	增加了引言； 增加了热均质材料、热各向同性体、试件的平均导热系数、试件的热传递系数、材料的表观导热系数、稳态传热性质、室内温度、操作者、数据使用者、装置设计者等定义； 增加了更为详细的符号和单位汇总表（见 1.4）； 增加了影响传热性质的因素（见 1.5.1）； 在原理中归纳了装置、构造和测试参数（见 1.6）； 归纳了由于装置产生的限制（见 1.7）； 归纳了由于试件产生的限制（见 1.8）； 增加了热电偶用于测量 21~170K 的温度时，标准误差的限制（见 2.1.4.1.4）； 增加了热电偶的连接形式及其产生的测量误差（见 2.1.4.1.2）； 增加了厚度测量的详细方法（见 2.1.4.2）； 增加了对热电偶的连接方式的说明（见 2.1.4.1.2）； 增加了在设计流体冷却的金属板时应注意的问题（见 2.1.2）； 说明平整度测定的最小值为 25μm（见 2.4.1）； 增加了测定与温差的关系（见 3.4.3）；

续表

国家或地区	标准号	发布时间	标准状态	新版相对于旧版变化内容
中国	GB/T 10294—2008	2009 年 9 月 1 日	现行	测定报告有所细化，如：对于在试件和装置面板间插入薄片材料或者使用了水汽密封袋的试验，在测定报告中应标明的参数（见 3.6.14）； 增列了本标准阐述的装置性能和试验条件的极限数值（见附录 A）； 根据经验给出了对 E 型和 T 型热电偶建议的（专用级）误差极限（见表 B.1）； 增加了保护型热电偶的推荐使用温度上限（见表 B.2）； 实验室环境的条件发生变化，7.2.2 第二段中"293K±1K"改为"296K±1K"； 增加了附录 NA
美国	ASTM C177-97	1997 年 1 月 1 日	废止	首次发行，无变化
美国	ASTM C177-04	2004 年 1 月 1 日	废止	在介绍完参数含义后增加了讨论内容，介绍了保护热板法各元件的组成（见 3.3.27.1）
美国	ASTM C177-10	2010 年 1 月 1 日	废止	若检测试件在热流方向存在不均匀性，则参考 ASTM C1363[①] 中测试方法测量（1997 年版的该标准的参考标准为 ASTM C236[②]、ASTM C976[③]）（见 1.8） 参考文件里减少 ASTM C236、ASTM C976 标准，增加 ASTM C1363 标准； 增加说明：本标准不涉及除 SI 单位外的任何其他测量单位（见 1.14）
美国	ASTM C177-13	2013 年 1 月 1 日	废止	测试方法中增加说明：可以在装置中增加不止一个保护装置（见 4.1）
美国	ASTM C177-19	2019 年 1 月 1 日	现行	增加了关于该设备在稳态条件下测量平板试样热传递特性时的适用性说明
欧洲	BS EN 12664：2001	2001 年 3 月 15 日	现行	首次发行，无变化
欧洲	BS EN 12667：2001	2001 年 3 月 15 日	现行	首次发行，无变化
欧洲	BS EN 12939：2001	2001 年 1 月 15 日	现行	首次发行，无变化
欧洲	CEN/TS 15548-1：2011	2011 年 2 月 15 日	废止	首次发行，无变化
欧洲	CEN/TS 15548-1：2014	2014 年 8 月	现行	传感器的最小数量更改为 $10\sqrt{A}$（A 为测量区域的面积）或 2（见 A4、2.1.4.1.2）； 测定温差下限改为 20K，测定温差推荐下限改为 50K（见 A6、1.7.3）； 通过试件的温差下限和上限分别改为 30K 和 70K（见 A6、3.3.3）

---

① 《Standard test method for thermal performance of building materials and envelope assemblies by means of a hot box apparatus》ASTM C1363，以下简称 ASTM C1363，以当时的现行版本为准。

② 《Standard test method for steady-state thermal performance of building assemblies by means of a guarded hot box》ASTM C236，以下简称 ASTM C236，以当时的现行版本为准。

③ 《Standard test method for thermal performance of building assemblies by means of a calibrated hot box》ASTM C976，以下简称 ASTM C976，以当时的现行版本为准。

3.3 热流计法

3.3.1 测试原理

热流计法是一种较为精确、快速、易于操作的导热系数测量方法，其基本原理是热板和冷板在恒定温度状态下，热流计装置在热流传感器中心测量部分和试件中心部分建立类似于无限大平壁中存在的单向稳定热流。通过将被测试件与标准试件相比较而得出被测试件热阻，再由被测试件厚度计算得到导热系数。因此，热流计法是一种间接或相对的测试方法，且要求被测试件的热阻应大于 $0.1 m^2 \cdot K/W$，厚度应满足相关标准要求。

热流计法导热系数测试原理图如图 3-2 所示，将厚度一定的待测样品置入冷板和热板之间，试件尺寸应完全覆盖加热和冷却单元及热流传感器的工作表面，试件表面应平整，使试件和工作表面之间紧密接触，在其垂直方向通入一个恒定的单向热流，使用校正过的热流传感器测量通过样品的热流。当冷板和热板的温度稳定后，测得样品厚度，样品上、下表面的温度和通过样品的热流量，便可根据傅里叶定律确定样品的导热系数：

$$\lambda = \frac{kq\delta}{\Delta t} \tag{3-5}$$

其中，λ 为材料的导热系数，$W/(m \cdot K)$；q 为通过样品的热流量，W/m^2；δ 为样品厚度，m；Δt 为材料上、下表面温度差，$\Delta t = t_1 - t_2$（t_1、t_2 见图 3-2），$℃$；k 是热流计常数，由厂家给出，也可用已知导热系数的材料进行标定得出。

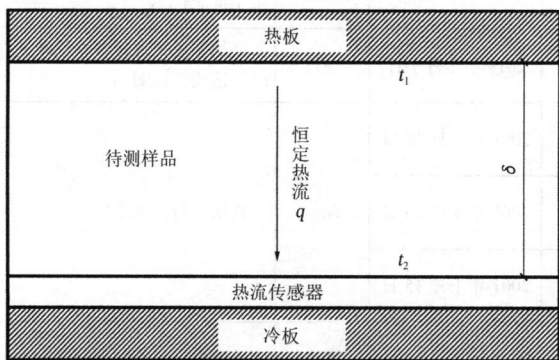

图 3-2　热流计法导热系数测试原理图

由于在测试过程中存在横向热损失，会影响一维稳态导热模型的建立，故为减小测量误差，可以在周围包上绝热材料和保护层（也可以用辅助加热器替代），从而保证样品测试区域的一维热流，提高测量精度和测试范围。

3.3.2 现行标准

我国目前热流计法测量导热系数的标准为《绝热材料稳态热阻及有关特性的测定　热流计法》GB/T 10295—2008（以下简称 GB/T 10295—2008），该标准等同《Thermal insulation-Determination of steady-state thermal resistance and related properties-Heat flow meter apparatus》ISO 8301：1991(E)［以下简称 ISO 8301：1991(E)］。GB/T 10295—2008 将 ISO 8301：1991(E)的引言列为该标准的引言，在第 1 章概述中增加了部分术语定义，增加了符号、物理量、单位说明、影响热性能的因素、取样精确度、重现性、校验步骤、仪器和试件限制等内容；按照 ISO 8301：1991(E)编写了附录，且增加了附录 NA。

美国目前实施的相关标准为《Standard test method for steady-state thermal transmission properties by means of the heat flow meter apparatus》ASTM C518-17，该标准明确：若在预期热流范围内进行校准，热流计装置可达到很好的精度，也就是说校准应在类似的材料类型、导热系数、厚度、平均温度和温度梯度下进行。由于热流计法是比较法，因此，应使用已知热传递特性的试样校准仪器，校准样品的性质必须可溯源至绝对测量方法，且校准样品应从公认的国家标准实验室获得。该标准的试验方法适用于测量各种试样和环境条件下的热传递，环境温度为 10～40℃，试件厚度约为 250mm，除此之外，为满足热流计法的实验要求，试样热流方向的热阻应大于 0.10m^2·K/W，并采用边缘绝缘或保护加热器控制边缘热损失，或两者兼用。

欧洲目前实施的热流计法相关标准可参照前文保护热板法部分的内容，欧洲标准的划分不是根据测试方法，而是根据待测材料热阻的高低进行划分，涉及标准包括《Thermal performance of building materials and products-determination of thermal resistance by means of guarded hot plate and heat flow meter methods-products of high and medium thermal resistance》BS EN 12667：2001、《Thermal performance of building materials and products determination of thermal resistance by means of guarded hot plate and heat flow meter methods dry and moist products of medium and low thermal resistance》BS EN 12664：2001 和《Thermal performance of building materials and products - Determination of thermal resistance by means of guarded hot plate and heat flow meter methods - Thick products of high and medium thermal resistance》BS EN 12939：2001。

3.4　热线法

3.4.1　测试原理

热线法是一种应用广泛且较为精准的间接测量方法，可以在较大的温度和压力范围内测量气体、液体、固体、纳米流体等的导热系数。该方法利用嵌入在测试材料中的线性热源（热丝）记录在确定距离下的温升实现测量。其基本测试原理是将热线置入温度恒定且分布均匀的试样内，热线周围为需测量热传导率的介质，给予热线一个恒定的电压（功率），这一过程导致热线和介质的温度升高，装置测量出试样中的示差热电偶温升$\Delta\theta(t)$。热线法包括平行热线法以及十字热线法，其基本控制方程为傅里叶方程。

十字热线法的测试原理为试样在炉内加热至规定温度并在此温度下保温，用沿试样长度方向埋设在试样中的线状电导体（热线）进行局部加热，热线载有已知恒定功率的电流，即在时间上和试样长度方向上功率不变。从热线的功率和接通电流加热后已知两个时间间隔的温度可以计算导热系数，此温升与时间的函数就是被测试样的导热系数：

$$\lambda = \frac{P_i}{4\pi} \times \frac{\ln(t_2/t_1)}{\Delta\theta_2 - \Delta\theta_1} \tag{3-6}$$

其中，P_i为单位长度热线输入功率，W/m；t_1、t_2为接通热线回路后的测量时间，min（对于隔热材料，t_1的典型时间为 100s，t_2的典型时间为 600~900s）；$\Delta\theta_1$、$\Delta\theta_2$为接通热线回路后在t_1、t_2时间测量时热线的温升，K。

平行热线法是测量距埋设在两个试件间线热源规定距离和规定位置上温度升高所进行的一种动态测量法。该方法与十字热线法的不同之处在于，将热线和热电偶分开，热线与热电偶处于平行的位置，而且热电偶与热线之间形成一定距离。试样组件在炉内加热至规定的温度并在此温度下保温，再用沿试样长度方向埋设在试样中的线状电导体（热线）进行局部加热，热线载有已知恒定功率的电流，即在时间上和试件长度方向上功率不变，平行热线法使测量时间与范围都能够有效延长以及扩大，导热系数计算式如下：

$$\lambda = \frac{VI}{4\pi l} \times \frac{-E_i(-r^2/4\alpha t)}{\Delta\theta(t)} \tag{3-7}$$

其中，λ为导热系数，W/(m·K)；V为电压，V；I为电流，A；l为热线P、Q之间的长度，m；r为热线和测量热电偶的间距，m；α为热扩散系数，m²/s；t为接通热线回路后的测量时间，s；$\Delta\theta(t)$为t时刻测量热电偶和示差热电偶之间的温差，K。

平行热线法测试原理图如图 3-3 所示。

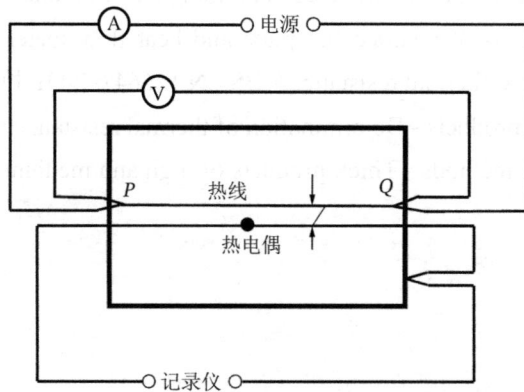

图 3-3　平行热线法测试原理图

热线源法不但适用于干燥材料的导热系数测试，还适用于含湿材料。COLLET 等利用热线法测试了材料含水量对导热系数的影响，结果表明：材料导热系数随着含水量的增加而增大，且不同材料导热系数增幅不一致。

3.4.2　现行标准

目前，我国热线法导热系数测量标准为《非金属固体材料导热系数的测定　热线法》GB/T 10297—2015（以下简称 GB/T 10297—2015）和《耐火材料　导热系数、比热容和热扩散系数试验方法（热线法）》GB/T 5990—2021（以下简称 GB/T 5990—2021），其中，GB/T 5990—2021 依据国际标准《Refractory materials-Determination of thermal conductivity-Part 1：Hot-wire methods (cross-array and resistance thermometer)》ISO 8894-1：2010（以下简称 ISO 8894-1：2010）和《Refractory materials-determination of thermal conductivity-Part 2：Hot-wire methods (parallel)》ISO 8894-2：2007（以下简称 ISO 8894-2：2007）重新修订。GB/T 5990—2021 与 ISO 8894-1：2010 和 ISO 8894-2：2007 相比，在结构上有较大调整。GB/T 10297—2015 适用于测定导热系数小于 2W/(m·K)的各向同性均质非金属固体材料，不适用于导电非金属材料（如碳化硅）。GB/T 5990—2021 中所提出的十字热线法适用于测量温度不超过 1250℃、导热系数低于 1.5W/(m·K)的耐火材料，而平行热线法适用于测量温度不超过 1250℃以及导热系数小于 25W/(m·K)的耐火材料。

美国目前实施两部关于热线法的测试标准，分别为：通过电热丝（铂电阻温度计技术）对耐火材料导热性能进行测试的标准《Standard test method for thermal conductivity of refractories by hot wire (platinum resistance thermometer technique)》ASTM C1113/C1113 M-09 (2019)［以下简称 ASTM C1113/C1113 M-09 (2019)］，以及通过瞬态线源技术对塑料导热性能进行测试的标准《Standard test method for thermal conductivity of plastics by means of a transient line-source technique》ASTM D5930-17（以下简称 ASTM D5930-17）。ASTM C1113/C1113 M-09(2019)涵盖了非碳质以及绝缘耐火材料导热系数的测定，其中耐火材料包括耐火砖、耐火浇注料、塑料耐火材料、粉状材料、粒状材料和耐火纤维，测定环境温度可从室内温度到 1500℃，或到达耐火材料的最大使用极限温度，或耐火材料不再绝缘的极限温度，该测试方法适用于导热系数小于 15W/(m·K)的耐火材料。ASTM D5930-17 适用于在−40～400℃温度范围内对塑料的导热系数进行测定，包括热塑性塑料、热固性塑料和橡胶，其导热系数测定范围为 0.08～2.0W/(m·K)。

欧洲采用《Methods of test for dense shaped refractory products-Part 15：Determination of thermal conductivity by the hot wire (parallel) method》BS EN 993-15：2005，该标准规定了一种测定耐火材料及其制品导热系数的热线方法，适用于密实、保温的成型产品和粉状、粒状材料［导热系数小于 25W/(m·K)］。

表 3-2 为上述标准的发展历史，以及同系列标准新旧版本的内容变化。

热线法标准发展历程 表 3-2

国家或地区	标准号	发布时间	标准状态	新版相对于旧版变化内容
中国	GB/T 10297—1988	1988 年	废止	首次发行，无变化
	GB/T 10297—1998	1998 年 5 月 8 日	废止	按《标准化工作导则 第一单元：标准的起草与表述规则 第一部分：标准编写的基本规定》GB 1.1—1993 要求重新组织标准文本； 增加修正因热线与试件热容量差异引起的误差； 计算导热系数时，推荐优先采用线性回归方法，提高计算精确度，在用二点法计算时，限定 t_1 应等于 60～90s； 改变探头热电偶与热丝焊接形式，消除加热电流对热电偶输出热电势的干扰

国家或地区	标准号	发布时间	标准状态	新版相对于旧版变化内容
中国	GB/T 10297—2015	2015 年 9 月 11 日	现行	删除了引言； 本版标准中温度使用国际单位制的热力学温度； 删除了第 1 章范围中的"尤其是轻质的各向同性均质绝热材料"； 将第 5.3 条的"测量加热功率的准确度应优于±0.5%"修改为"测量加热功率的误差应小于 0.5%"； 把 1998 年版该标准中的附录 A（提示的附录）修改为附录 A（资料性附录），并补充新增了泡沫酚醛塑料和玻璃纤维酚醛塑料等具有安全阻燃特点的建筑材料相关数据。删除不符合环保、低碳排放要求的石棉保温板等产品
	GB/T 5990—1986	1986 年 4 月 8 日	废止	首次发行，无变化
	GB/T 17106—1997	1997 年 11 月 11 日	废止	首次发行，无变化
	GB/T 5990—2021	2021 年 10 月 11 日	现行	代替《耐火材料 导热系数试验方法（热线法）》GB/T 5990—2006（以下简称 GB/T 5990—2006），与 GB/T 5990—2006 相比，除结构调整和编辑性改动外，主要技术变化如下：
	GB/T 5990—2021	2021 年 10 月 11 日	现行	更改了文件的范围（见第 1 章，对应 2006 年版的第 1 章）； 更改了"十字热线法"的"设备""试样""试验步骤""结果计算"要求（见 4.2～4.6，对应 2006 年版的 4.2～4.6）； 更改了试块尺寸（见 4.4.3、5.4.3，对应 2006 年版的 4.4.4、5.4.3）
美国	ASTM C1113-99	1999 年 3 月 10 日	废止	首次发行，无变化
	ASTM C1113-99（2004）	2004 年 9 月 1 日	废止	内容无变化，格式略有调整
	ASTM C1113-09	2009 年 3 月 1 日	废止	以国际单位或英寸-磅单位表示的数值应单独视为标准，每个系统中所述的值不一定是完全相等的，因此，每个系统在使用上应相互独立，将两种系统的数值结合在一起可能会导致不符合标准（见 1.6）
	ASTM C1113-09（R2013）	2013 年 9 月 1 日	现行	内容无变化，格式略有调整
	ASTM D5930-97	1997 年 7 月 10 日	废止	首次发行，无变化
	ASTM D5930-01	2001 年 3 月 10 日	废止	增加了"E 1225 通过保护-比较-纵向热流技术测定固体材料导热系数"（见 2.1）； 修正了 6.1.1 中的错误，删除了单词"the"； 添加了表 1 聚丙烯和聚碳酸酯导热系数［W/(m·K)］的重复性数据； 增加重复性声明于第 14 章（见 14.2 和 14.3）； 增加了"变更总结"部分
	ASTM D5930-09	2009 年 8 月 15 日	废止	检查和修订允许使用语言的标准； 修改 8.1 以提高清晰度； 修订了 3.2.2.2 和 11.7
	ASTM D5930-16	2016 年 9 月 1 日	废止	将"由于试样和测量装置之间的界面而产生接触热阻"改为"试样和测量装置之间的界面可能产生接触热阻"（见 6.1.1）； 改变了表述方式（见 7.5、8.1、9.1、9.3、9.5、10.3、11.5、11.7 和 14.2）； 删除了"变更总结"部分

国家或地区	标准号	发布时间	标准状态	新版相对于旧版变化内容
美国	ASTM D5930-17	2017 年 8 月 1 日	现行	本国际标准是根据世界贸易组织贸易技术壁垒（TBT）委员会发布的《关于国际标准发展原则的决定》中确立的国际公认标准化原则而制定的（见 1.4）； 将"否则，冲击样品边界的热波就存在，从而违反了测量的理论条件"改为"因为存在热波撞击样品边界的可能性，从而违反了测量的理论要求。"（见 6.1.1）； 将"将试样放置在空气中，充分保护其不受对流影响，是一种可能的替代方法"改为"将试样放置在适当的防护层中，以防止对流，是一种可能的替代方法"（见 7.5.1）
欧洲	BS EN 993-15：1998	1998 年 8 月 15 日	废止	首次发行，无变化
	BS EN 993-15：2005	2005 年 11 月 21 日	现行	增加了第 19 章"用差示法测定热膨胀"和第 20 章"环境温度下耐磨性的测定"； 删除 2 篇规范参考文献；
	BS EN 993-15：2005	2005 年 11 月 21 日	现行	将"测试组件外部测得的温度变化不超过±0.5℃"变为"±0.5K"，以及"精度为±5℃"变为"±10K"（见 4.1）； 设备电源修改为至少 250W/m（见 4.3）； 修改图 1（加热电路和测量电路的位置）； 将测量温度从"0.05℃"更改为"0.01K"（见 4.6）； 修改表 1； 将可测量的导热系数从"39.5W/(m·K)"更改为"40W/(m·K)"（见 5.1）； 删除"在导热系数较高的［例如导热系数大于 5W/(m·K)］材料两侧都应加工凹槽，"（见 5.3）。 修改图 3（装有热丝和热电偶的容器）； 提供的试样表面应平行于±1mm（见 5.3）； 修改图 4［在测试件中对称嵌入热丝和热电偶（如有需要）］； 补充"在测量过程中，确保热线和测量热电偶之间的距离是恒定的"（见 6.2）； 将"10℃/min"更改为"10K/min"（见 6.4）； 将"0.05℃"更改为"0.05K"（见 6.6）； 将"10℃/min"更改"10K/min"（见 6.9）； 删除 8.2； 检测报告和附件 A 发生了实质性变化； 增加了图 A.1［在 500℃使用热线（平行）法测量导热系数的例子；测试材料：高铝砖］

3.5　瞬态平面热源法

3.5.1　测试原理

20 世纪 90 年代，瑞典科学家 S. Gustafson 发明了采用瞬态平面热源法测试导热系数，其测量原理是利用热阻性材料镍做成一个平面探头，同时作为热源和温度传感器，通过测试探头温度的变化即可反映样品的热传导性能。

瞬态平面热源法采用薄层圆盘形温度依赖探头作为加热源，其结构是由金属镍经刻蚀后形成的连续双螺旋结构，在圆环的两面覆盖有 Kapton 保护层，形成平面式热源。测试时，在探头上输出恒定电流，引起温度增加，探头电阻发生变化，从而在探头两端产生一定程度的电压降。由于样品导热性能不同，探头散热量和电压变化也不一样，通过记录一段时间内探头两端产生的电压变化，得到探头温度变化反馈，计算得出热扩散系数及导热系数，测试装置示意图见图3-4。

传感器温度与电阻$R_{(t)}$是时间的函数：

$$R_{(t)} = R_0(1 + \alpha \Delta t) = R_0\{1 + \alpha[\Delta T_i + \alpha \Delta T(t)]\} \tag{3-8}$$

其中，R_0为探头初始电阻值，Ω；Δt为传感器的温升，K；α为电阻的感温系数，1/K；ΔT_i是镍传感薄片和 Kapton 保护层之间的温差，K；$\Delta T(t)$为传感器外表面的温升，K。在极短的时间内，ΔT_i可视为一个不变的常数。

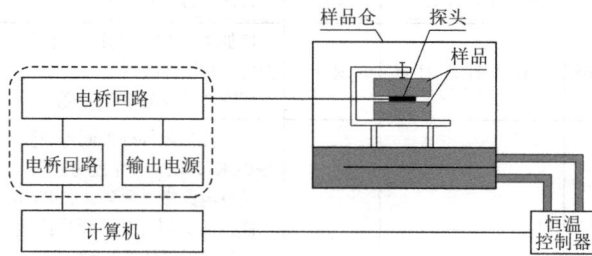

图 3-4 平面热源法的测试装置

当材料为不透明固体时，透射辐射可忽略不计，传感器产生的热量将全部以热传导的方式传递给材料。将试件近似看作无限大平面，而双线传感器简化为等间距同心圆线源，则传感器外表面的温升$\Delta T(\tau)$可以表示为：

$$\Delta T(\tau) = \frac{P_0}{\pi^{3/2} r \lambda} D(\tau) \tag{3-9}$$

其中，τ为无量纲时间，$\tau = \sqrt{t/\Theta}$；Θ是特征时间，且$\Theta = r^2/a$；$D(\tau)$为无量纲的特征时间函数（可由同心圆的数目和贝塞尔函数表示）；r为探头双螺旋结构最外层半径，mm；a是测试样本的热扩散系数，m²/s；λ是测试样本的导热系数，W/(m·K)；P_0是探头的输出功率，W。

求解可得：

$$\Delta T = \Delta T_i + \Delta T_\tau = \Delta T_i + \frac{P_0}{\pi^3/2 r \lambda} D(\tau) \tag{3-10}$$

$$R_{(t)} = R_0(1 + \alpha \Delta T_i) + \frac{\alpha R_0 P_0}{\pi^{3/2} r \lambda} D(\tau) \tag{3-11}$$

根据相关标准中用于瞬态平面热源技术的惠斯通电桥原理，测量得到不平衡电压和电流，从而获得传感器瞬时电阻。因此，只要记录传感器温度和探头的响应时间，就可以通过最小二乘法对式(3-10)和式(3-11)进行最佳线性拟合，最终确定材料的导热系数和热扩散系数。

瞬态平面热源法的优点是快速、便捷，对测试样品的尺寸要求不高，可用于原位/单面测试，适用于硬质建筑材料、涂层材料和纤维类各向异性材料等。对于含湿状态下建筑材料的导热系数测试，瞬态平面热源法比稳态测量方法更适合。

3.5.2　现行标准

目前，国内现行的瞬态平面热源法测试标准为《建筑用材料导热系数和热扩散系数瞬态平面热源测试法》GB/T 32064—2015，参考《Plastics-Determination of thermal conductivity and thermal diffusivity-Part 2：Transient plane heat source (hot disc) method)》ISO 22007-2：2008 编制，适用于各向同性及单轴异性建筑材料的导热系数和热扩散系数测试，测试范围分别为 $0.01W/(m \cdot K) < \lambda < 500W/(m \cdot K)$ 和 $5 \times 10^{-8}m^2/s \leqslant \alpha \leqslant 10^{-4}m^2/s$，测试温度范围为 $-50 \sim 300℃$。表 3-3 为相关标准的发展历程，以及同系列标准新旧版本的内容对比。

平面热源法标准发展历程　　　　　　　　　　　　　表 3-3

国内/外	标准号	发布时间	标准状态	新版相对于旧版变化内容
国内	GB/T 32064—2015	2015 年 10 月 9 日	现行	首次发行，无变化
国外	ISO 22007-2：2008	2008 年 12 月 15 日	废止	首次发行，无变化
国外	ISO 22007-2：2015	2015 年 8 月	废止	单位体积比热容c的测试范围变成 $0.005MJ/(m^3 \cdot K) < c < 5MJ/(m^3 \cdot K)$； 灵敏度系数修正（见 3.3）； 薄膜试样厚度范围改变为 $0.05 \sim 5mm$（见 6.4）； 增加了 8.5（低导热试件）； 精度和偏差有所调整（见 10.2）； 参考书目扩展； 参考文献更新
	ISO 22007-2：2022	2022 年 3 月	现行	内容无变化，格式略有调整

3.6　激光闪射法

3.6.1　测试原理

激光闪射法，又称为闪光法。最早由 PARKER 及 JENKINS 在 1961 年提出，是一种直接测量试样热扩散系数的测试方法。在绝热状态和一定温度下，由激光源在瞬间发射一束光脉冲，均匀照射在样品下表面，使其表层吸收光能后温度瞬时升高。此表面作为热端将能量以一维热传导方式向冷端传播。使用红外线检测器连续测量样品上表面中心部位的相应温升过程，得到温度T随时间t的变化关系，试样上表面温度升高到最大值T_m的一半时所需要的时间为$t_{1/2}$（半升温时间），根据 Fourier 传热方程计算得到材料的热扩散系数α。

$$\lambda(T) = \alpha(T) \times C_P(T) \times \rho(T) \tag{3-12}$$

$$\alpha = 0.1388 \times \frac{h^2}{t_{1/2}} \tag{3-13}$$

其中，$\lambda(T)$为温度T下样品的导热系数，$W/(m \cdot K)$；$\alpha(T)$为温度T下样品的热扩散系数，m^2/s；$C_p(T)$为温度T下样品的比热容，$J/(g \cdot K)$；$\rho(T)$为温度T下样品的密度，g/cm^3；h为样品的厚度，mm；$t_{1/2}$为半升温时间，s。激光闪射法测试原理图见图 3-5。

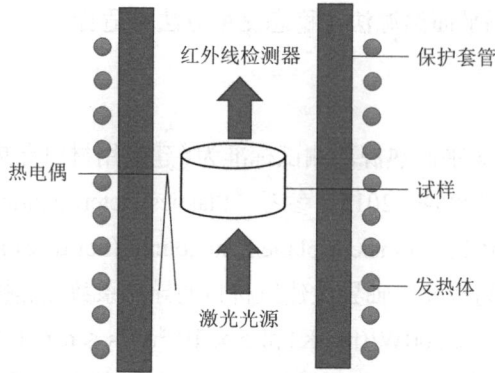

图 3-5　激光闪射法测试原理图

3.6.2　现行标准

目前，国内现行的激光闪射法测试标准为《闪光法测量热扩散系数或导热系数》GB/T 22588—2008（以下简称 GB/T 22588—2008），等同采用《Standard test method for thermal diffusivity by the flash method》ASTM E1461-01（以下简称 ASTM E1461-01），GB/T 22588—2008 引用 ASTM E1461-01，将热电偶标准更换为与之相对应的我国国家标准；更新了引言，强调比热容的测量和导热系数的计算方法；删去了原标准第 1.8 节中采用国际单位制的声明和第 14 章的关键词；按照《标准化工作导则 第 1 部分：标准的结构和编写规则》GB/T 1.1—2000 的规定，对附录标号和章、节编号作了重新编排，删去了原标准的参考资料和文献目录。

GB/T 22588—2008 适用于测量温度为 75～2800K 范围内，热扩散系数为 10^{-7}～$10^{-3}m^2/s$ 范围内的各向均匀同性固体材料；适用于对能量脉冲光谱不透明材料的测试，也适用于经预处理后完全或部分透光材料试样的热扩散系数测定；适用于本质上完全致密的材料，然而，在某些情况下，应用于多孔材料也可获得比较满意的结果。表 3-4 为相关标准的发展历史，以及同系列标准新旧版本的内容比较。

激光闪射法标准发展历程

表 3-4

国家	标准号	发布时间	标准状态	新版相对于旧版变化内容
中国	GB/T 22588—2008	2008 年 12 月 15 日	现行	首次发行，无变化
美国	ASTM E1461-01	2001 年 2 月 10 日	废止	首次发行，无变化
	ASTM E1461-07	2007 年 11 月 1 日	废止	补充说明：本试验方法旨在允许多种仪器设计方案。在这种类型的试验方法中，建立详细的程序来应对所有意外情况是不切实际的，可能会给没有相关技术知识的人带来困难，也可能会停止或限制对基本技术改进的研究和开发（见 1.3）； 对多孔材料的适用性进行了重新说明（见 1.4）； 删除了 1.7（测试非均质固体材料的说明）； 补充说明：本规范以国际单位制表示的数值为标准，不包括其他计量单位（见 1.6）； 规定对于使用激光作为动力源的系统，必须完全满足安全要求（见 1.7）；

续表

国家	标准号	发布时间	标准状态	新版相对于旧版变化内容
美国	ASTM E1461-07	2007 年 11 月 1 日	废止	对本标准专用符号和单位的说明进行了调整（见 3.2）； 增加了闪射法原理图（见图 1）； 脉冲持续时间应保持有限脉冲宽度造成的误差小于 0.5%（见 7.1）； 重新梳理了设备构成及功能（见第 7 章）； 试样直径更改为"通常情况下为 10～12.5mm，在特殊情况下小到 6mm、大到 30mm 直径都成功测试过（见 8.1）"； 对最佳厚度的确定方法进行更改（见 8.1）； 补充说明：试样表面应涂覆（见 8.3）； 对测试过程进行了调整（见第 10 章）； 通过选择适当的试样厚度，可以使校正值最小化，有限脉冲时间效应随厚度的增大而减小，热损失随厚度的减小而减小（见 11.1.5）； 补充说明：如果测量的温度与试样厚度已确定的温度不同，则考虑线性热膨胀效应的存在。如果这些影响是不可忽略的，计算在每个温度下的样品厚度，并按照本标准中描述的程序进行（见 11.4）； 补充说明：还可以使用其他参数估计方法，但需在数据中详细说明来源（见 11.5）； 报告中增加了 12.2.5 所用仪器的生产厂家及型号； 增加了 13.3 对进行测量的仪器进行不确定度分析，其结果应纳入数据分析报告； 删除了附录中的检测非理想样本和热电偶式探测器
	ASTM E1461-13	2013 年 9 月 1 日	现行	增加了参考文献 ASTM E2585[①]； 补充说明：这种测试方法可以被认为是绝对的（或基本的）测量方法，因为不需要参考标准。建议使用参照材料来验证所使用仪器的性能（见 1.5）； 热扩散系数的单位由"m²/s"更改为"(mm)²/s"； 对本标准专用符号和单位的说明进行了调整（见 3.2）； 增加了图 1（激光脉冲波形）； 校准和验证做了较大的改动（见第 9 章）； 试验报告需注明试验的测试日期（见 12.2.6）； 精度和偏差做了大篇幅的修改（见第 13 章）； 对参考材料进行了修改（见附录 X3）

---

① 《Standard practice for thermal diffusivity by the flash method》ASTM E2585，以当时的现行版本为准。

第4章

常用多孔建筑材料热湿物性参数实测数据

4.1 概　述

准确的建筑材料热物性参数是建筑热工设计和节能计算的关键基础。目前相关热工设计规范及数据手册中的建筑材料热物性参数大多为常温干燥状态下的测试值，然而，我国地域辽阔，各气候区热湿水平存在显著差异，使得建筑材料在实际应用场景下通常具有不同的热湿状态，若仍沿用常温干燥状态下的建筑材料热物性参数进行建筑热工设计与节能计算，将会出现一定误差，尤其对于高湿地区，该误差会进一步增大。此外，建筑材料的湿物性参数在建筑围护结构热湿传递分析过程中也非常重要，如：吸水系数、等温吸放湿曲线等。因此，本章主要针对目前常用的轻质混凝土：发泡水泥（FC）、珊瑚砂混凝土（CSC）和加气混凝土（AC），常用的建筑保温材料：玻璃棉保温板、酚醛树脂保温板、模塑聚苯乙烯泡沫塑料（EPS）、挤塑聚苯乙烯泡沫塑料（XPS）、岩棉保温板，以及其他多孔建筑材料的热湿物性参数随温湿度的变化特性进行总结分析，为建筑热工设计及节能计算提供基础参数数据。

4.2 轻质混凝土热湿物性参数

轻质混凝土内部具有大量的微孔结构，导致其热湿传递过程复杂多样。目前，ACFC已经成为国内常用的建筑材料，而在高温高湿的低纬度岛礁地区，CSC 以其更粗糙的表面纹理、更高的孔隙率、更低的密度和细度模量逐渐代替普通混凝土用于建筑工程。因此，本章首先通过扫描电镜观测结合压汞法实验获得轻质混凝土的微观结构及孔径分布情况，然后通过实验测试获得其在不同热湿条件下的导热系数、吸水系数和等温吸放湿曲线。

4.2.1 微观结构

建筑材料的密度或孔隙率对其表观导热系数起着关键作用，而湿分含量对具有较大孔隙率建筑材料的有效导热系数影响更为明显。FC 具有较大的孔径且其表面布满可见孔，内部微观孔较少，可归为大孔径建筑材料，而 CSC 和 AC 孔径较小且含有大量微观的不可见孔。为了更加全面地掌握 CSC 和 AC 的微观结构对热湿物性参数的影响，通过扫描电镜观测结合压汞法实验获得了两种混凝土材料的微观结构 SEM 图、孔隙率及孔径分布特性。

1. 微观结构 SEM 图

通过扫描电子显微镜观测获得 CSC 和 AC 的自然断面在放大 100 倍和 5000 倍下的 SEM 图片，如图 4-1 所示。放大 100 倍时即可观测到两种材料的整体孔隙分布，对比发现 CSC 的孔径比 AC 小且分布更加不均匀。放大 5000 倍时观测到 CSC 为致密的粒状结构，而 AC 为疏松的层状结构，且 AC 的孔隙率大于 CSC，这也是在同等湿度条件下二者吸水速率和含湿量差异的主要原因。

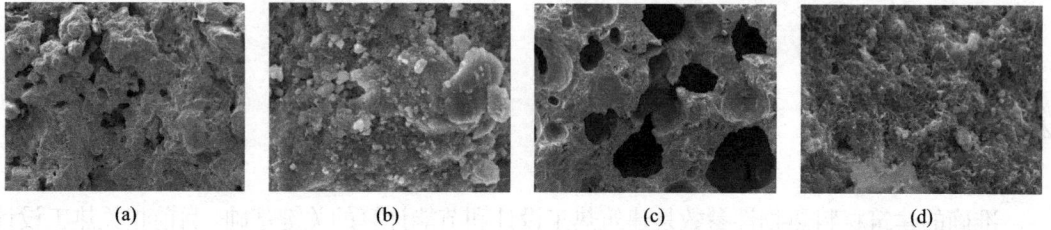

(a)　　　　　　　(b)　　　　　　　(c)　　　　　　　(d)

图 4-1　CSC 和 AC 的 SEM 图像

（a）CSC 的 100 倍放大图；（b）CSC 的 5000 倍放大图；（c）AC 的 100 倍放大图；（d）AC 的 5000 倍放大图

2. 孔隙率及孔径分布

利用微粒学水银孔隙度仪测试获得 CSC 和 AC 的内部孔隙率及孔径分布特性，CSC 和 AC 的总孔隙率分别为 28.8% 和 43.9%。CSC 的平均孔径较小，孔体积增速最大值出现在 30～40nm，占总孔隙的 3.8%。AC 的平均孔径较大，孔体积增速最大值出现在 65000～70000nm，占总孔隙的 7.3%（图 4-2）。

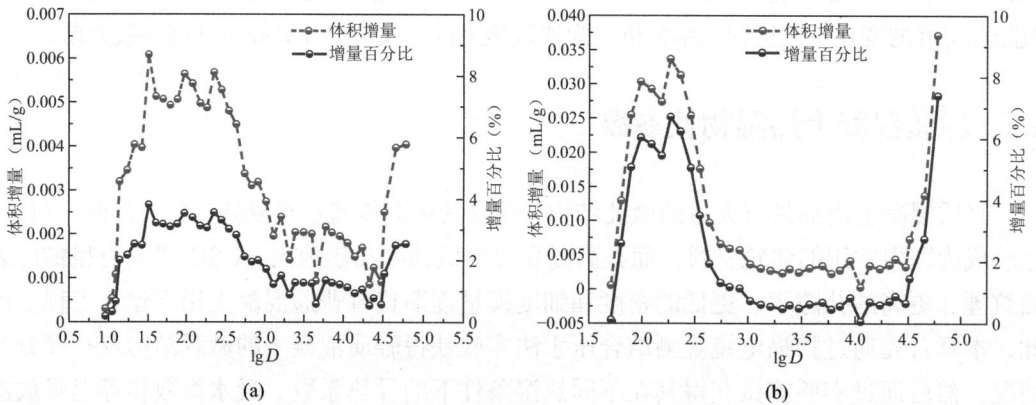

(a)　　　　　　　　　　　　　　　　(b)

图 4-2　孔隙分布：材料内部孔隙体积的相对增量和该增量占总孔隙的百分比

（a）CSC；（b）AC

注：D 为材料的孔隙直径，nm。

混凝土的孔隙结构可分为无害孔隙（< 20nm）、较少有害孔隙（20～200nm）和有害孔隙（> 200nm），分别表现出不渗透性、低渗透性和高渗透性。如图 4-3 所示，CSC 和 AC 超过 200nm 范围的孔径百分比分别为 60.1% 和 75.1%，而 CSC 和 AC 大于 6×10^5nm 的孔径占比分别为 16.1% 和 35.6%。

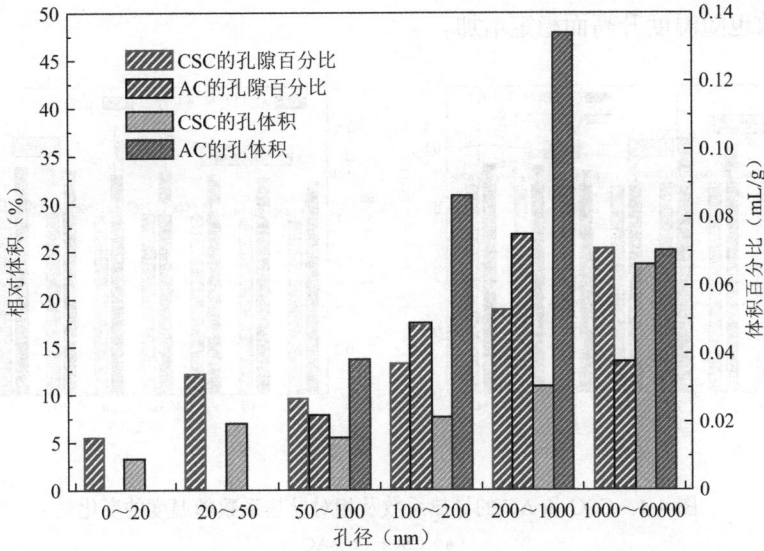

图 4-3　孔径划分：不同孔径下总孔的相对体积和体积百分比

4.2.2　导热系数随温度的变化

为了定量掌握温度对轻质混凝土导热系数的影响，利用防护热板法测试了干燥状态下 CSC 和 AC 在温度为 −20～50℃时的导热系数值，而由于温度对 FC 导热系数的影响近似为线性关系，为缩短实验周期，测试了 FC 在温度为 20～50℃时的导热系数值（每间隔 10℃ 取一次工况），测试试件尺寸见表 4-1。

用于不同温度下干燥状态导热系数测试的试件参数　　　表 4-1

样品编号	长度（mm）	宽度（mm）	高度（mm）	体积（m³）	质量（g）	平均密度（kg/m³）
CSC1	200.56	200.76	30.90	0.001244	2027.31	1629.67
CSC2	200.60	200.00	30.64	0.001229	2002.86	
AC1	200.00	200.00	30.00	0.001200	630.40	530.26
AC2	200.00	200.00	30.00	0.001200	642.23	
FC1	300.00	300.00	30.00	0.002700	581.68	216.43
FC2	300.00	300.00	30.00	0.002700	587.03	

图 4-4 为 CSC 和 AC 的导热系数随温度及相对导热系（不同温度下导热系数与 20℃ 时导热系数的比值：λ/λ_{20}）的变化，在 −20～50℃，CSC 和 AC 导热系数随温度变化趋势相同，但总体而言，温度对 CSC 的导热系数影响较小。在 −20～10℃，CSC 和 AC 的导热系数增加率分别为 0.5% 和 4.6%，而在 10～20℃，二者的导热系数有所降低，CSC 和 AC 的导热系数分别降低了 1.5% 和 1.1%，随后导热系数开始回升。造成导热系数随温度升高而降低的主要原因可能是材料比热变化的影响，相关文献的研究表明，在 5～20℃时轻质混凝土的比热容开始降低，当温度升高到 50℃时比热容会增加，导致 5～20℃轻质混凝土导热系数随温度升高而缓慢增加，甚至有所降低，当温度继续升高时，材料比热容开始回

升，导热系数也随温度升高而稳定增加。

(a)

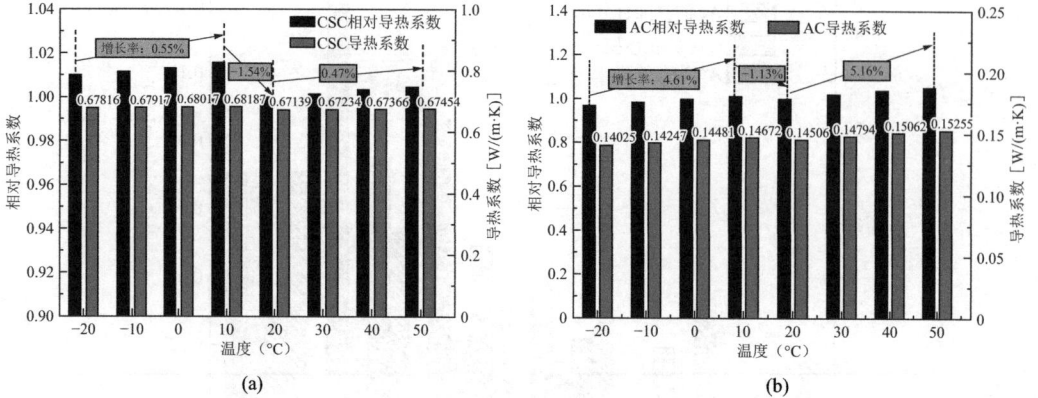

(b)

图 4-4　CSC 和 AC 的导热系数及相对导热系数随温度的变化
（a）CSC；（b）AC

如图 4-5 所示为 FC 的导热系数及相对导热系数随温度的变化，FC 的导热系数随温度升高而增加，且导热系数最高增加约 6.8%，相对于 CSC 和 AC 而言，FC 的导热系数受温度影响较大，这与材料的孔隙率大小呈正相关，由于温度变化首先影响材料内部孔隙中的空气温度，从而强化了传热。

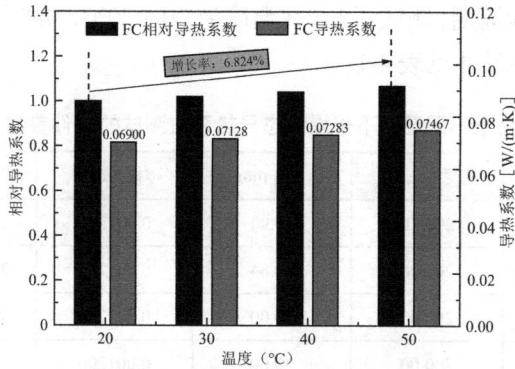

图 4-5　FC 的导热系数及相对导热系数随温度的变化

4.2.3　湿平衡过程

实验获得 CSC、AC 和 FC 分别在 25℃和 35℃工况下含湿量随时间的变化（图 4-6），在低相对湿度条件下约 15d 可达到平衡，高相对湿度条件下约 20d 可达到平衡。以 25℃工况为例，低相对湿度下 CSC 在 7d 和 15d 后的质量变化率分别约为 2.9%和 0.02%，高相对湿度下 20d 后的质量变化率约为 0.03%；低相对湿度下 AC 在 7d 和 15d 后的质量变化率分别约为 1.8%和 0.03%，高相对湿度下 20d 后的质量变化率约为 0.01%；低相对湿度下 FC 在 7d 和 15d 后的质量变化率分别约为 1.2%和 0.02%，高相对湿度下 20d 后的质量变化率约为 0.06%。对比可知，低相对湿度下材料在 14～15d 平衡，而当相对湿度为 100%时，温度波动使得材料内部湿组分在迁移过程中产生蒸发或凝结，导致含湿量较难恒定，平衡天数为

18～23d，这可能是材料的不同吸湿特性和孔隙结构导致，且孔隙率高的材料平衡时间有所延长。

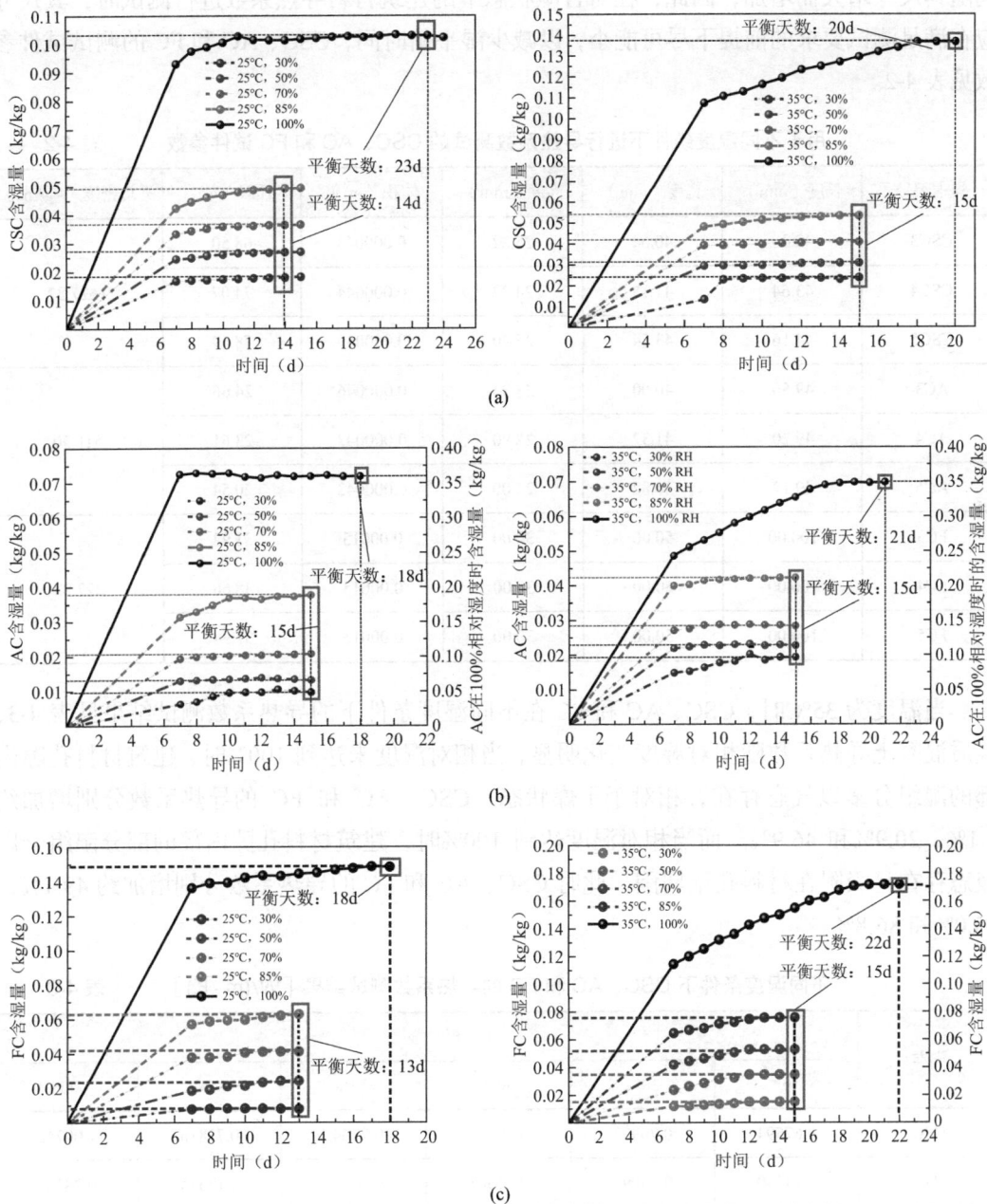

图 4-6　CSC、AC 和 FC 的含湿量平衡过程（$T = 25℃$和$T = 35℃$）

（a）CSC；（b）AC；（c）FC

4.2.4　导热系数随湿度的变化

由于导热系数稳态测试方法耗时较长，会出现含湿建筑材料在测试过程中出现湿组分重新分布的情况，因此，当建筑材料试件达到湿平衡状态时，对其表面进行覆膜处理，利用导热系数瞬态测试方法对该含湿状态下的建筑材料进行测试。由于瞬态测试方法对试件尺寸的要求较低，其大小只需覆盖测试探头即可满足要求，由于建筑材料达到湿平衡的时间随其尺寸增大而增加，因此，在对含湿状态下的建筑材料导热系数进行测试时，其尺寸应在满足测试要求的前提下尽可能小，以减少湿平衡时间，CSC、AC 和 FC 的测试试件参数见表 4-2。

用于不同湿度条件下进行导热系数测试的 CSC、AC 和 FC 试件参数　　表 4-2

样本编号	长度（mm）	宽度（mm）	高度（mm）	体积（m³）	质量（g）	平均密度（kg/m³）
CSC3	42.30	40.64	25.22	0.000043	68.50	
CSC4	43.64	41.18	24.22	0.000044	74.07	1627.87
CSC5	44.16	43.74	25.40	0.000049	78.59	
AC3	49.56	40.00	23.34	0.000046	24.66	
AC4	49.20	41.32	22.90	0.000047	23.61	511.30
AC5	49.12	36.82	23.00	0.000042	20.54	
FC3	100.00	50.00	30.00	0.00015	31.92	
FC4	100.00	50.00	30.00	0.00015	38.66	227.82
FC5	100.00	50.00	30.00	0.00015	31.94	

当温度为 35℃时，CSC、AC 和 FC 在不同湿度条件下的导热系数测试结果见表 4-3，轻质混凝土导热系数随相对湿度变化明显，当相对湿度未达到 100%时，建筑材料孔隙内部的湿组分多以气态存在，相对于干燥状态，CSC、AC 和 FC 的导热系数分别增加约 9.1%、20.9%和 46.9%。而当相对湿度达到 100%时，建筑材料孔隙内部的部分湿组分以液态存在且吸附在材料孔壁周围，此时 CSC、AC 和 FC 的导热系数分别增加约 49.1%、95.0%和 86.8%。

不同湿度条件下 CSC、AC 和 FC 的导热系数测试结果 ［W/(m·K)］　　表 4-3

样本	相对湿度					
	0	30%	50%	70%	85%	100%
CSC	0.67594	0.70992	0.70802	0.71642	0.73816	1.00742
AC	0.14540	0.16099	0.16303	0.16275	0.17575	0.28354
FC	0.09757	0.09965	0.10670	0.11770	0.14340	0.18230

当多孔建筑材料内部的湿组分与其固体骨架表面接触时，会由于范德华力作用而吸附在固体骨架表面，当温度升高时，由于水分子动能增大将会使其脱离固体表面，即脱附现象。吸附含湿量的大小取决于建筑材料的孔隙结构、所处环境的温度及湿度，因此，当建筑材料测试试件被放置在具有一定温湿度的环境中吸湿时，随着湿度的增加其内部水蒸气

分压力增大，当增大到一定程度时将发生毛细孔凝聚并呈现凝聚膜状态，进一步增大湿度则材料孔隙内会被湿组分充满并逐渐呈现出凝聚液态水特征。

如图 4-7 所示，在 25℃和 35℃下 CSC 和 AC 的导热系数随含湿量的变化趋势类似，以 25℃工况分析，前期 CSC 导热系数随含湿量增大而增加较快（CSC 和 AC 分别增加约 4.2%和 3.8%），而后期 AC 导热系数增加较快（CSC 和 AC 分别增加约 19.9% 和 60.0%），这种差异与其吸湿特性有关。FC 导热系数随含湿量的变化趋势拟合度较低，由于 FC 的孔隙率较大但微孔较少，所以，较高的环境相对湿度对其导热系数影响较大，而高湿度下其毛细吸附作用较弱，使得含湿量变化不规律，从而使导热系数随含湿量的变化拟合度低于 AC 和 CSC。因此，仅利用含湿量较难定位材料内部的含湿状态，结合材料在各孔径范围内的孔隙率和环境温湿度对导热系数的影响是该领域研究的重点。

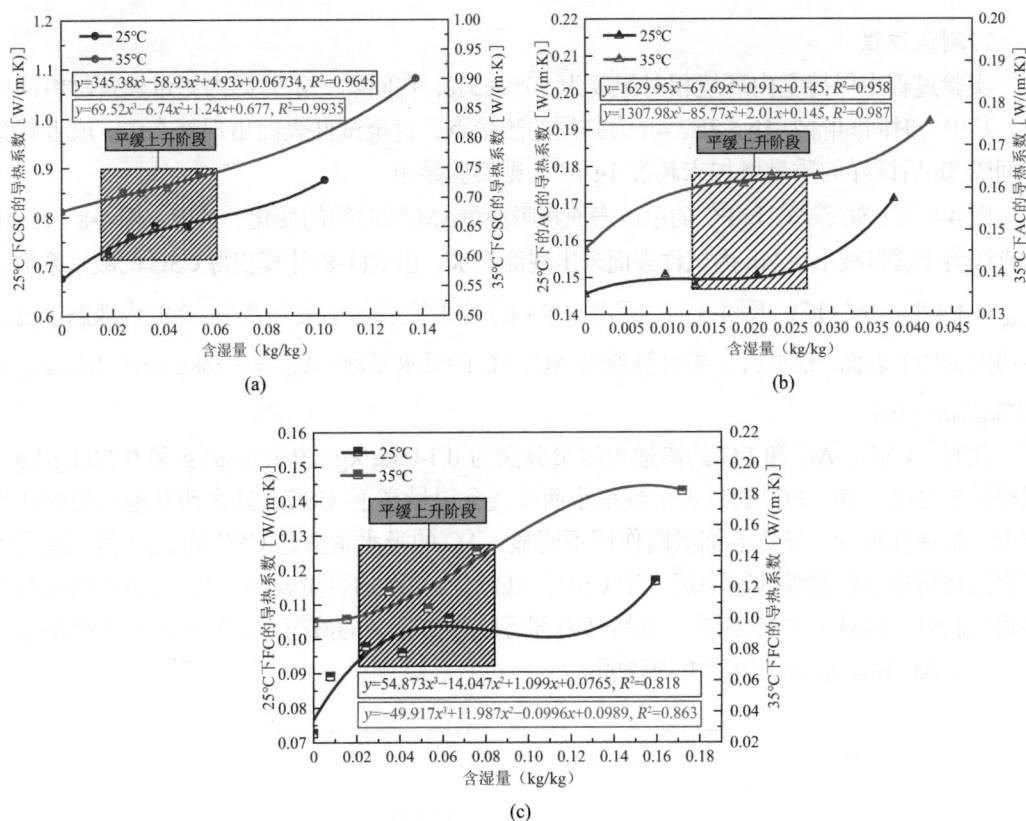

图 4-7　CSC、AC 和 FC 的导热系数随含湿量的变化（$T = 25℃$和$T = 35℃$）

（a）CSC；（b）AC；（c）FC

4.2.5　吸水系数

1. 试件参数

根据 ASTM C1794-15，测试试件与水接触的底面积应大于 $50cm^2$，试件厚度不小于 20mm。用于吸水系数测试的试件参数见表 4-4。

用于吸水系数测试的试件参数　　　　　　　表 4-4

样本编号	长度（mm）	宽度（mm）	高度（mm）	体积（m³）	质量（g）	平均密度（kg/m³）
CSC4	112.44	99.10	29.90	0.000333	536.82	
CSC5	112.42	99.22	29.89	0.000333	536.78	1609.28
CSC6	112.46	99.30	29.92	0.000334	536.80	
AC4	120.80	80.02	40.00	0.000645	201.52	—
AC5	120.80	80.60	40.22	0.000661	203.85	309.34
AC6	120.50	80.00	40.70	0.000684	210.06	—
FC4	100.00	100.00	30.00	0.000300	62.68	
FC5	100.00	100.00	30.00	0.000300	60.73	203.89
FC6	100.00	100.00	30.00	0.000300	60.49	

2. 测试过程

实验过程中保持室内环境相对湿度为 50%±5%，在间隔一定时间内测量建筑材料的质量，其中，时间间隔为 1h、2h、4h 为必须的测量点，直至试件表面出现液态水，或者观察到间隔 8h 后试样的质量增加未超过 1g/m³，则实验结束。

图 4-8 为 CSC、AC 和 FC 的单位表面积吸湿量 ΔM_t 随时间的变化。其中，图 4-8（a）中的直线斜率缓慢减小，24h 内试件表面未出现液态水，由式(1-8)计算获得 CSC 的吸水系数：$A_{csc} = 1.47\text{kg}/(\text{m}^2 \cdot \text{h}^{\frac{1}{2}})$。图 4-8（b）和图 4-8（c）中的直线斜率突然变小，24h 内液态水已经传递到试件上表面，根据式(1-7)计算获得 AC、FC 的吸水系数：$A_{ac} = 3.78\text{kg}/(\text{m}^2 \cdot \text{h}^{\frac{1}{2}})$、$A_{fc} = 0.37\text{kg}/(\text{m}^2 \cdot \text{h}^{\frac{1}{2}})$。

此时，CSC、AC 和 FC 的渗透含湿量分别为 0.148kg/kg、0.654kg/kg 和 0.346kg/kg。根据计算结果可知，FC 的吸水系数很小而渗透含湿量高于 CSC，这表明发泡水泥的孔径较大、微观孔较少，导致毛细吸附作用不明显，AC 的吸水系数是 CSC 的 2.57 倍，这表明在自然环境中 AC 的吸水速率远大于 CSC，AC 对液态水的容量较高。然而，AC 的水蒸气渗透性较好，相对于 CSC 而言，虽然其内部可以容得更多的液态水，但对进入其内部水蒸气而言，AC 保留水蒸气的能力则较弱。

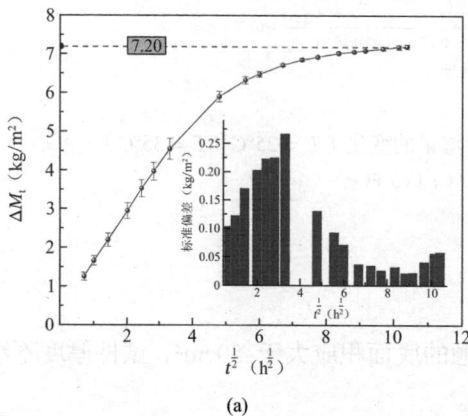

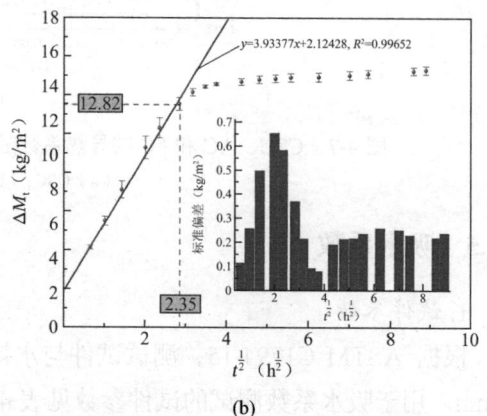

(a)　　　　　　　(b)

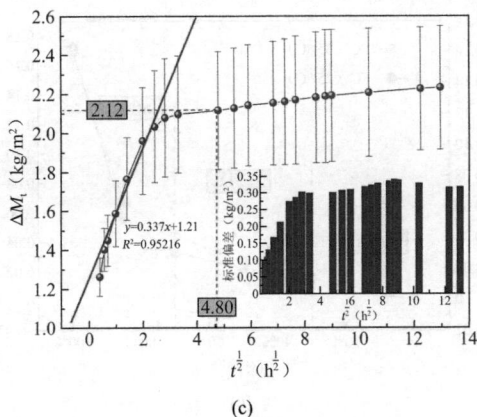

(c)

图 4-8　CSC、AC 和 FC 的单位表面积吸湿量随时间的变化

（a）CSC；（b）AC；（c）FC

4.2.6　等温吸湿曲线

1. 试件尺寸

研究表明，不同尺寸大小的试件，其平衡含湿量差异并不明显，吸、放湿过程的平均相对差异分别约为 7%、6%，与实验重复性误差和变异性误差相当，此外，等温吸湿曲线测量中采用的试件厚度应至少比其孔径大 60 倍且厚度大于 1cm。在测量含湿建筑材料导热系数的过程中，同时记录试件在每一湿度条件下的平衡含湿量，即可获得建筑材料的等温吸湿曲线，因此，测量等温吸湿曲线用的试件尺寸与含湿建筑材料导热系数测试时的试件尺寸相同。

2. 测试结果

CSC、AC 和 FC 在 25℃和 35℃下的等温吸湿曲线如图 4-9 所示，三者的含湿量随相对湿度的变化趋势相同，该过程可分为 3 个阶段，随着相对湿度增加，含湿量先增加后趋于平缓，最后迅速增加。无论在 25℃还是 35℃工况，随着环境相对湿度的增加，FC 的含湿量变化趋势相同且非常接近，含湿量最高为 0.1718kg/kg 和 0.1593kg/kg，二者相差 7.3%，这说明其平衡含湿量受温度影响可以忽略，Lakatos 也测试了 3 种不同温度条件下的材料等温吸湿曲线，结果表明：随着时间的增加，材料含湿量和温度之间没有很强的相关性，因为当环境相对湿度相同时，材料达到吸湿平衡时其吸湿量主要取决于材料内部孔隙结构。

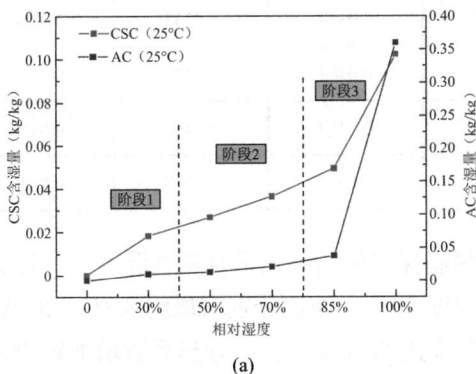

(a)

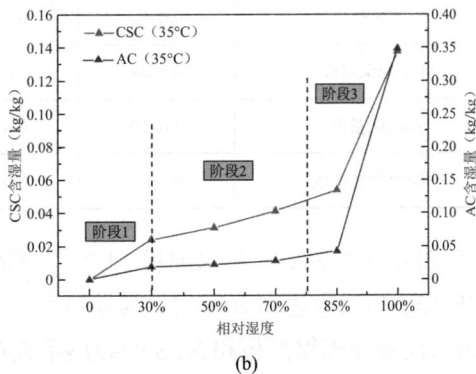

(b)

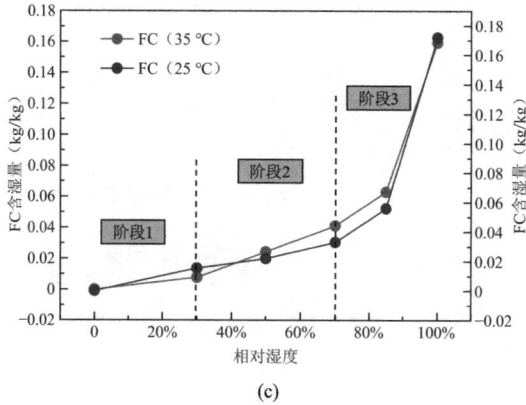

(c)

图 4-9　CSC、FC 和 AC 在 25℃和 35℃下的等温吸湿曲线

（a）CSC 和 AC（$T = 25℃$）；（b）CSC 和 AC（$T = 35℃$）；（c）FC（$T = 25℃$、$T = 35℃$）

4.3　常用建筑保温材料热湿物性参数

采用瞬态平面热源法测试获得了玻璃棉保温板、酚醛树脂保温板、XPS、岩棉保温板和 EPS 在不同温湿度条件下导热系数的变化特性，同时获得等温吸湿曲线，并通过数值计算对比分析了是否考虑湿传递及导热系数随温湿度变化对通过围护结构的显热量、潜热量和总热量的影响。

4.3.1　导热系数随温度的变化

通过对常用建筑墙体保温材料进行导热系数随温度变化的实验研究，获得如表 4-5 所示的保温材料导热系数随温度变化的实测数据及如图 4-10 所示的保温材料导热系数随温度的变化。

保温材料导热系数随温度变化的实测数据　　　表 4-5

材料	导热系数［W/(m·K)］				
	20℃	30℃	40℃	50℃	60℃
EPS	0.0257	0.0274	0.0291	0.0303	0.0309
XPS	0.0292	0.0313	0.0328	0.0333	0.0354
玻璃棉保温板	0.0348	0.0360	0.0362	0.0373	0.0398
岩棉保温板	0.0419	0.0428	0.0439	0.0440	0.0456
酚醛树脂保温板	0.0343	0.0359	0.0363	0.0377	0.0389

如图 4-10 所示，岩棉保温板、EPS 与酚醛树脂保温板的导热系数随着温度上升几乎呈线性增加，当温度达到 60℃时，其导热系数与温度 20℃时相比分别增加约 8.8%、20.4%和 13.2%。而玻璃棉保温板和 XPS 的导热系数在温度达到 30℃之前，导热系数增加较快，在

30～40℃时均出现了增加减缓而后陡升的趋势，当温度升至 60℃时，其导热系数分别增加约 14.4%和 21.5%。

样品	$\lambda_{T=20℃}$	$\dfrac{(\lambda_{T=60℃}-\lambda_{T=20℃})}{\lambda_{T=20℃}}\times100\%$
玻璃棉保温板	0.0348	14.4%
酚醛树脂保温板	0.0343	13.2%
XPS	0.0292	21.4%

样品	$\lambda_{T=20℃}$	$\dfrac{(\lambda_{T=60℃}-\lambda_{T=20℃})}{\lambda_{T=20℃}}\times100\%$
岩棉保温板	0.0419	8.8%
EPS	0.0257	20.4%

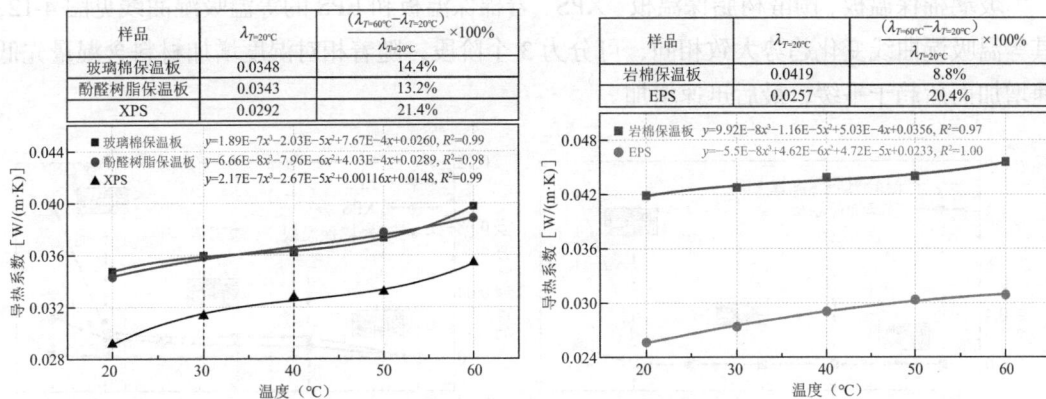

图 4-10　保温材料导热系数随温度的变化

由于建筑保温材料固体基质的导热能力远大于空气，材料固体骨架占比越大，材料越密实，随着温度的升高，材料内部分子热运动更加剧烈，热量传递更加迅速，加之分子间动能的增加，在热量传导过程中其动能也会转为热量继续向低温部分传递，其导热能力越好，导热系数越大。

4.3.2　导热系数随湿度的变化

测试不同湿度条件下玻璃棉保温板、酚醛树脂保温板、XPS、岩棉保温板和 EPS 的导热系数变化特性，结果见图 4-11。EPS 的导热系数随相对湿度的增加逐渐上升，当相对湿度达到 100%时，其导热系数与干燥状态相比增加约 15.1%。而酚醛树脂保温板在相对湿度达到 30%后，导热系数随相对湿度的增加开始陡升，当相对湿度达到 100%时，其导热系数约为干燥状态下的 2.9 倍。当相对湿度较低时，材料内部主要是固体颗粒的导热，此时颗粒间的接触热阻是限制传热过程的主要因素，随着孔隙内部的水蒸气含量增加，也是引起导热系数增加的原因。

样品	$\lambda_{\varphi=0\%}$	$\dfrac{(\lambda_{\varphi=100\%}-\lambda_{\varphi=0\%})}{\lambda_{\varphi=0\%}}\times100\%$
玻璃棉保温板	0.0361	88.2%
酚醛树脂保温板	0.0361	186.7%
XPS	0.0316	33.5%

样品	$\lambda_{\varphi=0\%}$	$\dfrac{(\lambda_{\varphi=100\%}-\lambda_{\varphi=0\%})}{\lambda_{\varphi=0\%}}\times100\%$
岩棉保温板	0.0435	14.8%
EPS	0.0287	15.1%

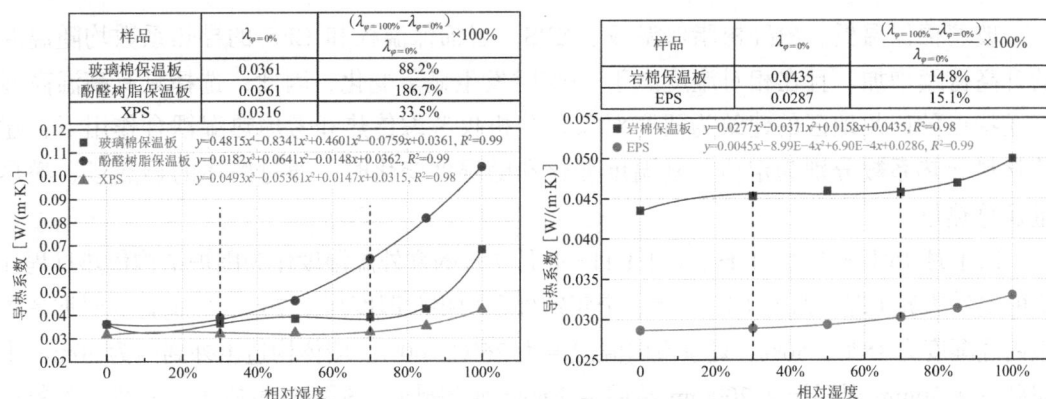

图 4-11　保温材料导热系数随相对湿度的变化

4.3.3 等温吸湿曲线

玻璃棉保温板、酚醛树脂保温板、XPS、岩棉保温板和 EPS 的等温吸湿曲线见图 4-12，其等温吸湿曲线变化趋势大致相同，可分为 3 个阶段，随着相对湿度增加材料含湿量先低速增加而后趋于平缓，最后迅速增加。

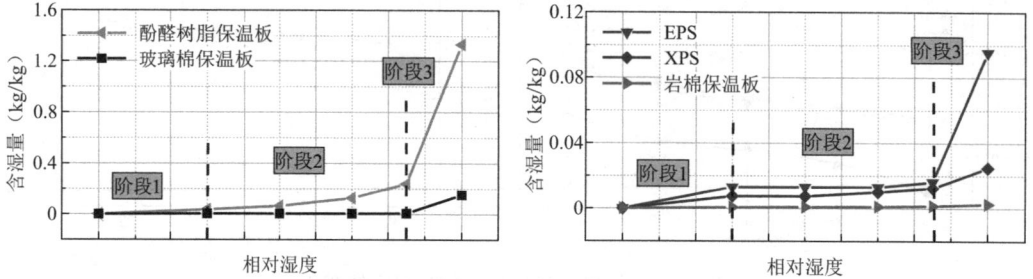

图 4-12 保温材料的等温吸湿曲线

当相对湿度从 0 升至 30%时，材料孔隙内部水蒸气含量逐渐增多，最大含湿量为 0.00059～0.03604kg/kg。

当相对湿度从 30%升至 85%时，建筑保温材料内部水蒸气分压力增大，含湿量增加缓慢。玻璃棉保温板与岩棉保温板的质量含湿量分别增大了 1.80 倍和 2.59 倍，这可能是因为玻璃棉保温板、岩棉保温板的开孔结构使其无法储存水。EPS、XPS 的质量含湿量分别增大约 1.25 倍和 1.67 倍，由于其内部大多为闭孔结构，水分子很难进入孔隙内部，含湿量的增加可能主要来自表面吸附的水分以及水分在受损泡腔内部的积累。酚醛树脂保温板的质量含湿量增大约 6.64 倍，这是由于酚醛树脂保温板的酚醛分子中含有亲水基团羟基，使其捕获水分子的能力较强，从而在实验过程中表现出含湿量持续升高的趋势。

当相对湿度从 85%升至 100%时，材料内部的液态水逐渐增多甚至吸附到孔壁上形成水桥，导致 5 种建筑保温材料的含湿量全都迅速增大。

4.3.4 导热系数随温湿度变化对墙体传热量的影响

玻璃棉保温板、酚醛树脂保温板、XPS、岩棉保温板和 EPS 的导热系数均随温度的升高持续增加，且在相对湿度高于 70%时发生显著变化，因此，选择具有高温高湿气候特点的广州地区的建筑为研究对象，分析仅考虑传热和考虑热湿耦合作用下，建筑材料导热系数分别为定值、随温度变化和随湿度变化时，通过墙体的显热量、潜热量及总热量。

以 1 月 15 日～1 月 21 日、8 月 1 日～8 月 7 日的室外温湿度作为围护结构传热过程计算的室外边界工况，如图 4-13 所示，全年室外平均相对湿度高于 76%，数值计算时取冬季室内温湿度为 18℃、50%，夏季室内温湿度为 26℃、60%。墙体构造由外到内为 30mm 水泥砂浆＋30mm 保温层＋200mm 砖层＋20mm 水泥砂浆，通过计算应用 5 种保温材料后的墙体传热系数 K 均满足该地区的公共建筑节能标准。

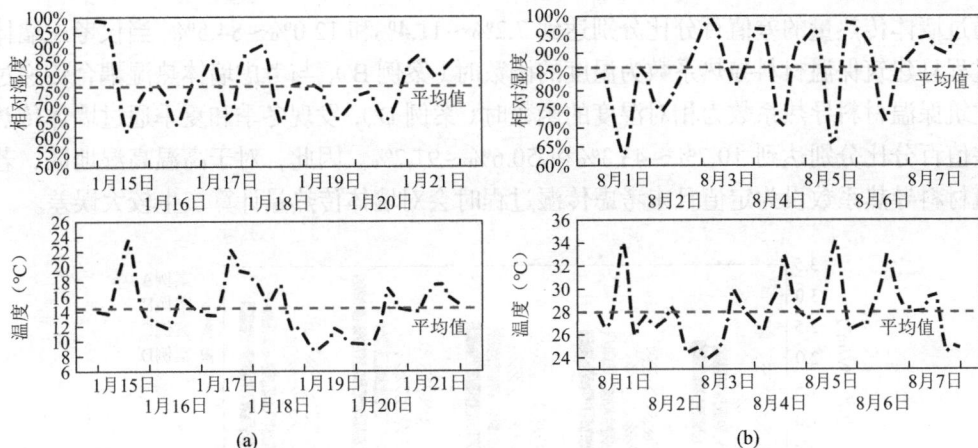

图 4-13 广州冬、夏季室外温湿度
（a）冬季；（b）夏季

墙体基层及保温材料的物性参数如表 4-6 所示。

墙体基层及保温材料的物性参数 表 4-6

材料	属性			
	密度（kg/m³）	比热容［J/(kg·K)］	导热系数（常数）［W/(m·K)］	蒸汽渗透系数［kg/(m·s·Pa)］
水泥砂浆	1800.2	1050.3	0.9300	5.48E-11
砖	1615.6	580.5	0.4560	2.60E-11
EPS	10.6	1501.4	0.0287	1.10E-11
XPS	29.7	1625.6	0.0316	4.36E-10
玻璃棉保温板	48.3	807.1	0.0361	2.78E-11
酚醛树脂保温板	35.6	1932.1	0.0361	1.50E-12
岩棉保温板	124.9	656.6	0.0435	6.71E-11

为了探究是否考虑传湿及保温材料导热系数为定值或随温湿度变化时对墙体传热量的影响关系，分为 4 种工况（案例 A～案例 D）进行计算分析。

案例 A：仅考虑墙体传热过程，建筑保温材料的导热系数为定值。

案例 B：仅考虑墙体传热过程，建筑保温材料的导热系数为温度的函数。

案例 C：考虑墙体热湿耦合过程，建筑保温材料的导热系数为定值。

案例 D：考虑墙体热湿耦合过程，建筑保温材料的导热系数为相对湿度的函数。

如图 4-14 所示，当冬季和夏季仅考虑墙体传热过程时，通过案例 A 和案例 B 的墙体总热流差值百分比分别为 3.5%～10.6% 和 0.9%～4.7%，其原因为冬季时墙体保温材料温度低于 20℃，则案例 B 情况下保温材料导热系数均小于常温干燥状态下的标准值，因此，墙体由内向外的散热量减小。

当建筑保温材料导热系数为定值时，将仅考虑墙体传热过程（案例 A）和考虑墙体热湿耦合传递过程（案例 C）进行对比，通过墙体传热量的差异如表 4-7 所示，发现冬季和夏季通过墙体传热量的差值百分比分别达到 7.2%～11.4% 和 12.0%～84.5%。当仅考虑墙体传热过程且建筑保温材料导热系数为温度的函数时（案例 B），与考虑墙体热湿耦合传递过程且建筑保温材料导热系数为相对湿度的函数时（案例 D），发现冬季和夏季通过墙体传热量的差值百分比分别达到 10.7%～43.3% 和 50.6%～91.2%。因此，对于高温高湿地区，若将建筑材料导热系数设为定值且未考虑传湿过程时会对墙体传热量计算产生较大误差。

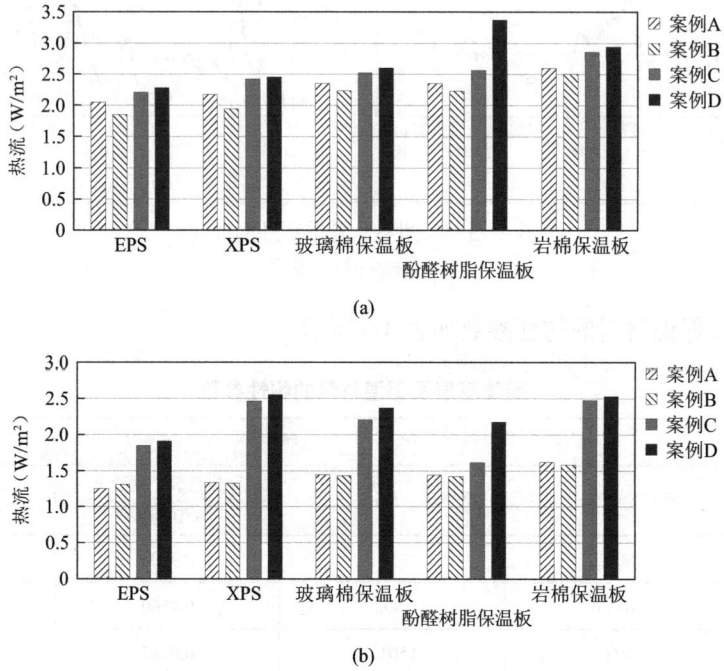

图 4-14　4 种工况下通过墙体的热流
（a）冬季；（b）夏季

传湿对墙体传热量的影响　　　　　　　　　　　　　　表 4-7

保温材料	案例 A 和案例 C		案例 B 和案例 D	
	$\dfrac{Q_{定值-H}-Q_{定值-RH\&H}}{Q_{定值-H}} \times 100\%$		$\dfrac{Q_{线性值-H}-Q_{线性值-RH\&H}}{Q_{线性值-H}} \times 100\%$	
	冬季	夏季	冬季	夏季
EPS	−7.9%	−48.0%	−11.4%	−52.8%
XPS	−11.4%	−84.5%	−12.9%	−91.1%
玻璃棉保温板	−7.2%	−52.3%	−10.7%	−63.7%
酚醛树脂保温板	−8.9%	−12.0%	−43.3%	−50.6%
岩棉保温板	−10.3%	−52.7%	−13.4%	−56.2%

注：$Q_{定值-H}$——仅考虑墙体传热过程，且建筑保温材料导热系数为定值时，通过墙体的传热量（对应案例 A）；
　　$Q_{定值-RH\&H}$——考虑墙体热湿耦合传递过程，且建筑保温材料导热系数为定值时，通过墙体的传热量（对应案例 C）；
　　$Q_{线性值-H}$——仅考虑墙体传热过程，且建筑保温材料导热系数为温度的函数时，通过墙体的传热量（对应案例 B）；
　　$Q_{线性值-RH\&H}$——考虑墙体热湿耦合传递过程，且建筑保温材料导热系数为相对湿度的函数时，通过墙体的传热量（对应案例 D）。

　　为了更为深入地探究建筑材料导热系数随相对湿度变化时对墙体热流的影响，计算分析了考虑传湿时建筑材料导热系数为定值（案例 C）和随相对湿度变化（案例 D）对墙体内表面显热流和潜热流的影响，如图 4-15 所示。

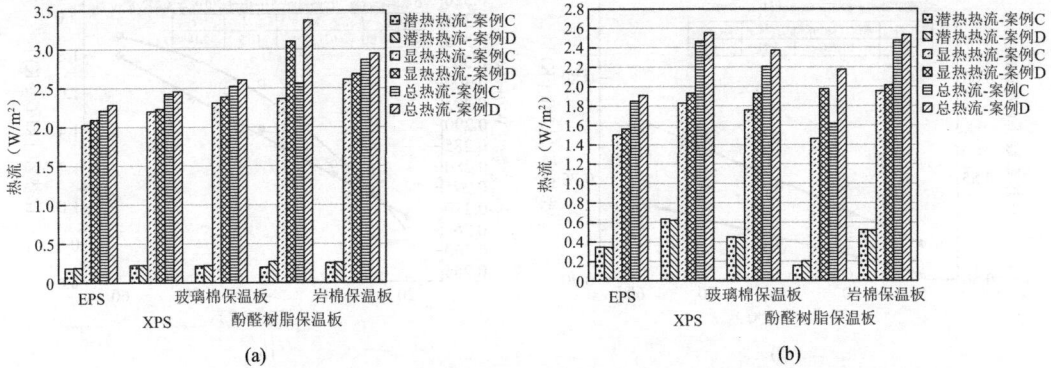

图 4-15　建筑保温材料导热系数随相对湿度变化时对墙体热流的影响
（a）冬季；（b）夏季

　　通过对冬、夏季两个周期内墙体内表面热流的分析，发现在环境相对湿度较低的冬季周期内，当考虑墙体传湿且建筑保温材料的导热系数为定值时（案例 C），墙体传热量主要受室内外温度的影响，因此建筑保温材料的导热系数（干燥状态下的标准值）越大，材料导热性能越好，墙体内表面热流就越高。如图 4-15（a）所示，由于岩棉保温板干燥状态下的导热系数在 5 种保温材料中最大，其墙体内表面总热流最高。

　　而当考虑墙体传湿且建筑保温材料的导热系数为相对湿度的函数时（案例 D），应用不同保温材料后的墙体传热量有所不同。在冬季周期内，墙体传热量虽主要受温度的影响，但由于保温材料导热系数随相对湿度发生变化，尤其是对于酚醛树脂保温板这种导热系数随相对湿度变化较大的保温材料，其显、潜热流和总热流均高于其他保温材料。

4.4　其他常用多孔建筑材料热湿物性参数

4.4.1　导热系数和比热容随温度的变化

　　除了常用的轻质混凝土和建筑保温材料，通过实验测试还获得了砖、纸面石膏板、木秸板等其他建筑材料在不同温度下的导热系数和比热容，并对其进行拟合，得到了导热系数及比热容随温度的变化曲线，所选试件的密度、导热系数变化率、比热容变化率见图 4-16。

　　通过对实验结果进行分析，发现砖、纸面石膏板、木秸板和纤维水泥板的导热系数随温度的升高近乎呈线性增加。其中，砖和纸面石膏板在 60℃时的导热系数比 20℃时增加约10%。页岩陶粒混凝土的导热系数随温度的升高呈现先缓增后陡增的趋势，而煤矸石混凝土的导热系数随温度的变化趋势则为先陡增后缓增，但二者的导热系数在温度从 20℃增至60℃时，增加率均低于 8%，因此，在非炎热地区使用时，可以忽略温度对其导热系数的影响。对上述 6 种材料的比热容进行分析，发现其比热容随温度的升高均呈现递增趋势，其中，除纸面石膏板的比热容随温度的增加率高于110%外，其余5种建筑材料的比热容随温度的增加率均低于50%。

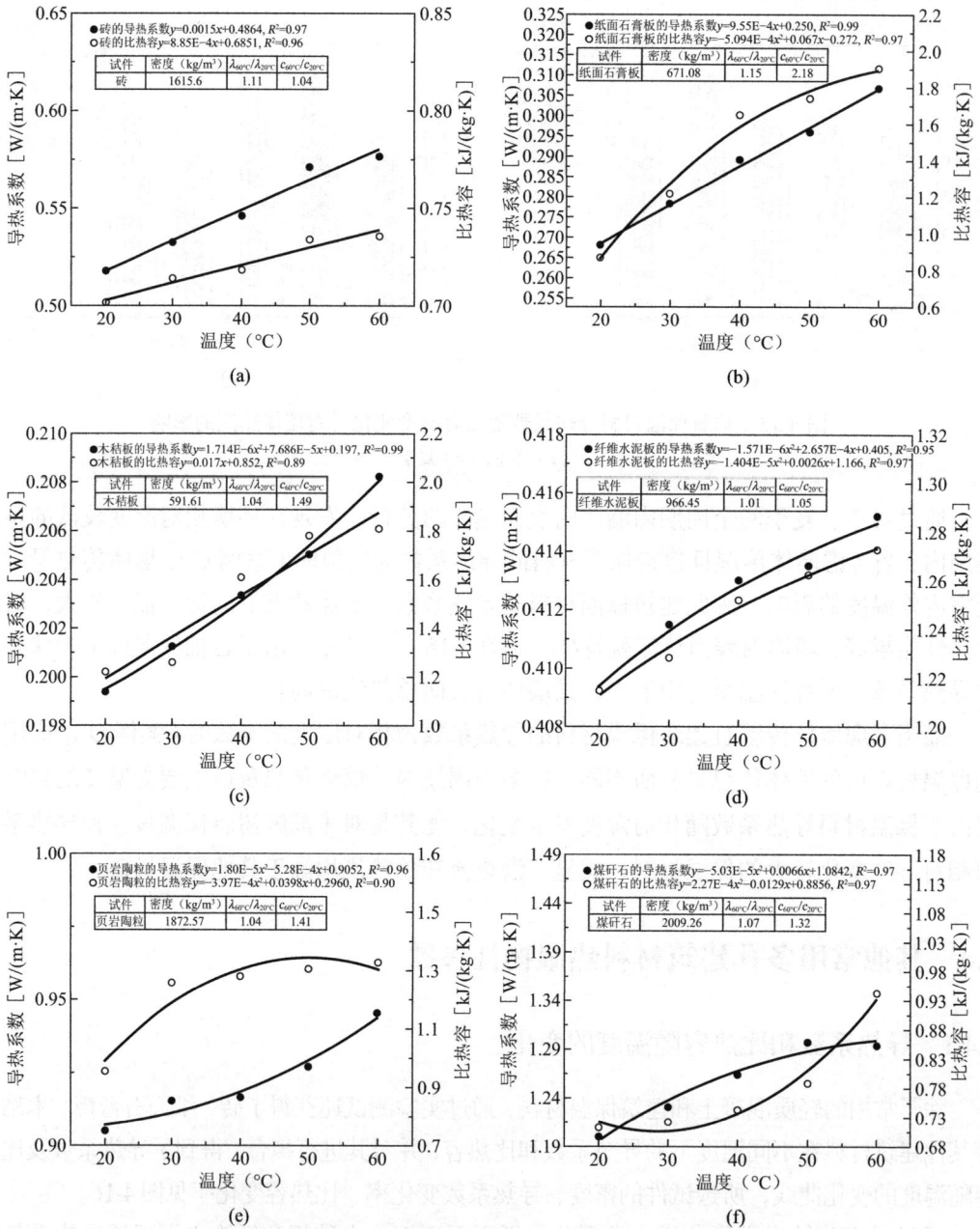

图 4-16　其他建筑材料导热系数和比热容随温度的变化

（a）砖；（b）纸面石膏板；（c）木秸板；（d）纤维水泥板；（e）页岩陶粒混凝土；（f）煤矸石混凝土

注：$\lambda_{60℃}$、$\lambda_{20℃}$为材料在温度为60℃、20℃时的导热系数；$c_{60℃}$、$c_{20℃}$为材料在温度为60℃、20℃时的比热容。

4.4.2　导热系数和比热容随湿度的变化

通过实验测试获得了砖、纸面石膏板、页岩陶粒混凝土等其他建筑材料在温度为35℃，相对湿度从 0 到 100%时（0、30%、50%、70%、85%、100%）各个工况点的导热系数和比热容，通过数据拟合获得了导热系数和比热容随相对湿度的变化曲线，如图 4-17 所示。

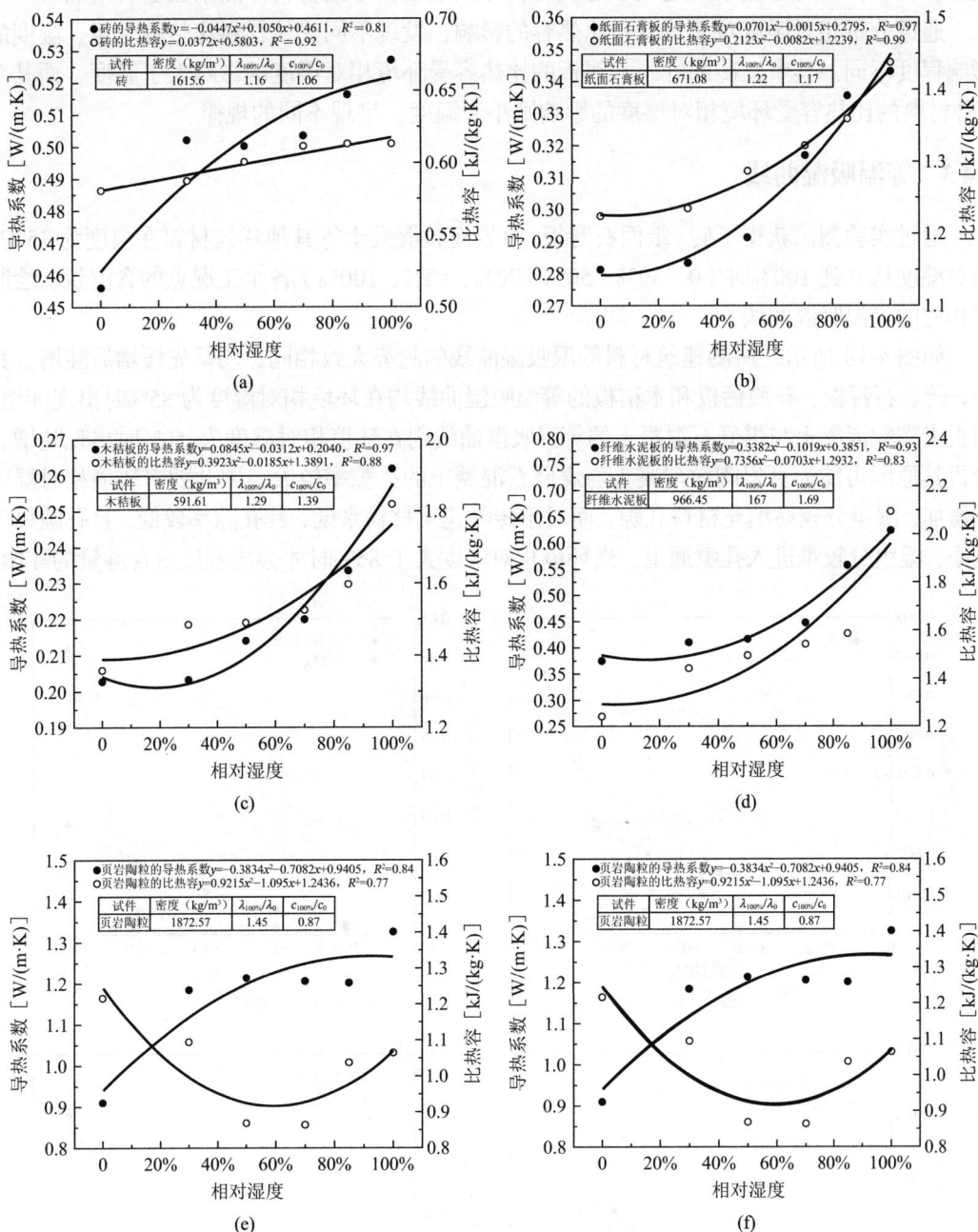

图 4-17　其他建筑材料导热系数和比热容随相对湿度的变化

（a）砖；（b）纸面石膏板；（c）木秸板；（d）纤维水泥板；（e）页岩陶粒；（f）煤矸石

注：$\lambda_{100\%}$、λ_0 为材料在相对湿度为 100%、0 时的导热系数；$c_{100\%}$、c_0 为材料在相对湿度为 100%、0 时的比热容。

从图 4-17 中可以看出，相较于干燥工况下导热系数随温度的变化，湿度对建筑材料导热系数的影响更为显著，当相对湿度达到 100%时,纤维水泥板导热系数的增加率达到 67%,

而砖导热系数的增加率最低，仅为 16%。其原因可能是纤维水泥板的孔隙率相较于其他建筑材料更高，当环境相对湿度达到 100%时，水蒸气分子更易凝结于材料内部孔隙中，并以液态存在，而水的导热系数远大于建筑材料导热系数，导致材料导热系数显著增加。

通过分析相对湿度对建筑材料比热容的影响，发现不同建筑材料比热容受温、湿度的影响程度不同。其中，砖和纤维水泥板的比热容受环境相对湿度的影响大于温度，而其余 4 种材料的比热容受环境相对湿度的影响则小于温度，呈现不同的规律。

4.4.3 等温吸湿曲线

通过实验测试获得了砖、纸面石膏板、页岩陶粒混凝土等其他建筑材料在温度为 35℃，相对湿度从 0 到 100%时（0、30%、50%、70%、85%、100%）各个工况点的含湿量，绘制了相应的等温吸湿曲线。

如图 4-18 所示，所测建筑材料等温吸湿曲线的趋势大致相同，均呈先缓增后陡增。其中，砖、石膏板、硅酸钙板和木秸板的等温吸湿曲线均在环境相对湿度为 85%时出现陡增，而页岩陶粒混凝土与煤矸石混凝土的等温吸湿曲线则在环境相对湿度为 50%时出现陡增。分析其原因可能为页岩陶粒混凝土与煤矸石混凝土的孔隙率较大，因此随着环境相对湿度的增加，湿组分较易填充材料孔隙，而对于砖等建筑材料来说，其孔隙率较低，且孔隙尺度较小，湿组分较难进入孔隙通道，当环境相对湿度大于 85%时才会出现质量含湿量的陡增。

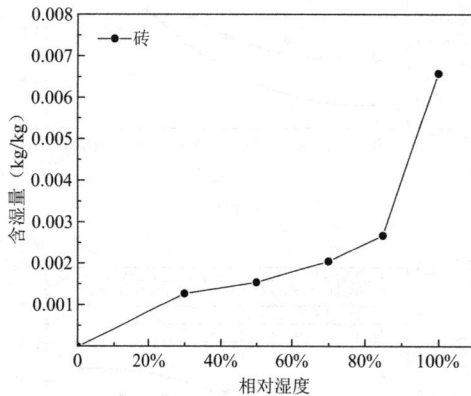

(a)

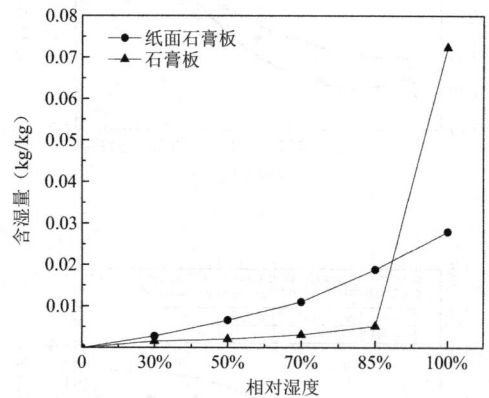

(b)

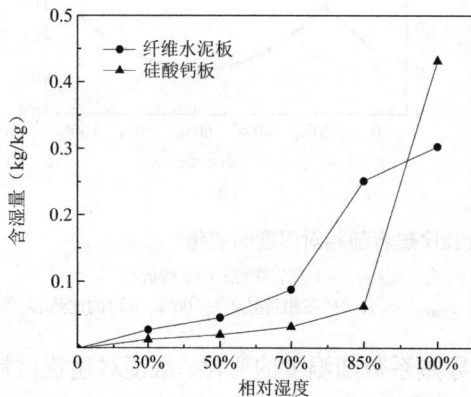

(c)

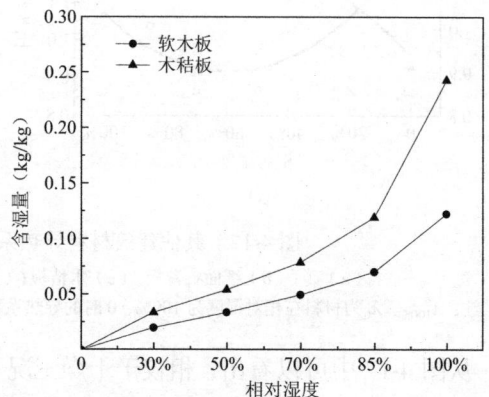

(d)

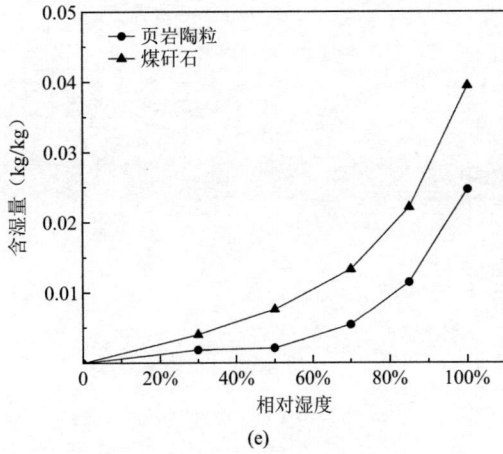

(e)

图 4-18 其他建筑材料的等温吸湿曲线

（a）砖；（b）纸面石膏板、石膏板；（c）纤维水泥、硅酸钙板；（d）软木板、木秸板；（e）页岩陶粒、煤矸石

第 5 章

新型建筑保温材料热湿物性参数

5.1 概　述

在建筑行业蓬勃发展的过程中，围护结构构造技术体系不断更新，众多新型建筑保温材料亦如雨后春笋般不断涌现。相较于传统建筑保温材料，新型建筑保温材料在保温性能、重量以及施工便利性等方面展现出显著优势。本章聚焦于自主研发的气凝胶混凝土与软木水泥砂浆，深入剖析其热湿物性参数在物质含量及温湿度变化影响下的特性，旨在为新型建筑保温材料的理论研究及工程应用提供有力的数据支撑，助力推动该领域的进一步发展与创新。

5.2　气凝胶混凝土热湿物性参数

鉴于气凝胶具备低密度、低导热系数以及疏水性等显著特征，把气凝胶掺入混凝土中，能够对混凝土的密度与孔隙率予以有效改变，从而切实优化混凝土的保温性能与传湿性能。基于此，本节选取新型气凝胶混凝土（AIC）作为具有代表性的实验材料，针对其孔隙结构、等温吸湿曲线以及吸水系数展开深入剖析，并着力探究在不同温度以及含湿量的条件下，其导热系数所呈现出的变化规律。

5.2.1　材料制备及微观表征

1. 材料制备

依据相关研究的特定配比，通过混合水泥、砂子、水、减水剂、丙烯酰胺、二氧化硅气凝胶颗粒（以下简称气凝胶），成功制备出新型气凝胶混凝土（AIC），试件所需材料配合比详情见表 5-1。

不同气凝胶掺量混凝土的配合比　　　　　　　　表 5-1

试件编号	水泥（kg）	砂子（kg）	水（kg）	DK-R3（kg）	丙烯酰胺（kg）	气凝胶（kg）	气凝胶比例	
							体积百分比	重量百分比
AIC0	1	7	0.7	0.01	0.015	0	0	0.00%
AIC10	1	6.3	0.7	0.01	0.015	0.02827	10%	0.35%

试件编号	水泥（kg）	砂子（kg）	水（kg）	DK-R3（kg）	丙烯酰胺（kg）	气凝胶（kg）	气凝胶比例	
							体积百分比	重量百分比
AIC20	1	5.6	0.7	0.01	0.015	0.05654	20%	0.77%
AIC30	1	4.9	0.7	0.01	0.015	0.08481	30%	1.26%
AIC40	1	4.2	0.7	0.01	0.015	0.11308	40%	1.87%
AIC50	1	3.5	0.7	0.01	0.015	0.14135	50%	2.63%
AIC60	1	2.8	0.7	0.01	0.015	0.16962	60%	3.61%

注：DK-R3 为高效减水剂；表中配合比为制备 2 块 100mm × 100mm × 30mm 和 1 块 300mm × 300mm × 30mm 试件所需的材料用量。

试件编号 AIC0～AIC60 依次对应气凝胶体积百分比从 0 逐步递增至 60%的情况。其中所用水泥为低碱度抗硫酸盐水泥（LSAC42.5），能够有效增强材料在特定环境下的耐久性与稳定性。所选用的砂子为中砂，粒径为 0.35～0.5mm，密度为 2600kg/m³。二氧化硅气凝胶颗粒粒径为 0.4～1.2mm，密度为 60～150kg/m³。

气凝胶混凝土试件的制备过程如图 5-1 所示，首先将水泥和砂子在搅拌器中混合均匀，然后加入气凝胶进行干混，这样有利于保持气凝胶颗粒在水泥基中的完整性。在搅拌过程中缓慢加入水和减水剂，同时将丙烯酰胺混入水中，以使气凝胶颗粒分散均匀。最后，将混合均匀的浆料一次性浇入模具中，放置在温度为 20～25℃的室内固化 28d。制备分别用于干燥条件下导热系数测试、吸水系数测试及含湿状态下导热系数测试的 AIC 试件，如图 5-2 所示。

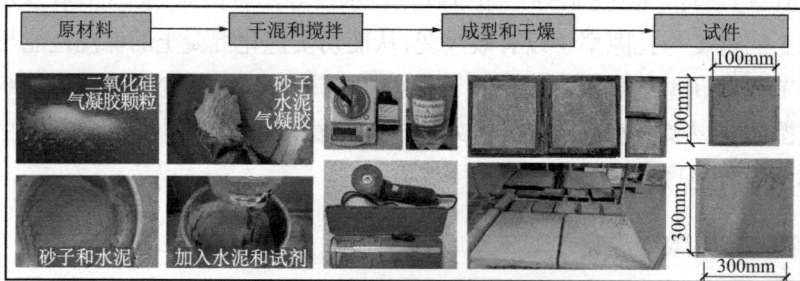

图 5-1　气凝胶混凝土试件的制备过程

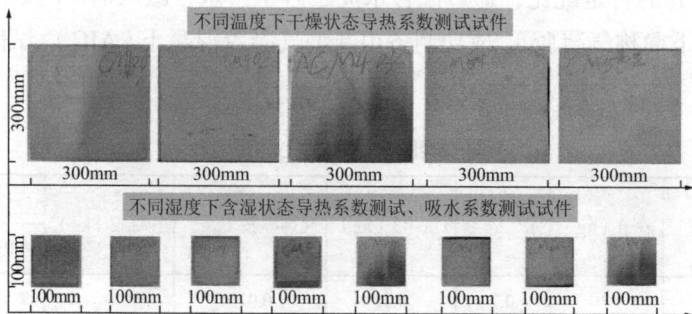

图 5-2　用于实验的 AIC 试件（部分展示）

2. AIC 的微观结构

图 5-3 为 AIC 放大 100、1000 和 5000 倍下的微观结构图，图 5-3（a）对比了无气凝胶和气凝胶体积百分比为 60% 的 AIC 微观结构，图中标记为 A 的区域为气凝胶颗粒，从中能够清晰地观察到气凝胶在水泥基中呈现出均匀分布的状态。同时，因气凝胶的加入，使得其水化产物出现了变化，进而混凝土的内部结构也随之改变。

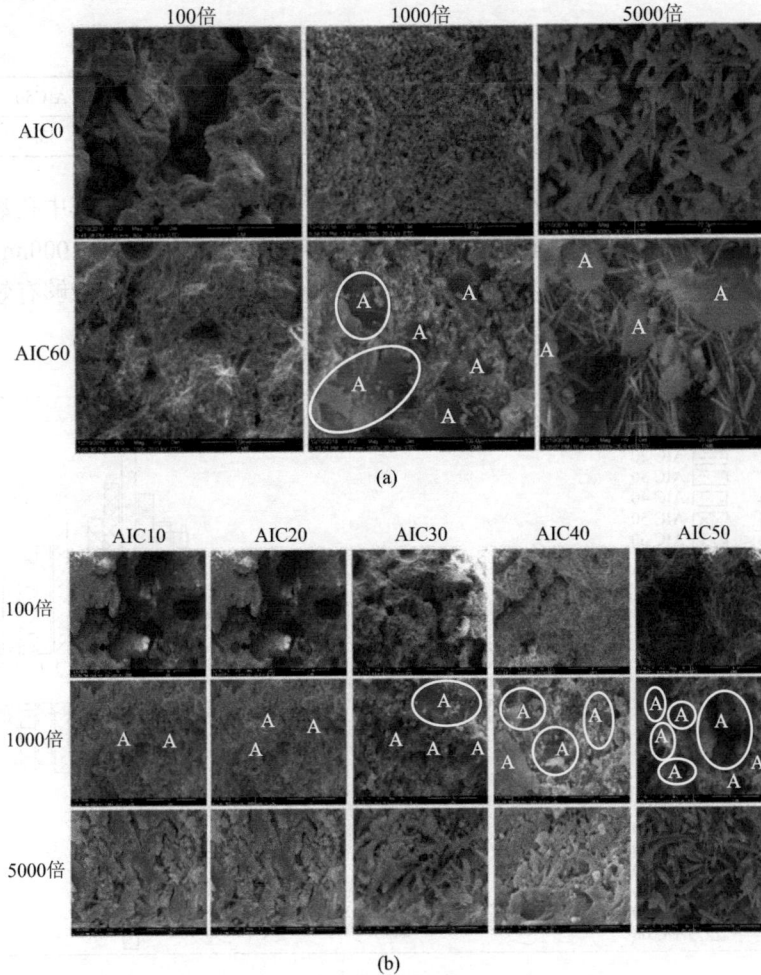

图 5-3　AIC 在放大 100、1000 和 5000 倍下的微观结构照片
（a）AIC0 和 AIC60；（b）AIC10～AIC50

图 5-3（b）对比了气凝胶体积百分比在 10% 到 50% 的混凝土内部结构，在放大 100 倍的情况下，随着气凝胶体积百分比的增加，材料孔径变小，其内部孔结构似乎被气凝胶粉末填充。在放大 1000 倍的情况下，大部分气凝胶颗粒仍然保持完整且均匀地分布在水泥基中，这一现象表明相关改进取得了较为理想的成效。在放大 5000 倍的情况下，发现混凝土的水化产物及内部结构具有相似性，掺入气凝胶颗粒使混凝土整体变得疏松。进而导致混凝土的密度和导热系数降低，鉴于气凝胶具备疏水性这一特点，还有可能致使吸水系数出现下降的情况。

3. AIC 的孔隙率

测试获得的 AIC0～AIC60 的孔隙率见表 5-2，随着气凝胶含量的增加，AIC 的孔隙率逐渐增大。当对气凝胶体积百分比为 0 与 50% 的情况进行对比时，可明显发现 AIC 的孔隙率大幅增加约 75.9%。然而，当气凝胶体积百分比为 60% 时，AIC60 的孔隙率相较于 AIC50 不但没有继续升高，反而降低约 5.7%。出现这种现象的原因可能是 AIC60 中气凝胶的含量过高，水泥基内部分尺寸较大的孔隙被气凝胶聚集体所填充，致使孔隙率有所下降。

不同气凝胶混凝土的孔隙率 表 5-2

样本编号	AIC0	AIC10	AIC20	AIC30	AIC40	AIC50	AIC60
孔隙率（%）	24.7	29.3	30.6	32.2	38.3	43.4	40.9

AIC 的孔径分布见图 5-4，AIC0～AIC60 的孔径分布趋势相同，其中孔数量的峰值集中出现在 600～1000nm。此外，随着气凝胶含量的增加，孔径在 200～1000nm 的比例逐渐增高，其他孔径范围的比例则逐渐下降。这一现象表明气凝胶的掺入能够有效地改变孔的大小，使得原本的小孔和大孔逐渐向中孔过渡转化。

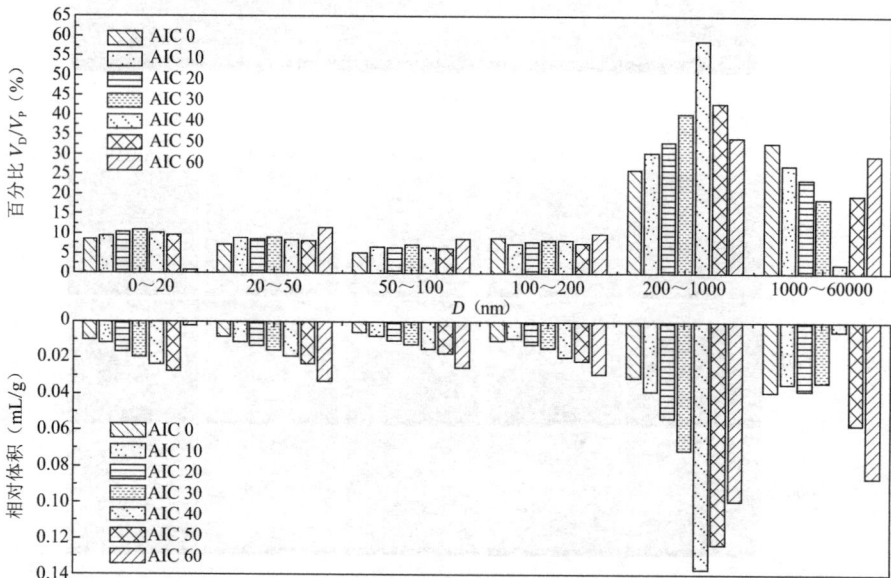

图 5-4 不同孔径下的相对体积和总孔隙体积百分比

注：V_D 为不同孔径对应的孔隙体积；V_P 为所有孔径下的孔隙体积。

5.2.2 气凝胶含量对混凝土导热系数的影响

通过实验测试获得了干燥状态下不同气凝胶含量的混凝土导热系数随温度的变化，见图 5-5。AIC 的导热系数随温度的升高而增加，其中 AIC10 的导热系数随温度的增加率最低，约为 9.4%，AIC30 随温度的增加率最高，约为 15.5%。在不同的温度条件下，AIC0～AIC60 导热系数的下降率具有差异性，其数值会随着环境温度的升高呈现出先降低后增高的变化趋势。具体而言，在 20℃ 时其变化率达到最高，约为 72.6%，而在 60℃ 时则降至最低，约为 72.2%。不过，需要注意的是，这种变化情况并未呈现出可靠且稳定的规律。这主要是因为在试件的制备流程以及工艺操作过程中，存在诸多不确定因素会对试件的导热系数产生影响。鉴于此，持续不断地对制备过程进行完善优化，并深入探索工序操作的改进方向意义重大。

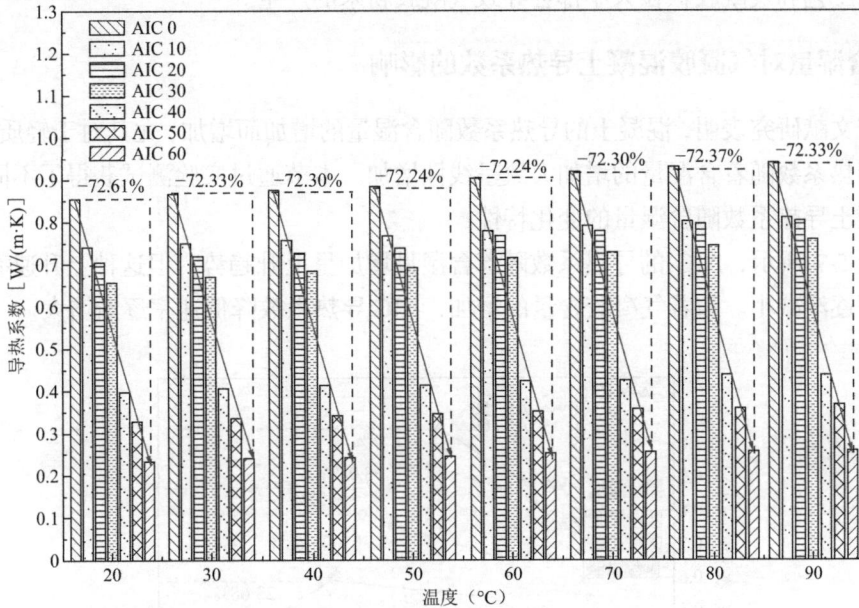

图 5-5　干燥状态下 AIC0～AIC60 的导热系数随温度的变化

5.2.3　温度对气凝胶混凝土导热系数的影响

图 5-6 为不同温度下 AIC 导热系数相对 20℃时的变化（干燥条件下），即相对导热系数：λ_T/λ_{20}，图中所列的增加率表示 AIC0 相对于 AIC60 的导热系数增加率。可以看出，干燥条件下温度对 AIC 导热系数的影响较小。

不同温度下的导热系数 [W/(m·K)]							
温度（℃）	AIC0	AIC10	AIC20	AIC30	AIC40	AIC50	AIC60	增长率
20	0.8551	0.74039	0.70541	0.6576	0.39759	0.32867	0.23421	-72.61%
30	0.86716	0.74919	0.71619	0.67048	0.40646	0.33478	0.23992	-72.33%
40	0.87518	0.75801	0.72709	0.6828	0.41065	0.33992	0.24246	-72.30%
50	0.88369	0.76768	0.73842	0.69347	0.41518	0.34406	0.24529	-72.24%
60	0.9027	0.78012	0.76059	0.71423	0.42352	0.35203	0.25059	-72.24%
70	0.9176	0.79114	0.77488	0.72901	0.42466	0.35595	0.25416	-72.30%
80	0.92899	0.80176	0.79243	0.74155	0.43536	0.35893	0.25673	-72.37%
90	0.93899	0.81005	0.80178	0.75952	0.43841	0.36579	0.25981	-72.33%

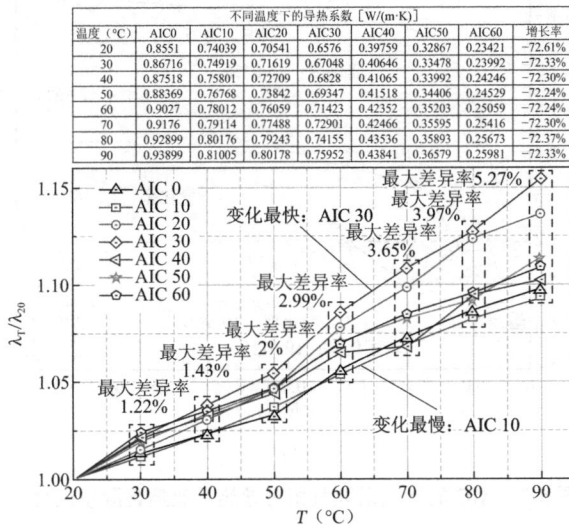

图 5-6　不同温度下 AIC 导热系数相对 20℃时的变化（干燥条件下）

进一步对比发现，不同气凝胶含量的混凝土，其导热系数随温度的增加速率没有规律，在 20～30℃增加速率最快的是 AIC60，最慢的是 AIC10。而在 30～50℃增加速率最快的是 AIC30，最慢的是 AIC0。这可能是制备过程中气凝胶粉末在水泥基中的分布差异导致，因为不同的工艺和气凝胶颗粒大小都会导致气凝胶粉末的产生。

5.2.4 含湿量对气凝胶混凝土导热系数的影响

已有文献研究表明，混凝土的导热系数随含湿量的增加而增加，尤其对于轻质混凝土，其有效导热系数随着含湿量的增加大致呈线性增加。本节通过实验测试获得了不同气凝胶含量混凝土导热系数随含湿量的变化特性。

如图 5-7 所示，AIC 的导热系数随着含湿量增加呈上升趋势，但这种上升速率随含湿量增加而逐渐减小。随着气凝胶含量的增加，AIC 导热系数降低速率逐渐增大。

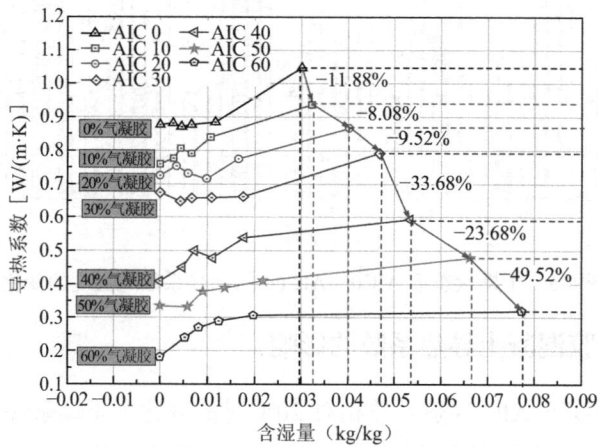

(a)

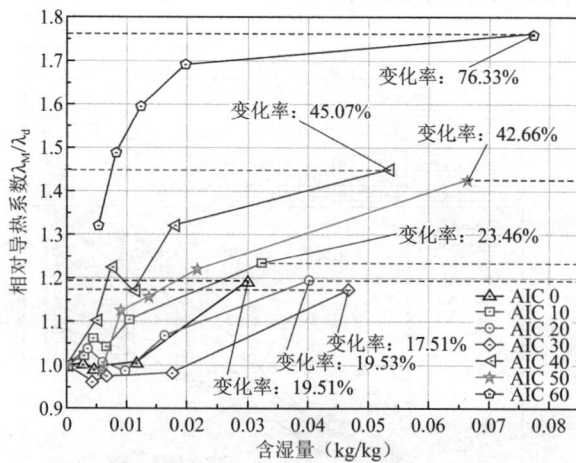

(b)

图 5-7 AIC 的导热系数及相对导热系数随含湿量的变化

图 5-8 为不同环境湿度条件下 AIC 的含湿量及对应的导热系数变化，由该图可以发现，

随着环境相对湿度的增加，AIC 的含湿量经历了中速增加、缓慢增加和高速增加 3 个阶段。然而，不同气凝胶混凝土之间的导热系数差值却逐渐降低，而在相对湿度为 100%时，这种降低有所回升。因为在 100%相对湿度下 AIC 孔隙内部的水蒸气可能形成液态水，这时较高的孔隙率和吸水性使材料含湿量迅速增高，抵消了气凝胶颗粒疏水性的部分作用，因此导热系数变化率有所提高。

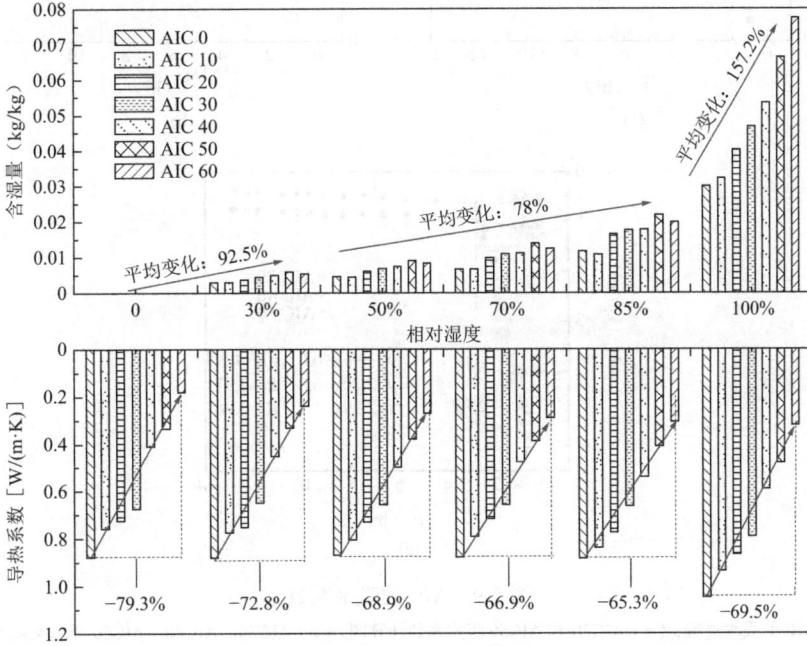

图 5-8　不同湿度条件下 AIC 的含湿量及对应的导热系数变化

5.2.5　气凝胶混凝土的湿物性参数

1. 吸水系数

图 5-9（a）为 AIC 单位表面积吸湿量（ΔM_t）随时间 $t^{\frac{1}{2}}$ 的变化。根据 ASTM C1794-15，AIC0 和 AIC10 在 4h 之内达到渗透平衡且试件表面出现液态水，表明材料渗透性较高且不具有毛细吸水性，无法求出吸水系数。其余试件的 ΔM_t 随着时间变化速率缓慢变小，液态水已经传递到试样上表面，此时，吸水系数可以通过式(1-7)计算。如图 5-9（b）所示，AIC20 和 AIC50 在 4h 达到平衡，计算得到 AIC20 和 AIC50 的吸水系数分别为：$A_{w(AIC20)} = 2.637kg/(m^2\sqrt{h})$，$A_{w(AIC50)} = 2.923kg/(m^2\sqrt{h})$。如图 5-9（c）所示，AIC30、AIC40 和 AIC60 在 8h 达到平衡，计算获得吸水系数分别为：$A_{w(AIC30)} = 1.79kg/(m^2\sqrt{h})$，$A_{w(AIC40)} = 2.194kg/(m^2\sqrt{h})$，$A_{w(AIC60)} = 1.852kg/(m^2\sqrt{h})$。

根据计算结果可知，当气凝胶含量为 30%~50%时，AIC 的吸水系数递增，且增加率约为 63.8%。当气凝胶含量为 60%时，由于气凝胶含量过高，AIC 的孔隙率降低且疏水性增加，导致吸水系数降低约 36.5%，这表明：随着气凝胶含量的增加，AIC 的渗透性先降低后上升。

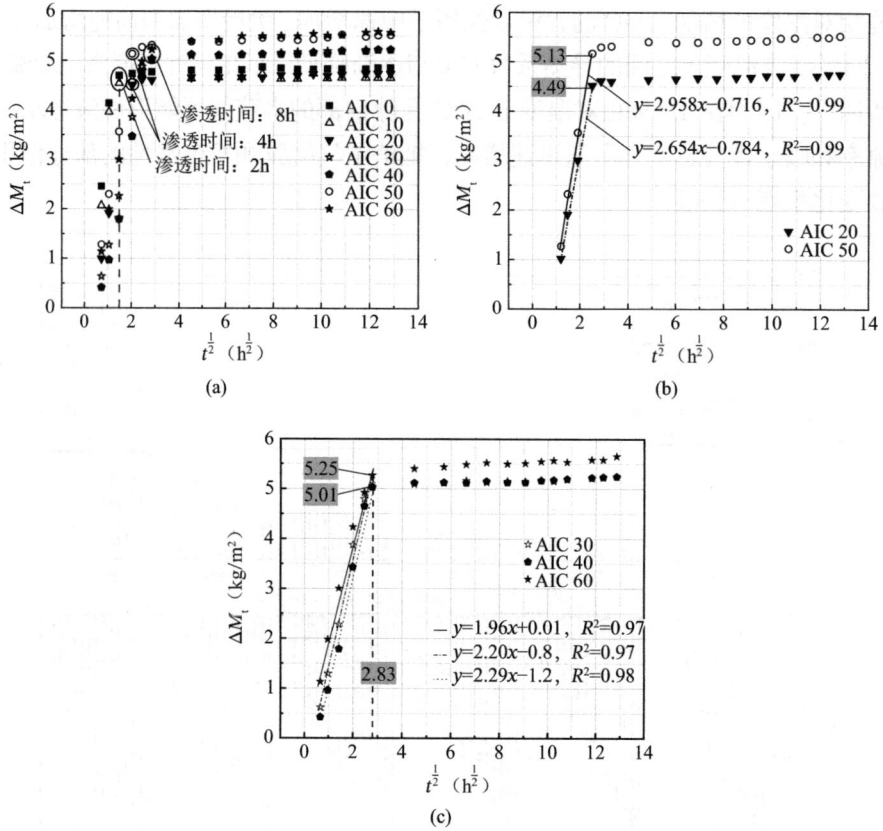

图 5-9　AIC 的吸水系数

（a）AIC 的吸水过程；（b）AIC20 和 AIC50 吸水系数计算图；（c）AIC30、AIC40、AIC60 吸水系数计算图

2. 等温吸湿曲线

图 5-10 为 35℃条件下 AIC 的等温吸湿曲线，当相对湿度从 0 变化到 100%时，AIC0 的含湿量变化率最小，约为 90.7%，而 AIC60 的含湿量变化率最大，约为 93.4%。随着环境相对湿度的升高，气凝胶含量对 AIC 的含湿量影响越来越明显。当相对湿度分别为 50%、70%和 100%时，随着气凝胶含量的增加 AIC 的含湿量分别增加约 98.8%、105.2%和 157.2%。在第一、第二和第三阶段，AIC 含湿量变化分别为 0~0.006kg/kg、0.005~0.014kg/kg、0.012~0.077kg/kg。

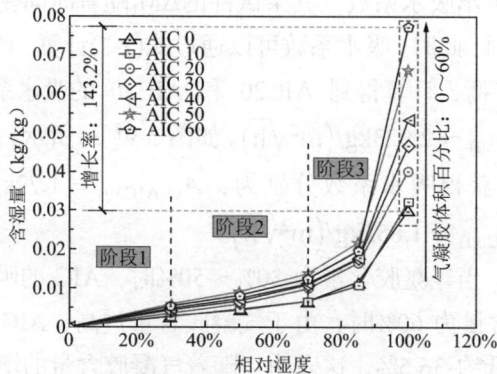

图 5-10　35℃条件下 AIC 的等温吸湿曲线

5.3　软木水泥砂浆热湿物性参数

木工业废料——软木颗粒是一种可再生的轻骨料，表现出低密度、低导热性、良好吸声性和耐水性，且价格便宜易获得。因此，本节在保证水泥砂浆抗压强度的基础上，将软木颗粒替代水泥砂浆中的砂子来改善其热湿性能，并分析其孔隙结构特点、不同温度和含湿量下导热系数的变化规律、等温吸湿曲线、吸水系数等。

5.3.1　材料制备及微观表征

1. 材料制备

水泥：42.5 号低碱度硫铝酸盐水泥，符合现行国家标准《硫铝酸盐水泥》GB/T 20472 的要求，其相关物理性能见表 5-3。

42.5 号低碱度硫铝酸盐水泥物理性能表　　　　表 5-3

品种	比表面积（m²/kg）	凝结时间（min）		抗压强度（MPa）			抗折强度（MPa）		
		初凝	终凝	1d	3d	28d	1d	3d	28d
硫铝酸盐	400	25	180	30	42.5	45	6	6.5	7

软木颗粒：使用不含树皮的天然软木颗粒，经过孔径为 0.5～2mm 的筛子过滤，堆积密度为 105kg/m³，组成成分见表 5-4。

软木颗粒组成成分　　　　表 5-4

组成成分	软木脂	木质素	纤维素	丹宁酸	蜡状物	其他
含量	45%	27%	12%	6%	5%	5%

砂子：粒径为 0.1～2mm 的河砂，堆积密度为 1590kg/m³。

减水剂：聚羧酸高效减水剂。

水：自来水。

参考相关文献中气凝胶混凝土的配比，本节中选用软木颗粒部分替代水泥砂浆中砂子的方法来制备软木水泥砂浆试件。由于软木颗粒的密度较小，若水灰比设计较大会出现软木颗粒上浮的现象，因此经过多次设计试验后，通过降低配比中水的用量来确定软木水泥砂浆的水灰比，进而解决了软木在水泥砂浆中上浮的问题。软木水泥砂浆的水灰比恒定为 0.74，不含软木颗粒的基准试件编号设定为 M0，将软木颗粒以 10%、20%、30%、40%、50%的体积比替代水泥砂浆中砂子的体积，制备的试件编号为 M10～M50，试件的配合比见表 5-5。

软木水泥砂浆的配合比　　　　表 5-5

试件	水泥（kg）	砂子（kg）	水（kg）	减水剂（kg）	软木（kg）	软木颗粒		砂子体积百分比
						体积百分比	重量百分比	
M0	0.7	3.5	0.52	0.02	0	0	0	100%

试件	水泥 （kg）	砂子 （kg）	水 （kg）	减水剂 （kg）	软木 （kg）	软木颗粒		砂子 体积百分比
						体积百分比	重量百分比	
M10	0.7	3.15	0.52	0.02	0.02311	10%	0.53%	90%
M20	0.7	2.8	0.52	0.02	0.04623	20%	1.15%	80%
M30	0.7	2.45	0.52	0.02	0.06934	30%	1.88%	70%
M40	0.7	2.1	0.52	0.02	0.09245	40%	2.78%	60%
M50	0.7	1.75	0.52	0.02	0.11556	50%	3.88%	50%

试样的制备流程如图 5-11 所示，具体制备过程如下：

（1）对材料进行称重。

（2）对水泥砂浆搅拌器进行定时设置。

（3）将减水剂和水混合均匀。

（4）将称重后的水泥、软木颗粒和砂子混合均匀倒入净浆搅拌器中，采用定时搅拌器进行低速搅拌 300s。

（5）将混合后的水和减水剂加入水泥砂浆搅拌器中，采用定时搅拌器进行低速搅拌 60s，高速搅拌 60s。

（6）将混合均匀的材料倒入模具中，进行手动振捣密实，之后将试件静置 24h 后进行脱模并养护。

试件有两种，一种用于测试热湿物性参数，试件尺寸为 100mm × 100mm × 30mm，每种配比各制备 6 个，脱模后放置在温度为 20～25℃、相对湿度为 60%～80% 的室内进行自然养护28d；另一种用于测试抗压强度，试件尺寸为 70.7mm × 70.7mm × 70.7mm，每种配比各制备 3 个，脱模后放置在温度为 20℃、相对湿度为 95% 的恒温恒湿箱中养护 28d。

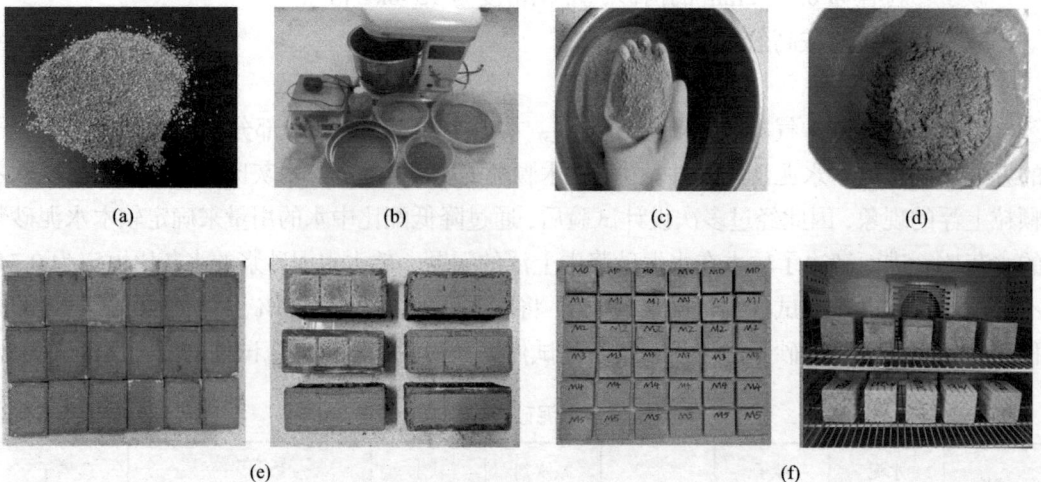

图 5-11　试件的制备流程

（a）软木颗粒；（b）材料准备；（c）干燥材料搅拌均匀；（d）加水搅拌均匀；（e）试件入模；（f）脱模并养护

2. 微观结构

图 5-12 为软木颗粒体积百分比为 0、10%、20%、30%、40%和 50%时的水泥砂浆微观结构。图 5-12（a）为无软木颗粒水泥砂浆 M0 和软木颗粒体积百分比最高的水泥砂浆 M50 的内部微观结构，软木颗粒均匀的分布在水泥砂浆中，该图中用圈标记之处为软木颗粒在水泥砂浆中的分布特征。

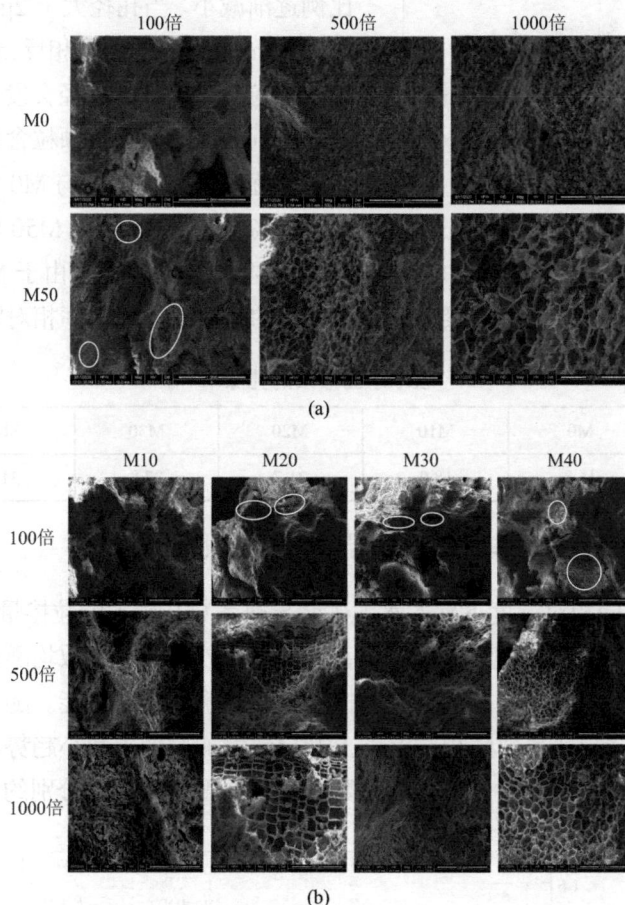

图 5-12　不同软木颗粒体积百分比的水泥砂浆的 SEM 图
（a）M0 和 M50；（b）M10～M40

图 5-12（b）为软木颗粒体积百分比从 10%到 40%时对应的水泥砂浆内部微观结构，在放大 100 倍的情况下，无法观测到 M10 表面的软木颗粒，可能因为其掺量太少，且选取的试件尺寸又是有限的。从该图中可以观察到软木颗粒在软木水泥砂浆中的形状仍然和细胞结构相似，这也是采用软木颗粒改性软木水泥砂浆的优势之一。

3. 孔径分布和孔隙率

由于软木颗粒是弹性颗粒，采用压汞法测试试件孔径分布和孔隙率的过程中，软木颗粒大概率会发生变形现象，而且，随着软木颗粒含量的增加，材料所产生的变形程度也可能呈现出差异。由此可见，压汞法在反映试件的孔径分布以及孔隙度变化方面并非完全精准，但该方法却依然能够呈现出试件孔径的大致变化走向。

如图 5-13 所示，M0～M50 试件的孔径分布相似，百分比的峰值出现在 0.2～2μm 范围内，且无论是微观孔隙，还是宏观孔隙，

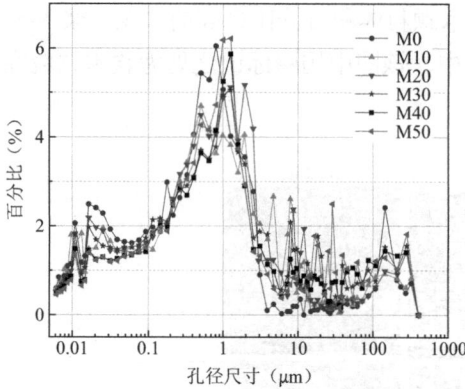

图 5-13　软木水泥砂浆的孔径分布

其孔径的百分比的曲线均展现出相对较为平坦的变化趋势，这与相关文献所研究的轻骨料混凝土的孔径分布曲线有相似之处。当孔径在 0～0.2μm 范围内时，随着软木颗粒含量的增加，孔径所占比例逐渐减小。当孔径大于 2μm 时，所得结果与 0～0.2μm 范围内的结果相反，说明在砂浆中加入软木颗粒后，试样的孔径会发生一定的变化。如表 5-6 所示，随着软木颗粒含量的增加，试件的孔隙率逐渐增大，M50 与 M0 相比，孔隙率增加约 90.5%。然而，M40 和 M50 的试件孔隙率增加速率明显降低，这可能是由于 M50 中软木颗粒含量较高，从而增强了试样内部的聚集，导致试件的孔隙率增加速率相对降低。

软木水泥砂浆的孔隙率　　　　　　　　　　表 5-6

试件	M0	M10	M20	M30	M40	M50
孔隙率（%）	16.8	18.0	21.7	27.8	31.1	32.0

5.3.2　软木颗粒掺量对软木水泥砂浆导热系数的影响

图 5-14 为在不同相对湿度下软木水泥砂浆导热系数与软木颗粒掺量的函数关系，结果表明，当环境相对湿度在 0 到 100%之间，软木水泥砂浆导热系数均随软木颗粒掺量的增加而降低，表明增加软木颗粒掺量可显著提升水泥砂浆的保温性能。随着软木颗粒掺量的增加，软木水泥砂浆导热系数随相对湿度上升导致增加率处于减小趋势，其中软木颗粒掺量为 0 和 50%时，软木水泥砂浆的导热系数随相对湿度的增加率分别约为 60.4%和 0.2%。

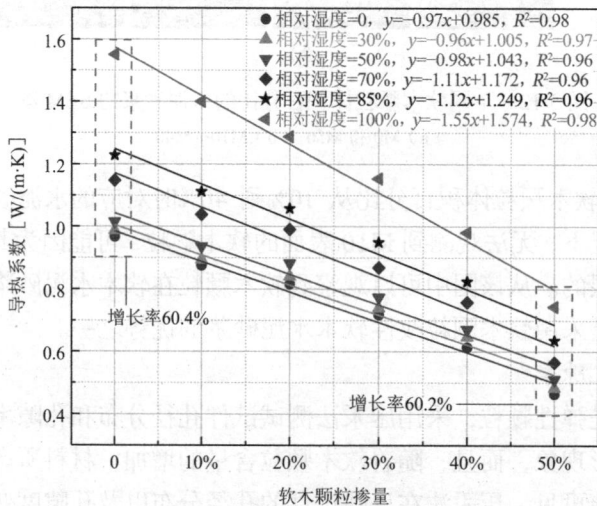

图 5-14　不同相对湿度下软木水泥砂浆导热系数与软木颗粒掺量的函数关系

5.3.3　温度对软木水泥砂浆导热系数的影响

如图 5-15 所示，当温度从 20℃升高到 70℃时（干燥条件下），软木水泥砂浆的导热系数呈增加趋势。Fu 等人研究发现软木板材料的导热系数与温度呈正相关，是因为材料内部分子热运动随着温度升高而越剧烈。M0～M50 的导热系数随温度变化时增加率为 4.6%～7.5%，这与相关文献中材料导热系数随温度的变化规律相似。当温度为 20～70℃时，M50 与 M0 相比，其导热系数下降幅度为 51.3%～52.6%，说明添加软木颗粒可以大大提高软木水泥砂浆的保温性能。

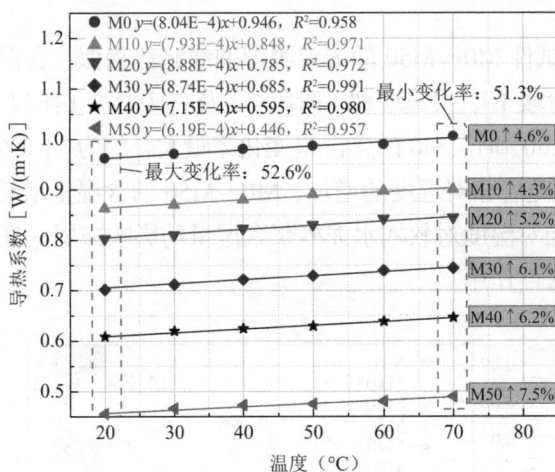

图 5-15　干燥条件下软木水泥砂浆的导热系数随温度的变化

5.3.4　含湿量对软木水泥砂浆导热系数的影响

已有研究表明，混凝土的热物性参数随着环境湿度的升高而发生显著变化，这是因为随着湿度的增加，试件内部孔隙中的部分湿组分将逐渐形成液态水，从而使其导热系数增加。如图 5-16 所示，软木水泥砂浆的导热系数随含湿量的上升而呈线性增加，M0～M50 的导热系数增幅为 57.8%～60.7%，M40 的导热系数增幅最大，M20 的导热系数增幅最小。

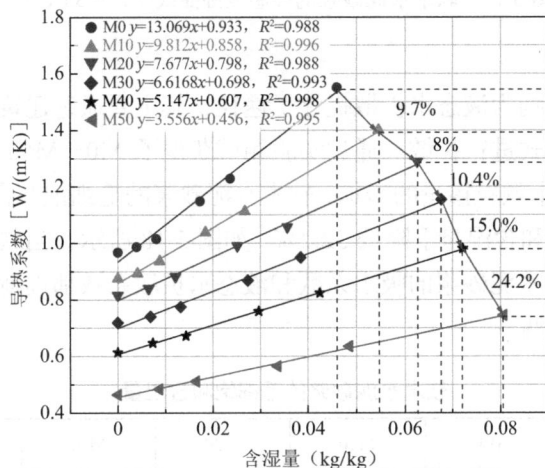

图 5-16　软木水泥砂浆的导热系数随含湿量的变化（$T = 35$℃）

随着软木颗粒掺量的增加，软木水泥砂浆的导热系数随含湿量变化的斜率由 13.1 减小到 3.6。当试件达到最高含湿量时，随着软木颗粒掺量的增加，软木水泥砂浆的导热系数下降率从 9.7% 递增到 24.2%，说明随着软木掺量增加导致试件内部含湿量增加的速度逐渐降低。因此，把软木颗粒添加到水泥砂浆中，软木水泥砂浆对于湿度变化的敏感度相较之前有所降低，也就是说它受湿度影响的程度减弱。

5.3.5 软木水泥砂浆的湿物性参数

1. 等温吸湿曲线

如图 5-17 所示，试件 M0～M50 的等温吸湿曲线趋势相似，含湿量随相对湿度的增加可以分为缓慢增加（阶段 1）、快速增加（阶段 2）及高速增加（阶段 3）3 个阶段。当环境相对湿度从 0 增加到 100% 时，M0 的含湿量变化率最大，约为 91.5%，M50 的含湿量变化率最小，约为 89.2%。随着相对湿度的增加，M0～M50 的含湿量增长率变小，说明随着软木颗粒掺量的增加，相对湿度对软木水泥砂浆含湿量的影响减弱，证实了相关文献所研究的软木具有一定的疏水性作用。

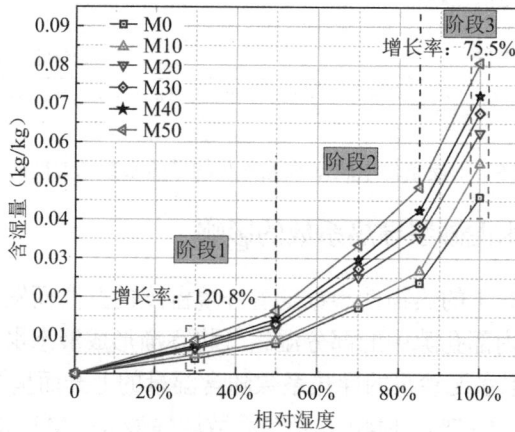

图 5-17　软木水泥砂浆的等温吸湿曲线（$T = 35℃$）

2. 液态水扩散系数

建筑材料的多孔结构为液态水扩散提供了途径，其主要通过建筑材料表面渗透和材料内部毛细孔迁移两种方式进行扩散。通过实验测试获得了 M0～M50 的毛细饱和含湿量，如表 5-7 所示。随着软木颗粒掺量的增加，软木水泥砂浆的毛细饱和含湿量越来越小，M50 与 M0 相比，其毛细饱和含湿量下降约 32.2%。如图 5-18 所示，当软木颗粒体积百分比从 0 增加到 50% 时，软木水泥砂浆的吸水系数和液态水扩散系数都逐渐减小，其中液态水扩散系数的下降率达 87.9%。

软木水泥砂浆的毛细饱和含湿量　　　　　　　　　　　　　　表 5-7

试件	M0	M10	M20	M30	M40	M50
毛细饱和含湿量（kg/m³）	200.59	184.01	176.41	164.56	152.52	135.95

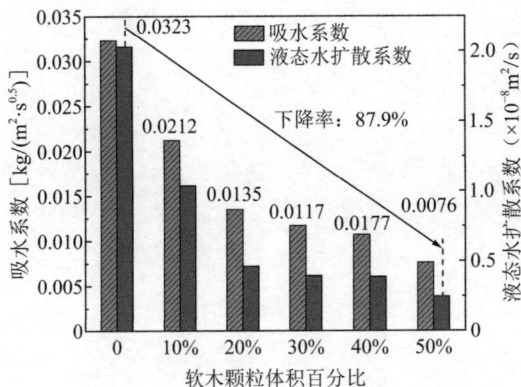

图 5-18　软木水泥砂浆的吸水系数和液态水扩散系数

3. 水蒸气渗透系数

采用干燥剂法测量软木水泥砂浆的水蒸气渗透系数，如图 5-19 所示，随着软木颗粒体积百分比的增加，软木水泥砂浆的水蒸气渗透系数呈现先降低后升高的趋势，M20 和 M0 相比，其水蒸气渗透系数降低约 71.3%，M50 和 M20 相比，其水蒸气渗透系数增加约 88.9%。

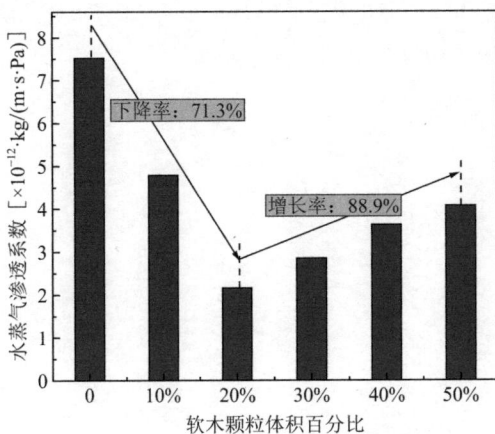

图 5-19　软木水泥砂浆的水蒸气渗透系数

第**6**章

湿组分非均匀分布对建筑材料
导热系数的影响

目前，含湿建筑材料导热系数测试和计算模型大多基于内部湿组分均匀分布的假设，而在实际应用场景中，湿组分多为单方向进入或流出多孔建筑材料，造成其内部湿组分非均匀分布。通常用含湿量这一参数来描述建筑材料内部湿组分的多少，但是它并不能表征吸湿和放湿过程中湿组分的分布情况，若假设材料的含湿量相同，但是内部的湿组分却分别呈现出均匀和非均匀分布，则也会导致建筑材料的导热系数存在差异。因此，本章以加气混凝土（AC）、发泡水泥（FC）以及红砖（RB）作为研究对象，剖析了建筑材料孔隙结构对湿组分非均匀分布的影响，并通过增减湿实验方案，探究了湿组分非均匀分布对多孔建筑材料导热系数的影响。

6.1 多孔建筑材料非均匀增/减湿实验

6.1.1 实验材料及其微观结构

1. 实验材料

多孔建筑材料的孔径大小和孔隙结构将直接影响湿组分进入其内部的方式和速率。通过选择 AC、FC 和 RB 3 种不同孔径的多孔建筑材料，通过增减湿实验方案，获得了不同孔径建筑材料在水蒸气/液态水先增湿后减湿过程中的湿组分形态和分布状态。

根据制作工艺不同，AC 表观密度通常为 $500\sim900$kg/m³，孔隙率为 $65\%\sim80\%$，导热系数为 $0.10\sim0.18$W/(m·K)，高孔隙率是其质轻、保温性能良好的主要原因，也正是由于高孔隙率特性，其孔隙内部的水蒸气含量较多，且在其宏观孔道中过多的水蒸气会凝结形成吸附态水。

FC 内部含有大量大孔径闭孔，属于轻质保温材料，透水率较低，根据制作工艺不同，FC 表观密度通常为 $300\sim1600$kg/m³，导热系数为 $0.06\sim0.28$W/(m·K)。当 FC 直接暴露在暴雨环境或液态水直接进入 FC 时，液态水会暂时滞留在不完整的封闭孔隙中，由于 FC 内部以封闭孔隙居多，其液态湿组分主要以固体骨架渗透的方式进入其内部。

RB 表观密度通常为 $1800\sim1900$kg/m³，导热系数为 $0.5\sim1.1$W/(m·K)，其内部细密孔隙是砖坯中的水分在烧制过程中迅速汽化，水蒸气在膨胀溢散过程中形成的。RB 表面宏观孔道数量远小于 AC，故 RB 在高湿环境下对水蒸气的吸附作用远小于 AC。

2. 微观结构

多孔建筑材料的孔隙结构会影响其吸水特性，进而影响建筑材料在含湿状态下的导热系数，因此，应首先掌握实验材料的孔隙结构特点。

AC、FC 和 RB 在放大 100 倍、200 倍、500 倍、1000 倍时的微观结构图像见图 6-1。在低倍率下（100 倍、200 倍）可观察到 AC 中有大量的宏观孔，在高倍率下（500 倍、1000 倍）可观察到其孔壁及固体骨架之间存在细密小型孔隙通道。在低倍率下可观察到 FC 中有较规则的球状宏观孔，高倍率下则基本观察不到其孔壁存在细密孔隙结构，可见 FC 封闭孔隙结构密闭性较好。无论在低倍率下还是高倍率下，都可观察到 RB 孔壁及固体骨架上存在大量细密孔隙结构。

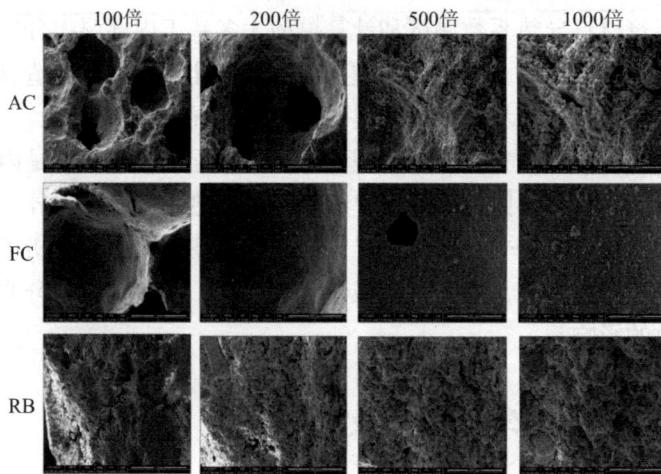

图 6-1　AC、FC 和 RB 的微观结构图像

利用压汞仪进行测试，获得 AC、FC 和 RB 的孔隙率，结果如表 6-1 所示。

<table>
<tr><td colspan="4" style="text-align:center">AC、FC 和 RB 的孔隙率　　　　　　　　　　　表 6-1</td></tr>
<tr><td>试件</td><td>AC</td><td>FC</td><td>RB</td></tr>
<tr><td>孔隙率（%）</td><td>63.4</td><td>77.3</td><td>41.0</td></tr>
</table>

AC、FC 和 RB 内部孔隙体积的相对增量（简称体积增量）和该增量占总孔隙的百分比（简称增量百分比）见图 6-2。AC 孔径范围为 17～430nm 和 60000～150000nm 的孔隙分别约占总孔隙的 49.5%和 28.7%。FC 孔径范围为 30000nm、80000～100000nm、150000～230000nm 的孔隙分别约占总孔隙的 10.6%、24.2%、21.2%。RB 孔径范围为 450～2500nm 的孔隙约占总孔隙的 81.5%。

除孔隙率外，孔隙的分布及连通状态对多孔建筑材料的渗透性能也有重要影响。混凝土内部孔隙按照孔径大小可分为 4 种：凝胶孔（＜10nm）、过渡孔（10～100nm）、毛细孔（100～1000nm）及大孔（＞1000nm）。通过对 AC、FC 和 RB 的孔类型及孔径分布进行分析，获得了不同孔径的孔隙体积占总孔隙体积的比例，如图 6-3 所示。

(a)

(b)

(c)

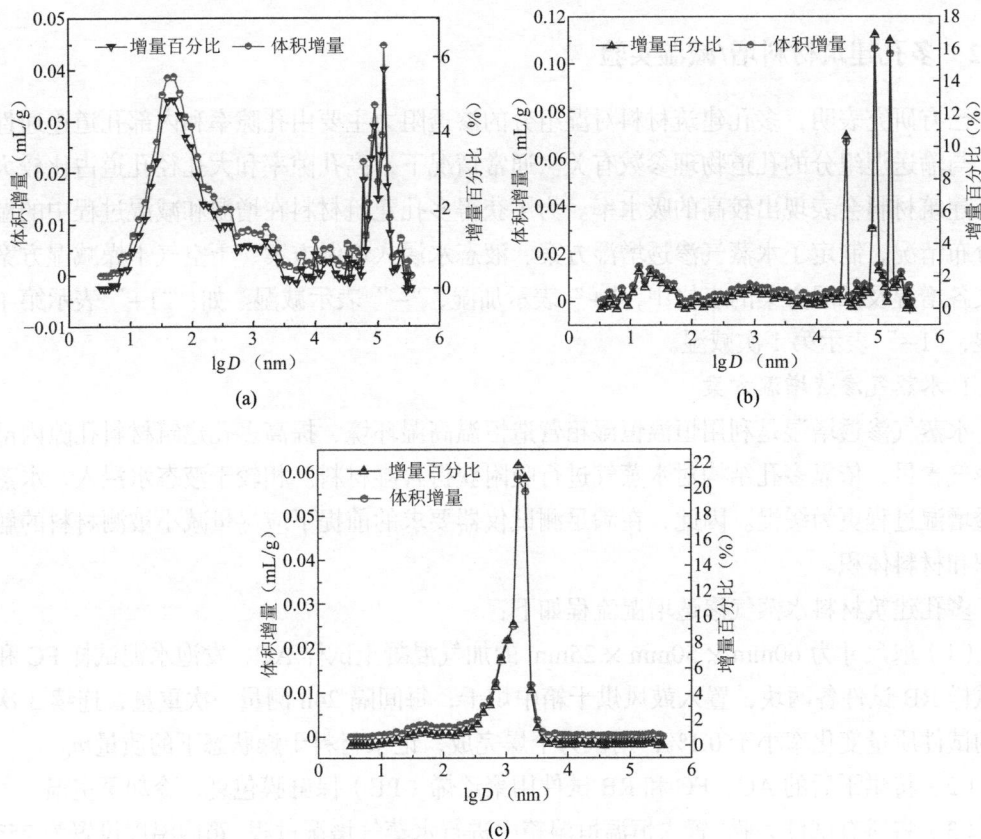

图 6-2　AC、FC 和 RB 的孔径分布
（a）AC；（b）FC；（c）RB

AC 主要以 10～100nm 的过渡孔、毛细孔，以及大于 10000nm 的大孔为主，分别约占总孔隙的 36.6% 和 38.2%。FC 主要以大于 10000nm 的宏观孔为主，约占总孔隙的 71.7%，过渡孔、毛细孔较少，只占总孔隙的 26.1%，导致 FC 固体骨架渗透阻力较大。RB 主要以 1000～10000nm 的大孔为主，约占总孔隙的 66.9%，100～1000nm 的毛细孔约占总孔隙的 23.5%，可作为固体骨架渗透作用的主要通道。

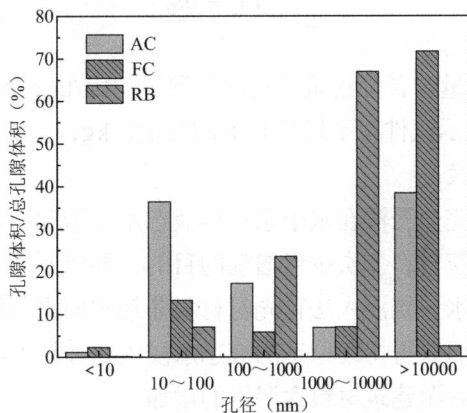

图 6-3　AC、FC 和 RB 的不同孔径的孔隙体积占总孔隙体积的比例

6.1.2 多孔建筑材料增/减湿实验

已有研究表明，多孔建筑材料对湿组分的渗透阻力主要由孔隙率和内部孔道连通性决定，与输送湿组分的孔道物理参数有关。通常情况下，高孔隙率和大孔径孔道占比较大的多孔建筑材料会表现出较高的吸水率。为了获得多孔建筑材料在增湿和减湿过程中的湿组分分布情况，制定了水蒸气渗透增湿方案、液态水浸入增湿方案、干空气干燥减湿方案。下文各增湿及减湿方案的表格中，"+"表示加湿，"−"表示减湿。如："1+"表示第1次增湿，"1−"表示第1次减湿。

1. 水蒸气渗透增湿方案

水蒸气渗透增湿是利用恒温恒湿箱营造恒温高湿环境，提高多孔建筑材料孔隙内部的水蒸气含量，依靠多孔结构对水蒸气进行吸附获得含湿材料。相较于液态水浸入，水蒸气渗透增湿过程更为缓慢。因此，在满足测试仪器要求的前提下应尽量减小被测材料的触湿面积和材料体积。

多孔建筑材料水蒸气渗透增湿流程如下：

（1）取尺寸为 60mm × 50mm × 25mm 的加气混凝土试样 AC、发泡水泥试样 FC 和红砖试样 RB 试件各两块，置入鼓风烘干箱中烘干，每间隔 24h 测量一次重量，连续 3 次测得的试件质量变化率小于 0.1%，则认为干燥完成，记录材料干燥状态下的质量 m_0。

（2）将烘干后的 AC、FC 和 RB 试件用聚乙烯（PE）保鲜膜包裹，冷却至室温。

（3）将所有试件去膜，置入恒温恒湿箱中进行水蒸气增湿过程，箱内温度设置为 25℃，相对湿度为 95%。增湿过程中测量次数与试件的吸湿时长见表 6-2。

（4）第 i 次测量结束后记录含湿试件质量 m_i，使用显微镜观察材料表面湿分布情况，并测量其导热系数。第 i 次测量时材料的含湿量 u_i 如式(6-1)所示。

水蒸气增湿过程中测量次数与试件的吸湿时长　　表 6-2

测量次数	1+	2+	3+	4+	5+	6+	7+	8+
增湿时长	4h	12h	12h	24h	24h	24h	24h	24h

$$u_i = \frac{m_i - m_0}{\cdots} \tag{6-1}$$

其中，u_i 表示第 i 次测量时含湿建筑材料的含湿量，kg/kg；m_i 表示第 i 次测量时含湿建筑材料的质量，kg；m_0 表示试件在干燥状态下的质量，kg；

2. 液态水浸入增湿方案

浸泡法通常是将试件完全浸没在水中来获得液态水半饱和、饱和的含湿建筑材料，但这种做法难以达到多孔建筑材料多次少量增湿的目的，导致不能观察到材料表面湿组分形态特征的演化过程。液态水一维浸入法首先对材料非触水面进行蜡封处理，然后借助饱和吸水海绵使建筑材料触水面获得持续稳定的液态水浸入，如图 6-4 所示，通过控制饱和吸水海绵的放置时间来调节含湿建筑材料含湿量的增加。

用于液态水浸入实验的试件尺寸为 60mm × 60mm × 50mm，该尺寸可满足瞬态导热系数测试仪的要求，且能通过显微镜观察到材料触水面的不同湿组分形态特征。具体流程如下：

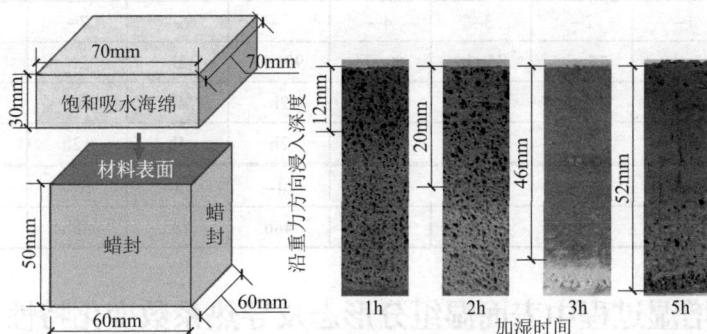

图 6-4 AC 液态水浸入增湿过程

（1）取 AC、FC 和 RB 试件各两块，置入鼓风烘干箱中烘干，每间隔 24h 测量一次质量，连续 3 次测得的试件质量变化率小于 0.1%，则认为干燥完成。

（2）将烘干后的 AC、FC 和 RB 试件用 PE 保鲜膜包裹，冷却至室温。

（3）将所有试件去膜，并对 5 个非触水面进行蜡封处理，记录蜡封后的试件质量 m_1。

（4）使尺寸为 70mm × 70mm × 30mm 的海绵吸收添加纯蓝墨水的去离子水，并达到饱和状态，然后将其放置在多孔建筑材料触水面上侧，以保证液态水由上而下地浸入到材料内部。增湿过程中测量次数与试件的吸湿时长见表 6-3。

（5）完成第 i 次测量时，称量含湿建筑材料质量为 m_i，并通过显微镜观察建筑材料表面湿组分形态，测量其导热系数。根据式(6-2)计算第 i 次测量时的建筑材料含湿量 u_i。

$$u_i = \frac{m_i - m_1}{m_1} \tag{6-2}$$

其中，u_i 表示第 i 次测量时含湿建筑材料的含湿量，kg/kg；m_i 表示第 i 次测量时含湿建筑材料的质量，kg；m_1 表示试件在干燥状态下蜡封后的质量，kg；

增湿过程中测量次数与试件的吸湿时长　　　　　　　　　　　表 6-3

测量次数	1+	2+	3+	4+	5+	6+	7+	8+	9+	10+	11+
AC	30s	60s	60s	60s	3min	6min	12min	30min	45min	1h	1h
FC	0.5h	1h	2h	4h	8h	—	—	—	—	—	—
RB	0.5h	1h	2h	4h	8h	—	—	—	—	—	—

3. 干空气干燥减湿方案

干空气干燥减湿是利用烘干箱营造 55℃ 的干燥环境，将浸入液态水的试件置入其中可加快试件表面和内部的湿组分扩散过程，具体流程如下：

（1）取经过液态水浸入且含湿量达到稳定的 AC、FC 和 RB 试件各两块，置入鼓风烘干箱中进行干燥，干空气干燥减湿过程中测量次数与试件的减湿时长如表 6-4 所示。

（2）减湿过程中，记录每次测量的含湿建筑材料质量，并计算对应的含湿量，通过显微镜观察建筑材料表面湿组分形态，测量其导热系数。

干空气干燥减湿过程中测量次数与试件的减湿时长　　　表 6-4

测量次数	1–	2–	3–	4–	5–	6–	7–	8–	9–
AC	5min	15min	45min	60min	90min	2h	2h	3h	6h
FC	30min	30min	30min	60min	2h	4h	24h	48h	—
RB	15min	30min	1h	1h	2h	4h	12h	24h	48h
测量次数	10–	11–	12–	13–	14–	15–	16–	17–	18–
AC	18h	24h	24h	24h	48h	48h	48h	48h	48h

6.2　水蒸气增湿过程中表面湿组分形态及导热系数变化特性

6.2.1　多孔建筑材料水蒸气渗透增湿过程

　　水蒸气渗透增湿是利用高湿环境下空气与多孔建筑材料内部孔隙之间的水蒸气分压力差，使湿组分在多孔建筑材料内部缓慢渗透，通过控制多孔建筑材料置于高湿环境中的时间（即增湿时长），来监测多孔建筑材料增湿过程中含湿量和导热系数的变化。

　　AC 和 FC 的增湿时长累计为 148h，RB 增湿时长累计为 124h。AC 水蒸气增湿时长与对应的质量含湿量变化如表 6-5 所示，其首个增湿过程的含湿量为 0.0413kg/kg，达到增湿稳定状态时的含湿量为 0.382kg/kg，含湿量增加约 8.2 倍，共分为 8 个增湿过程。AC 在第 1～2 次增湿过程含湿量增加较为缓慢，宏观孔道内部水蒸气分压力处于上升阶段，该过程吸附速率不断提升。第 2～4 次增湿过程，含湿量增加迅速，宏观孔道内部水蒸气分压力稳定在较高水平，吸附态湿组分较少，水蒸气吸附速率达到最高。第 4～7 次增湿过程，含湿量增加速率放缓，宏观孔道内部吸附态湿组分逐渐增多，微小孔隙甚至被填满。第 7～8 次增湿过程，含湿量增加停滞，含湿量趋于稳定。

AC 水蒸气增湿时长与对应的含湿量变化　　　表 6-5

测量次数	干燥质量（g）	1+（g）	2+（g）	3+（g）	4+（g）	5+（g）	6+（g）	7+（g）	8+（g）
增湿时长	0h	4h	12h	12h	24h	24h	24h	24h	24h
AC1	51.06	53.34	55.32	59.46	65.26	67.54	70.3	72.35	72.38
AC2	43.18	45.96	47.3	50.36	54.7	56.8	58.27	59.54	59.6
含湿量（kg/kg）	0	0.0413	0.0758	0.151	0.257	0.303	0.346	0.381	0.382

　　FC 的水蒸气增湿时长与对应的含湿量变化如表 6-6 所示，其首个增湿过程的含湿量为 0.134kg/kg，达到增湿稳定状态时的含湿量为 0.311kg/kg，含湿量增加约 1.3 倍，FC 的第 1～4 次增湿过程质量含湿量增加较快，这是由于 FC 的高孔隙率和大孔隙结构使材料内部具有较大的水蒸气吸附面积，当孔隙内部水蒸气含量增加时，孔壁表面将对水蒸气分子产生吸附作用，使材料质量含湿量迅速增加。第 4～6 次增湿过程，含湿量增加趋缓，孔隙内部的吸附态湿组分逐渐趋于饱和稳定。

FC 水蒸气增湿时长与对应的含湿量变化　　　　　　　　表 6-6

测量次数	干燥质量（g）	1+（g）	2+（g）	3+（g）	4+（g）	6+（g）	8+（g）
增湿时长	0h	4h	12h	12h	24h	48h	48h
FC1	15.43	17.54	18.05	18.74	19.2	19.52	20.25
FC2	14.58	16.49	17.03	17.69	18.15	18.4	19.09
含湿量（kg/kg）	0	0.134	0.169	0.214	0.245	0.264	0.311

注：第 5、7 次测量 FC 含湿量变化很小，未进行导热系数测量。

　　RB 的水蒸气增湿时长与对应的含湿量变化如表 6-7 所示，首个增湿过程含湿量为 0.0083kg/kg，达到增湿稳定状态时的含湿量为 0.0447kg/kg，含湿量增加约 4.4 倍。含湿量增加速率类似于 AC，呈现先增加后变缓的趋势。由于 RB 孔隙率较 AC 小，且其内部 60μm 以上的宏观孔洞数量明显少于 AC，RB 的内部可吸附湿组分面积要远小于 AC。

RB 水蒸气增湿时长与对应的含湿量变化　　　　　　　表 6-7

测量次数	干燥后质量（g）	1+（g）	3+（g）	5+（g）	7+（g）
增湿时长	0h	4h	24h	48h	48h
RB1	87.49	88.30	89.40	90.18	90.99
RB2	98.52	99.24	100.50	102.97	103.39
含湿量（kg/kg）	0	0.0083	0.0210	0.0380	0.0447

注：第 2、4、6、8 次测量 RB 含湿量变化很小，未进行导热系数测量。

　　AC、FC 和 RB 的水蒸气增湿过程表明，在高湿环境下，多孔建筑材料孔隙率及内部宏观孔道数量对其水蒸气吸附量具有主导作用，具有高孔隙率、大孔孔隙结构的多孔建筑材料更易吸湿。

6.2.2　含湿建筑材料表面湿组分形态特征

　　为了防止导热系数测试探头产生的瞬间热流造成含湿建筑材料内部湿组分迁移或重新分布，在测量含湿材料导热系数前，先用显微镜对材料表面湿组分形态进行观察。

　　如图 6-5 所示，AC、FC 和 RB 增湿稳定后，观察不到其表面有明显的液态湿组分，即没有局部小型液桥、水团等湿组分存在形态，表明多孔建筑材料在高湿环境中的吸湿过程难以在材料表面形成光学显微镜（< 120 倍）能观察到的液态湿组分形式，其内部的湿组分主要以水蒸气为主。

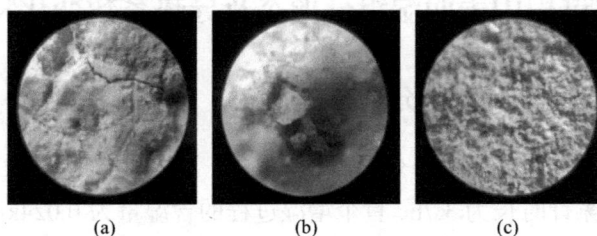

(a)　　　　　　　　(b)　　　　　　　　(c)

图 6-5　AC、FC 和 RB 增湿稳定后表面湿组分形态
（a）AC 试件表面；（b）FC 试件表面；（c）RB 试件表面

6.2.3 水蒸气渗透增湿过程导热系数变化特性

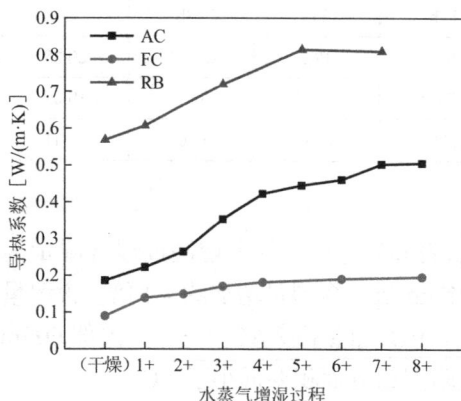

图 6-6　AC、FC 和 RB 在水蒸气增湿过程中的
导热系数变化

AC、FC 和 RB 在水蒸气增湿过程中的导热系数变化如图 6-6 所示。干燥状态时 AC 的导热系数为 0.186W/(m·K)，经历增湿过程后导热系数增加至 0.505W/(m·K)，其导热系数增加趋势与含湿量增加趋势类似。1 至 2 增湿过程，导热系数缓慢增加，增加幅度约占全过程导热系数增加的 24.5%；3 至 4 增湿过程，导热系数迅速增加，增加幅度约占全过程导热系数增加的 49.6%，与含湿量快速增加过程吻合；5 至 8 增湿过程，导热系数增加趋缓直至稳定，增加幅度约占增湿全过程导热系数增加的 25.9%。

干燥状态时 FC 的导热系数为 0.0898W/(m·K)，经历增湿过程后导热系数增加至 0.196W/(m·K)。导热系数在首个增湿过程增加迅速，约占全过程导热系数增加的 46.4%，与含湿量快速增加过程吻合，由表 6-6 可知此增湿过程累计增湿时长虽短，但含湿量增加量却占全过程的 43%，也是该过程导热系数迅速增加的主要原因；2 至 5 增湿过程，导热系数增加趋缓，约占全过程导热系数增加的 48.6%；增湿过程 6，导热系数增加趋缓直至稳定，约占全过程导热系数增加的 5%。

干燥状态时，RB 的导热系数为 0.569W/(m·K)，经历增湿过程后导热系数增加至 0.810W/(m·K)，增加约 42.4%。1 至 3 增湿过程，导热系数迅速增加；增湿过程 4，导热系数增加趋于稳定，该过程内的含湿量增加仅为 0.006kg/kg，含湿量增加缓慢导致导热系数并无显著变化。

RB 与 AC 和 FC 相比，孔隙率较低，宏观孔道数量较少，导致水蒸气吸附能力较弱，单次增湿过程需要较长时间才会有质量变化。AC 的大量宏观孔道结构以及高孔隙率使其在干燥状态下具有较低的导热系数，但同时也强化了其在高湿环境中对水蒸气的吸附能力。而 FC 内部存在大量封闭孔隙结构，使得气态湿组分难以直接进入材料内部，高湿环境下仍具有较好的保温性能。

6.3 液态水增湿过程中表面湿组分形态及导热系数变化特性

6.3.1 液态水增湿过程表面湿组分形态特征

1. AC 液态水增湿过程表面湿组分形态特征

AC 液态水增湿累计时长为 3.7h，首个增湿过程的含湿量为 0.024kg/kg，达到增湿稳定状态时的含湿量为 0.457kg/kg，约增加 18 倍，AC 的液态水增湿时长与对应的含湿量变化如表 6-8 所示。

AC 的液态水增湿时长与对应的含湿量　　　　表 6-8

测量次数	蜡封后质量（g）	1+（g）	2+（g）	3+（g）	4+（g）	5+（g）	6+（g）	7+（g）	8+（g）	9+（g）	10+（g）	11+（g）
增湿时长	0s	30s	60s	60s	60s	3min	6min	12min	30min	45min	1h	1h
AC1	126.8	129.6	132.8	136.7	141.0	145.1	151.4	157.5	165.6	173.6	183.0	187.7
AC2	123.1	126.3	130.0	134.4	138.9	143.4	148.5	154.3	158.9	163.5	171.5	176.4
含湿量（kg/kg）	0	0.024	0.052	0.085	0.120	0.155	0.200	0.248	0.298	0.349	0.418	0.457

　　AC 具有较好的吸水性能，因此，在 AC 的液态水吸湿过程中，通过调节增湿时长将两次测量之间的质量增加量控制在 3～8g，通过显微镜可观察到 AC 表面呈现不同的液态湿组分形态，如图 6-7 和图 6-8 所示。

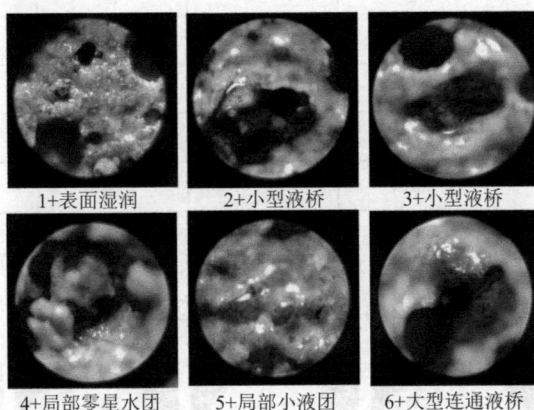

| 1+表面湿润 | 2+小型液桥 | 3+小型液桥 |
| 4+局部零星水团 | 5+局部小液团 | 6+大型连通液桥 |

图 6-7　第 1～6 次增湿过程中 AC 表面的液态湿组分形态

　　由于 AC 表面存在大量宏观孔道，当液态湿组分进入时，毛细管流效应明显。同时 AC 表面的细密孔隙使液态湿组分也可通过固体骨架渗透的方式进入材料内部。前 4 次增湿过程，AC 含湿量由 0.024kg/kg 增加到 0.12kg/kg，表面湿组分形态主要以小型液桥、零星水团为主，且主要以液态湿组分毛细管流、固体骨架渗透方式进行传湿，AC 内部仍有大量宏观孔道，微观孔隙未被液态水填满。

　　第 5～7 次增湿过程中，AC 含湿量由 0.155kg/kg 增加至 0.248kg/kg，表面湿组分形态主要以连通液桥和小型液坑为主，此时液态湿组分毛细管流、固体骨架渗透速率逐渐变缓，AC 试件上部宏观孔道、微观孔隙已充满液态湿组分，材料表面的毛细管效应弱化，但液态湿组分仍能在重力作用下继续向下进行单向渗透。

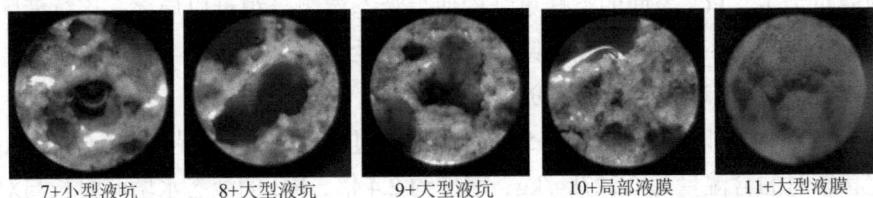

| 7+小型液坑 | 8+大型液坑 | 9+大型液坑 | 10+局部液膜 | 11+大型液膜 |

图 6-8　第 7～11 次增湿过程中 AC 表面的液态湿组分形态

第 8～11 次增湿过程中，AC 含湿量由 0.298kg/kg 增加至 0.457kg/kg，其表面湿组分形态主要以大型液坑和不连续/连续液膜为主，此时液态湿组分毛细管流、固体骨架渗透速率大幅减缓，AC 试件上、中部宏观孔道、微观孔隙已充满液态湿组分，毛细管效应高度弱化，液态湿组分在重力作用下向下进行渗透的阻力逐渐增大。

2. FC 液态水增湿过程表面湿组分形态特征

FC 的液态水增湿时长累计为 15.5h，首个增湿过程的含湿量为 0.0735kg/kg，达到吸湿稳定状态时的含湿量为 0.332kg/kg，增加约 3.5 倍，FC 的液态水增湿时长与对应的含湿量变化如表 6-9 所示。

FC 的液态水增湿时长与对应的含湿量变化 表 6-9

测量次数	蜡封后质量（g）	1+（g）	2+（g）	3+（g）	4+（g）	5+（g）
增湿时长	0s	30min	1h	2h	4h	8h
FC1	62.94	66.39	69.29	72.47	73.1	75.09
FC2	65.88	68.48	70.21	76.72	78.04	81.16
含湿量（kg/kg）	0	0.014	0.024	0.046	0.050	0.062

在 FC 的液态水吸湿过程中，通过调节增湿时长将两次测量之间的质量增加量控制在 1～3g，通过显微镜可观察到 FC 表面呈现不同的液态湿组分形态，如图 6-9 所示。

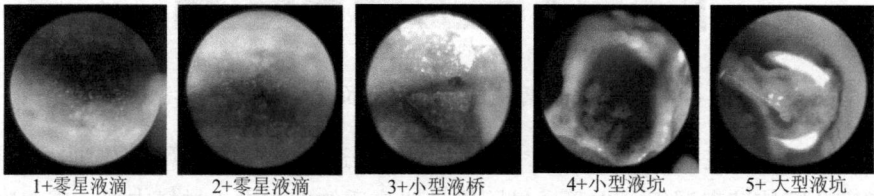

1+零星液滴　　2+零星液滴　　3+小型液桥　　4+小型液坑　　5+ 大型液坑

图 6-9　第 1～5 次增湿过程中 FC 表面的湿组分形态

由于 FC 内部存在大量封闭孔隙，使得湿组分主要通过固体骨架中的微小孔隙渗透进入材料内部，毛细管流效应微弱。前两次增湿过程，FC 含湿量由 0.0735kg/kg 增加到 0.130kg/kg，表面湿组分形态主要以零星水团为主。第 3、4 次增湿过程中，FC 含湿量由 0.246kg/kg 增加至 0.27kg/kg，表面湿组分形态主要以连通液桥和小型液坑为主，且上层部分微观孔隙已充满液态湿组分，并逐渐达到饱和状态，液态湿组分在重力作用下向材料内部渗透的阻力明显。第 5 次增湿过程中，FC 含湿量增加至 0.332kg/kg，表面湿组分形态主要以大型液坑为主，FC 表面的类蜂巢结构使得液态湿组分很难以局部、连续液膜形式存在，此时 FC 上、中层部分的微观孔隙已充满液态湿组分。

3. RB 液态水增湿过程表面湿组分形态特征

RB 的液态水增湿时长累计为 0.65h，首个增湿过程中，RB 含湿量为 0.067kg/kg，达到吸湿稳定状态时的含湿量为 0.227kg/kg，增加约 2.4 倍，RB 的液态水增湿时长与对应的含湿量变化如表 6-10 所示。

RB 的液态水增湿时长与对应的含湿量　　　　　　　　　　　表 6-10

测量次数	蜡封后质量（g）	1+（g）	2+（g）	3+（g）	4+（g）	5+（g）	6+（g）
增湿时长	0s	30min	1h	2h	4h	8h	8h
RB 1	218.90	226.56	234.61	244.77	254.82	260.45	261.21
RB 2	222.66	233.11	240.4	250.39	261.06	265.92	266.58
含湿量（kg/kg）	0	0.067	0.102	0.15	0.199	0.223	0.227

　　在 RB 的液态水吸湿过程中，通过调节增湿时长将两次测量之间的质量增加量控制在 5～10g，通过显微镜可观察到 RB 表面呈现不同的液态湿组分形态，如图 6-10 所示。

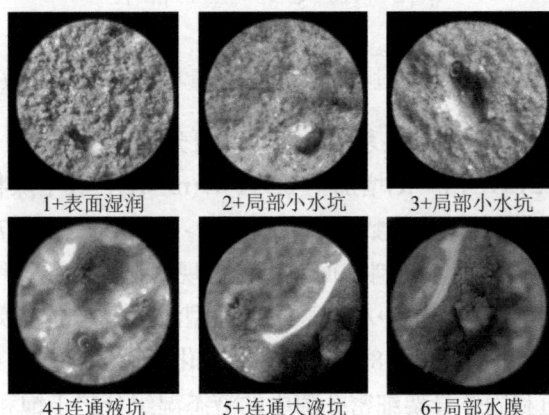

图 6-10　第 1～6 次增湿过程中 RB 表面的湿组分形态

　　RB 表面宏观孔洞数量明显少于 AC，且表面也有类似于 AC 的细密孔隙，所以湿组分可通过毛细管流、固体骨架渗透的方式进入材料内部，但毛细管流作用小于 AC。前两次增湿过程，RB 含湿量由 0.067kg/kg 增加到 0.103kg/kg，表面湿组分形态主要以零星水团为主，难以观察到成规模的液态湿组分，这主要是由于在增湿过程中，液态湿组分很快通过宏观孔道或者微观孔隙向下扩散进入材料内部，故表面难以观察到液态水的分布。

　　第 3、4 次增湿过程中，RB 含湿量由 0.150kg/kg 增加至 0.199kg/kg，其表面湿组分形态主要以连通液坑和局部小水坑为主，此时液态湿组分通过毛细管流、固体骨架渗透进入材料内部的速率逐渐放缓，RB 上层部分微观孔隙已充满液态湿组分，并逐渐达到饱和状态，液态湿组分在重力作用下继续向材料内部渗透。

　　第 5、6 次增湿过程中，RB 含湿量由 0.224kg/kg 增加至 0.227kg/kg，表面湿组分形态主要以连通大液坑和局部水膜为主，内部微观孔隙已充满液态湿组分，毛细管效应基本消失，液态湿组分由于无法继续进入材料内部而溢留在材料表面。

6.3.2　液态水增湿过程导热系数变化特性

1. AC 液态水增湿过程导热系数变化特性分析

液态水增湿过程中 AC 的含湿量与对应的导热系数变化如图 6-11 所示，其在干燥状态下的导热系数为 0.213W/(m·K)，经过液态水增湿，达到含湿量稳定时的导热系数为 0.807W/(m·K)，增加约 279%。

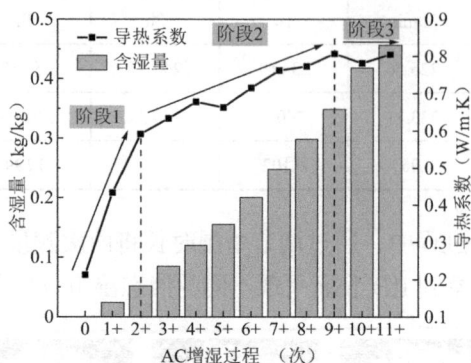

图 6-11　液态水增湿过程中 AC 的含湿量与对应的导热系数变化

AC 在液态水增湿过程中的导热系数变化大致可分为 3 个阶段，阶段一为增湿过程 1 至 2，其导热系数由 0.213W/(m·K)增加至 0.591W/(m·K)，较干燥状态下增加约 177%。阶段二为增湿过程 3 至 9，其导热系数由 0.591W/(m·K)增加至 0.807W/(m·K)，约为干燥状态下导热系数的 101%，该阶段材料表面湿组分出现明显的演化过程，即小型液桥→零星水团→局部小液团→大型连通液桥→小型液坑→大型液坑→局部液膜→大型液膜。阶段三为增湿过程 10 至 11，导热系数由 0.807W/(m·K)变化至 0.805W/(m·K)，基本保持稳定，此时 AC 内部宏观孔道和固体骨架细密孔隙中的液态湿组分趋于饱和，毛细作用微弱，其表面形成稳定的局部或大型液膜。

通过 AC 液态水增湿截面实验来研究湿组分非均匀分布对导热系数的影响。在每一增湿过程完成后，快速沿液态水浸入方向将试件切开，可观察到液态湿组分在材料内部的非均匀分布情况。通过调整导热系数测试探头的中心位置来改变测试区域，可获得沿湿组分浸入方向上的材料导热系数。与液态水饱和海绵直接接触的平面定义为表面，由于要考虑导热系数测试探头形成的热场半径，所以将液态水浸入方向为 1.5~2.0cm、2.0~3.5cm、3.5~5.0cm 的区域分别定义为顶部、中部、底部区域，如图 6-12 所示。

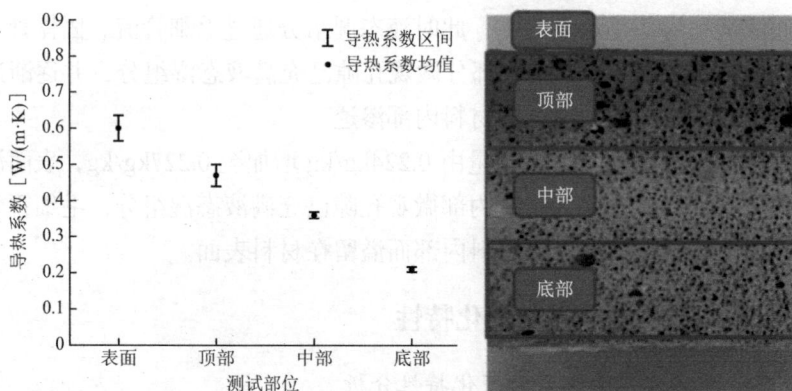

图 6-12　液态水增湿 1h 的 AC 截面湿分布与对应区域的导热系数变化

图 6-12 为液态水增湿 1h 的 AC 截面湿分布与对应区域的导热系数变化。该过程材料表面和顶部区域液态湿组分较多，导热系数测量数据波动范围为±0.08W/(m·K)。而中部和底部区域还没有大量湿组分的进入，导热系数测量数据波动范围为±0.01W/(m·K)，顶部和中部区域材料导热系数较干燥状态下分别增加约 130%和 70%。

图 6-13 为液态水增湿 2h 的 AC 截面湿分布与对应区域的导热系数变化。该过程材料顶部和中部区域有液态水浸入湿润现象，顶部、中部和底部区域材料导热系数比干燥状态下分别增加约 131.7%、122.9%和 24.9%。经过 2h 的液态水浸入，湿组分已开始向材料底部区域浸润。材料表面导热系数测量数据波动范围为±0.09W/(m·K)，顶部和中部区域液态湿组分含量比表面低，导热系数测量数据波动范围为±0.04W/(m·K)，由于液态湿组分还未到达底部区域，其导热系数测量数据相对稳定。

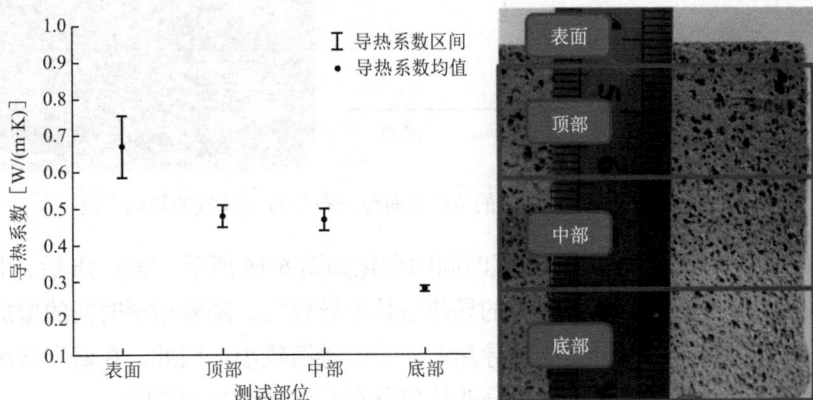

图 6-13　液态水增湿 2h 的 AC 截面湿分布与对应区域的导热系数

图 6-14 为液态水增湿 3h 的 AC 截面湿分布与对应区域的导热系数变化。该过程材料顶部、中部、底部区域均有液态水浸入湿润现象，顶部、中部和底部区域材料导热系数比干燥状态下分别增加约 183.9%、159.5%和 67.8%。经过 3h 液态水的浸入，材料表面导热系数测量数据波动范围为±0.07W/(m·K)，材料顶部、中部和底部区域液态湿组分含量比表面低，导热系数测量数据波动范围为±0.05W/(m·K)。

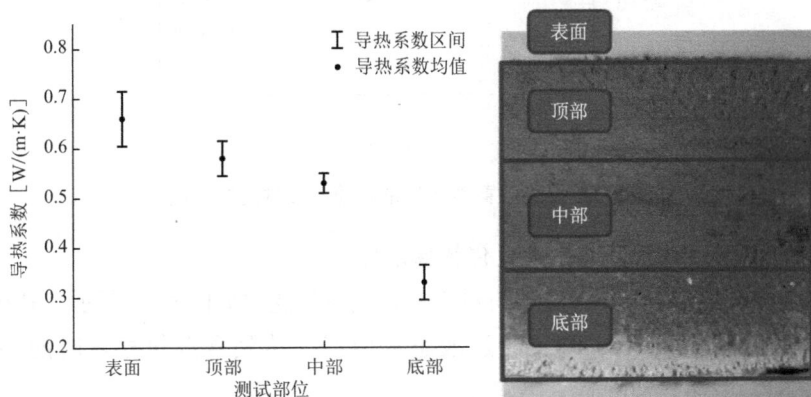

图 6-14　液态水增湿 3h 的 AC 截面湿分布与对应区域的导热系数

图 6-15 为液态水增湿 5h 的 AC 截面湿分布与对应区域的导热系数变化。该过程液态水已完全浸润整个材料，顶部、中部和底部区域材料导热系数比干燥状态下分别增加约 180%、152.2% 和 139%。随着增湿时间的增加，顶部和中部区域的湿组分受重力和迁移驱动力的作用，使底部区域湿组分增加明显，导热系数也发生较大变化。

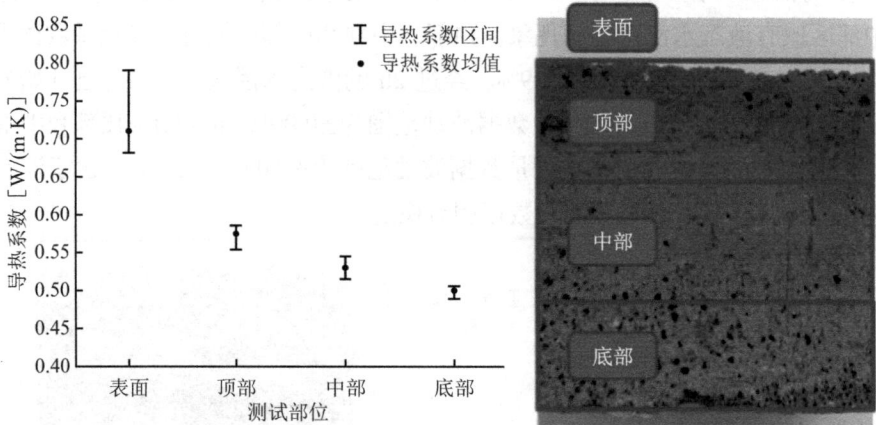

图 6-15　液态水增湿 5h 的 AC 截面湿分布与对应区域的导热系数

AC 各截面导热系数随液态水增湿时间的变化如图 6-16 所示。增湿 1h 后，由于液态湿组分在材料内部分布不均匀，各部分的导热系数差异较大，随着增湿时间的增加，湿组分开始向材料内部迁移，各部分之间的导热系数差异逐渐较小。因此，在研究含湿建筑材料导热系数时，不能忽略材料内部湿组分非均匀分布对导热系数的影响。

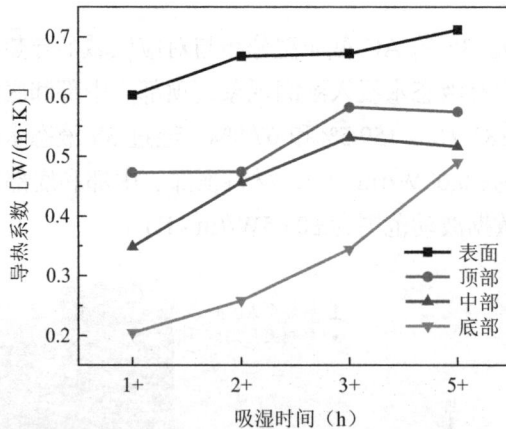

图 6-16　AC 各截面导热系数随增湿时间的变化

2. FC 液态水增湿过程导热系数变化特性分析

液态水增湿过程中 FC 的含湿量与对应的导热系数变化如图 6-17 所示，其在干燥状态下的导热系数为 0.11W/(m·K)，经过液态水增湿，达到含湿量稳定时的导热系数为 0.403W/(m·K)，增加约 266%。

液态水增湿过程 1 结束后，FC 导热系数由 0.11W/(m·K) 增加至 0.246W/(m·K)，较干燥状态下增加约 123%，该阶段材料表面湿组分以零星液滴为主。增湿过程 2 至 5，FC 导热系数由 0.246W/(m·K)增加至 0.403W/(m·K)，该过程材料表面湿组分出现演化过程，即零星液滴→小型液桥→小型液坑→大型液坑。

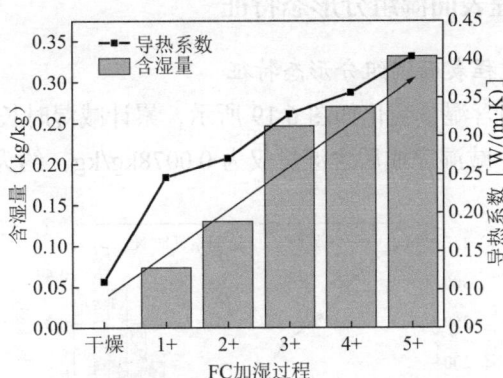

图 6-17　液态水增湿过程中 FC 的含湿量与对应的导热系数变化

3. RB 液态水增湿过程导热系数变化特性分析

液态水增湿过程中 RB 的含湿量与对应的导热系数变化如图 6-18 所示，其在干燥状态下的导热系数为 0.85W/(m·K)，经过液态水增湿，达到含湿量稳定时的导热系数为 1.76W/(m·K)，增加约 107%。

RB 在液态水增湿过程中的导热系数变化大致可分为 4 个阶段，阶段 1 为增湿过程 1，其导热系数由 0.851W/(m·K)增加至 1.301W/(m·K)，较干燥状态下增加约 52.9%，该过程材料表面湿润，无法观察到成规模的液态湿组分。阶段 2 为增湿过程 2 至 4，材料导热系数由 1.35W/(m·K)增加至 1.40W/(m·K)，该过程材料表面湿组分以局部、连通液坑为主。阶段 3 为增湿过程 5，材料导热系数由 1.40W/(m·K)增加至 1.758W/(m·K)，该过程材料表面湿组分由连通液坑过渡为大型连通液坑，内部孔道的液态湿组分趋于饱和，表面液坑规模不断扩大向液膜态发展。阶段 4 为增湿过程 6，RB 导热系数基本保持稳定，此时材料内部宏观孔道和固体骨架细密孔隙中的液态湿组分已趋于饱和，表面形成稳定的局部或大型水膜。

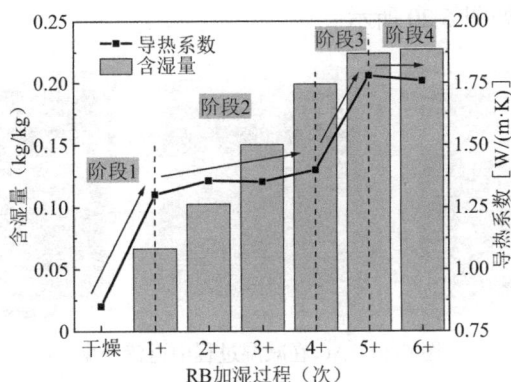

图 6-18　液态水增湿过程中 RB 的含湿量与对应的导热系数变化

6.4 液态水减湿过程中表面湿组分形态及导热系数变化特性

6.4.1 液态水减湿过程表面湿组分形态特征

1. AC 液态水减湿过程表面湿组分形态特征

AC 在减湿过程中的含湿量变化如图 6-19 所示，累计减湿时长为 346.6h，减湿开始时其含湿量为 0.457kg/kg，减湿完成后含湿量仅为 0.0078kg/kg，约为开始时的 1.7%。

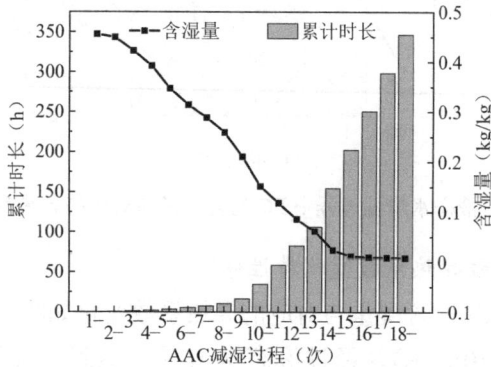

图 6-19 AC 在减湿过程中的含湿量变化

将通过液态水增湿实验达到湿饱和状态的 AC 置于烘箱中，其表面及浅层湿组分由于升温和干空气对流而快速蒸发，通过调节减湿时长将两次测量之间的质量减少量控制在 3～7g，第一个减湿过程就已无法观察到表面湿组分情况。随着减湿时长的增加，材料自身温度趋近于环境温度，同时由于表面湿组分蒸发，材料内部湿组分在湿驱动势差的作用下向表面扩散。

为了更为清楚地在显微镜下观测到液态水分布，所以在液态水增湿过程中采用的是去离子水的混合纯蓝墨水，在增湿过程中，染料物质随液态湿组分通过毛细管流和固体骨架渗透的方式逐步浸入材料内部，而在减湿过程中则会由于表面液态湿组分不断蒸发，毛细作用会使液态湿组分携带染料向未蜡封界面迁移，液态湿组分蒸发扩散到空气中，染料成分则残留在材料表面，如图 6-20 所示。

图 6-20 AC 在减湿过程中返蓝现象

在前三次减湿过程中，通过显微镜能在 PE 膜上观察到高密度的透明水珠，如图 6-21

所示，说明染料无法随液态湿组分汽化溢散。在后续减湿过程中，AC 表面已无法观察到液态湿组分，只能观察到表面颜色由浅变深，显微镜视野中宏观孔道孔壁和细密孔隙材料骨架都呈蓝色，且均匀度大致相同，说明材料表面液态湿组分均匀蒸发。

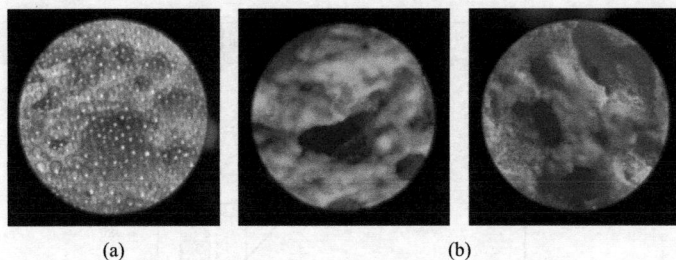

(a)　　　　　　　　　　　　　(b)

图 6-21　减湿过程中 AC 表面的湿组分形态
（a）PE 膜上水珠；（b）热还原过程中表面变化

2. FC 液态水减湿过程表面湿组分形态特征

FC 在减湿过程中的含湿量变化如图 6-22 所示，累计减湿时长为 80.5h，减湿开始时其含湿量为 0.332kg/kg，减湿完成后含湿量仅为 0.0294kg/kg，约为开始时的 8.86%。

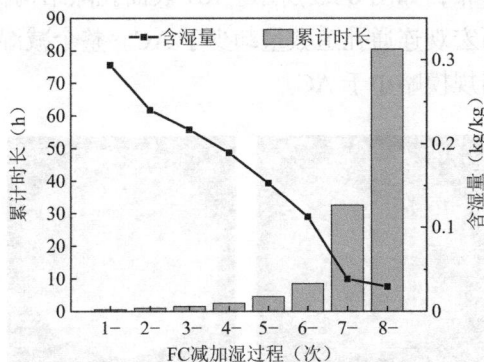

图 6-22　FC 在减湿过程中的含湿量变化

通过调节减湿时长将两次测量之间的质量减少量控制在 1～2g，第一个减湿过程中已无法观察到表面湿组分分布，只能观察到 PE 膜上的水珠，如图 6-23 所示。由于 FC 内部存在大量封闭孔隙，宏观连通孔道较少，因此液态湿组分向干燥表面迁移扩散的阻力较大，PE 膜上呈现出的水珠大小与规模明显小于 AC。

(a)　　　　　　　　　　　(b)

图 6-23　减湿过程中 FC 表面的湿组分形态
（a）PE 膜上水珠；（b）热还原过程中 PE 膜上水珠

3. RB 液态水减湿过程表面湿组分形态特征

RB 在减湿过程中的含湿量变化如图 6-24 所示，累计减湿时长为 92.75h，减湿开始时其含湿量为 0.227kg/kg，减湿完成后含湿量仅为 0.0256kg/kg，约为开始时的 11.3%。

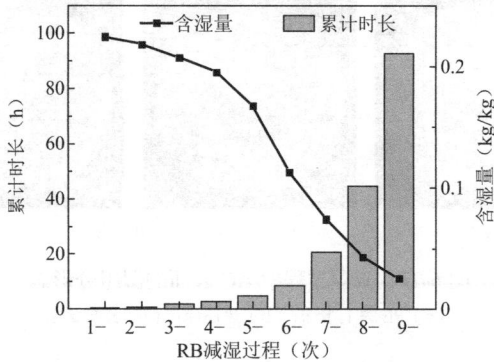

图 6-24　RB 在减湿过程中的含湿量变化

通过调节减湿时长将两次测量之间的质量减少量控制在 3～5g，第一个减湿过程中已无法观察到表面湿组分分布，如图 6-25 所示。RB 表面孔隙结构特征与 AC 相似，固体骨架存在细密孔隙结构，而宏观连通孔道数量却少于 AC。整个减湿过程中，PE 膜上可观察到饱满水珠，水珠大小与规模略小于 AC。

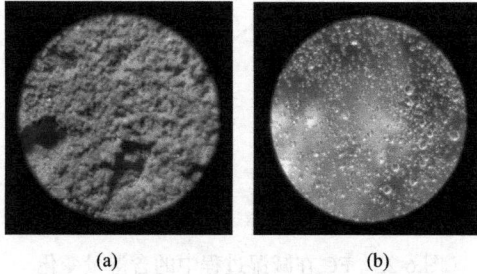

　　　　　　(a)　　　　　　　　　　　(b)

图 6-25　减湿过程中 RB 表面的湿组分形态
（a）微观表面返蓝现象；（b）PE 膜上水珠

RB 也能观察到类似于 AC 的返蓝现象，如图 6-26 所示，由于蜡封边缘处液态湿组分受石蜡约束，只能向材料内部或向上迁移，宏观孔道周围液态和气态湿组分迁移阻力较小，所以返蓝现象会先发生在 RB 蜡封边缘或者大的宏观孔道周围。

图 6-26　RB 在减湿过程中的返蓝现象

6.4.2　液态水减湿过程导热系数变化特性

1. AC 液态水减湿过程导热系数变化特性分析

AC 在减湿过程中的导热系数变化大致可分为 3 个阶段，如图 6-27 所示。与 AC 增湿过程中的导热系数变化特性类似，均为阶段 1 变化显著，阶段 2 导热系数变化速率降低，阶段 3 变化速率趋于平缓。减湿开始时 AC 的导热系数为 0.807W/(m·K)，减湿结束时其导热系数为 0.194W/(m·K)，降低约 76%。

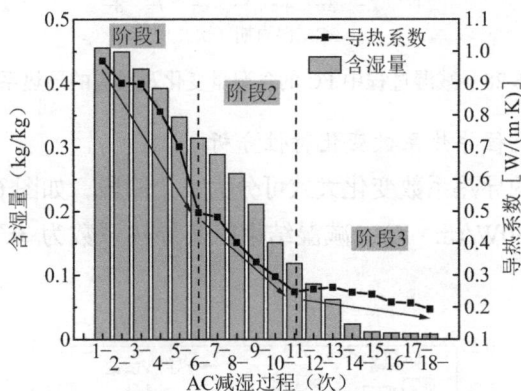

图 6-27　减湿过程中 AC 的含湿量变化及对应的导热系数

阶段 1 为减湿过程 1 至 6，AC 导热系数由 0.807W/(m·K)降低至 0.496W/(m·K)，减湿初期 AC 表面液态湿组分受热蒸发，浅层湿组分通过固体骨架渗透快速返回材料表面或孔壁参与蒸发。减湿过程 3 至 6，材料孔隙内部大量液态湿组分发生蒸发，导热系数开始快速下降，PE 膜上有水珠出现，材料表面开始返蓝，以上两种现象说明大量湿组分迁移至材料表面并进行蒸发。阶段 2 为减湿过程 7 至 11，材料导热系数由 0.496W/(m·K)降低至 0.248W/(m·K)，该阶段导热系数降低速率较为均匀，材料顶部液态湿组分基本完全蒸发，中部湿组分继续通过固体骨架渗透方式返回材料表面，或在宏观连通孔隙中蒸发扩散至环境空气中。阶段 3 为减湿过程 12 至 18，材料导热系数由 0.248W/(m·K)降低至 0.194W/(m·K)，该阶段导热系数下降速率趋缓直至稳定，材料内部液态湿组分基本完全蒸发，此时导热系数测试值与干燥状态下的测试值接近。

2. FC 液态水减湿过程导热系数变化特性分析

减湿过程中 FC 的含湿量变化及对应的导热系数如图 6-28 所示。减湿开始时 FC 的导热系数为 0.403W/(m·K)，减湿结束时其导热系数为 0.107W/(m·K)，降低约 73.4%。

减湿过程 1 至 4，FC 导热系数由 0.403W/(m·K)降低至 0.177W/(m·K)，由于 FC 内部存在大量封闭孔隙，增湿过程中液态湿组分大多积存在材料顶部，使得减湿初期 FC 表面湿组分快速蒸发扩散，导热系数下降显著。减湿过程 5 至 8，FC 导热系数由 0.177W/(m·K)降低至 0.107W/(m·K)，其内部封闭孔隙结构导致少量湿组分仅能通过固体骨架渗透方式缓慢返回表面，迁移阻力较大，减湿过程较长。

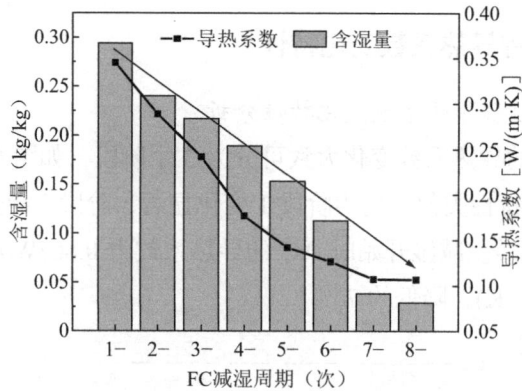

图 6-28　减湿过程中 FC 的含湿量变化及对应的导热系数

3. RB 液态水减湿过程导热系数变化特性分析

RB 在减湿过程中的导热系数变化大致可分为 4 个阶段，如图 6-29 所示。减湿开始时 RB 的导热系数为 1.780W/(m·K)，减湿结束时其导热系数为 0.719W/(m·K)，降低约 59.61%。

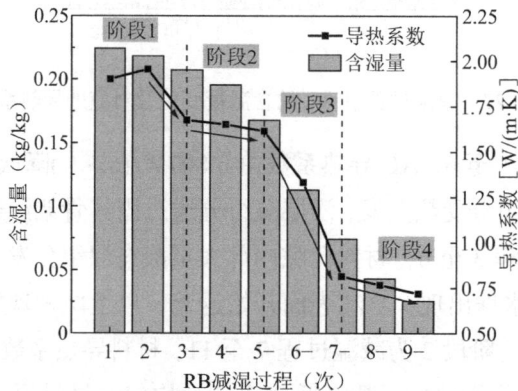

图 6-29　减湿过程中 RB 的含湿量变化及对应的导热系数

阶段 1 为减湿过程 1 至 3，RB 导热系数由 1.780W/(m·K)降低至 1.674W/(m·K)，减湿初期，其导热系数略微上升，减湿过程 1 和 2 结束后的导热系数分别为 1.90W/(m·K)和 1.955W/(m·K)，减湿过程 3 导热系数下降约 14.3%。减湿初期，RB 表面和顶层液态湿组分受热蒸发，浅层湿组分通过固体骨架渗透快速返回材料表面或孔壁参与蒸发扩散。

阶段 2 为减湿过程 4 至 5，RB 导热系数由 1.674W/(m·K)降低至 1.615W/(m·K)，材料表面和顶部的湿组分蒸发减湿过程中，中部和底部的湿组分在湿驱动势差的作用下向顶部迁移，使得导热系数测试探头所在区域的材料几乎达到湿迁移动态平衡，故该过程导热系数下降速率缓慢。阶段 3 为减湿过程 6 至 7，RB 导热系数由 1.615W/(m·K)降低至 0.814W/(m·K)，材料内部湿组分大量扩散至环境空气中，含湿量快速降低，导热系数下降显著。阶段 4 为减湿过程 8 至 9，RB 导热系数由 0.814W/(m·K)降低至 0.719W/(m·K)，材料内部湿组分基本完全散出，导热系数趋于稳定。

6.5 液态水增/减湿过程导热系数变化对比分析

1. AC 液态水增/减湿过程导热系数变化

AC 增/减湿过程导热系数与含湿量变化如图 6-30 所示。当含湿量相同时，AC 增湿初期和中期的导热系数大于减湿后期和中期的导热系数，即阶段 1 和阶段 2，而 AC 增湿后期的导热系数则小于减湿初期的导热系数，即阶段 3。

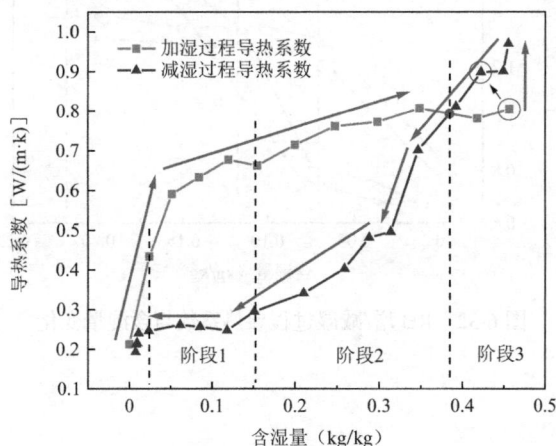

图 6-30 AC 增/减湿过程导热系数与含湿量变化

2. FC 液态水增/减湿过程导热系数变化

FC 增/减湿过程导热系数与含湿量变化如图 6-31 所示。相同含湿量情况下，FC 整个增湿过程的导热系数都大于减湿过程的导热系数。

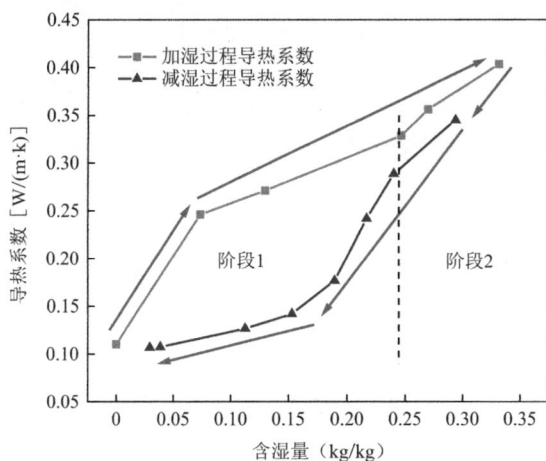

图 6-31 FC 增/减湿过程导热系数与含湿量变化

3. RB 液态水增/减湿过程导热系数变化

RB 增/减湿过程导热系数与含湿量变化如图 6-32 所示。RB 增/减湿过程导热系数变化与 AC 相似。相同含湿量状态下，RB 增湿初期、中期的导热系数大于减湿后期、中期的导热系数，即阶段 1 和阶段 2，而 RB 增湿后期的导热系数则小于减湿初期的导热系数，即阶段 3。

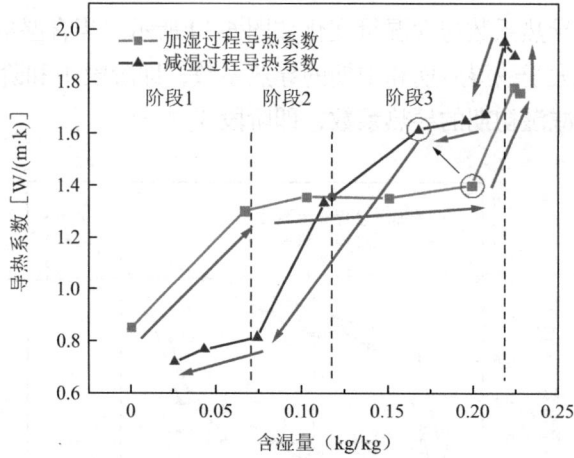

图 6-32　RB 增/减湿过程导热系数与含湿量变化

第7章

常用保温材料吸放湿特性及其
对导热系数的影响

7.1 概 述

保温材料的热物理性能与其所处的热湿环境有着紧密的内在联系，已有研究表明：材料内部含湿量的起伏变动会致使其导热系数发生改变，而保温材料内部含湿量的多少，与材料的内部结构、固体骨架以及湿组分之间的结合能力息息相关。鉴于保温材料的内部结构多呈现多孔形态，材料在吸湿与放湿过程中所达到的平衡含湿量并不相同，存在吸放湿迟滞现象，进而造成在相同相对湿度条件下，不同吸放湿过程中的导热系数也呈现出显著的差异。因此，掌握保温材料吸放湿特性并对其进行预测是准确确定其热性能的关键。

在本章中，通过实验测试获得了 8 种常用建筑保温材料在不同温度以及不同吸放湿阶段下的等温吸放湿曲线。深入剖析了吸放湿迟滞效应与温度、孔隙结构之间的关联，以及吸放湿过程对导热系数产生的影响，并构建了适用于不同保温材料的吸放湿预测模型，从而为建筑围护结构热湿耦合传递计算提供基础数据。

7.2 微观表征

7.2.1 实验材料

选取 EPS、XPS、加气混凝土（AC）、聚苯颗粒混凝土（PGC）、发泡水泥（FC）5 种常用的建筑围护结构保温材料和气凝胶毡（AB）、B1 级橡塑（B1HYX）和 B2 级橡塑（B2HYX）保温板 3 种设备管道类保温材料作为研究对象，试件尺寸如表 7-1 所示。

试件尺寸 表 7-1

名称	尺寸（mm）	名称	尺寸（mm）
EPS	$100 \times 50 \times 50$	FC	$100 \times 30 \times 70$
XPS	$100 \times 50 \times 30$	PGC	$100 \times 50 \times 30$
AC	$100 \times 50 \times 30$	AB	$100 \times 50 \times 10$
B1HYX	$100 \times 50 \times 30$	B2HYX	$100 \times 50 \times 26$

7.2.2 微观结构

AC、PGC 和 FC 放大 30、100、500、1000 倍和 XPS、AB、B1HYX 和 B2HYX 放大 30、70、150、250、500 倍时的内部微观结构图见图 7-1。

(a)

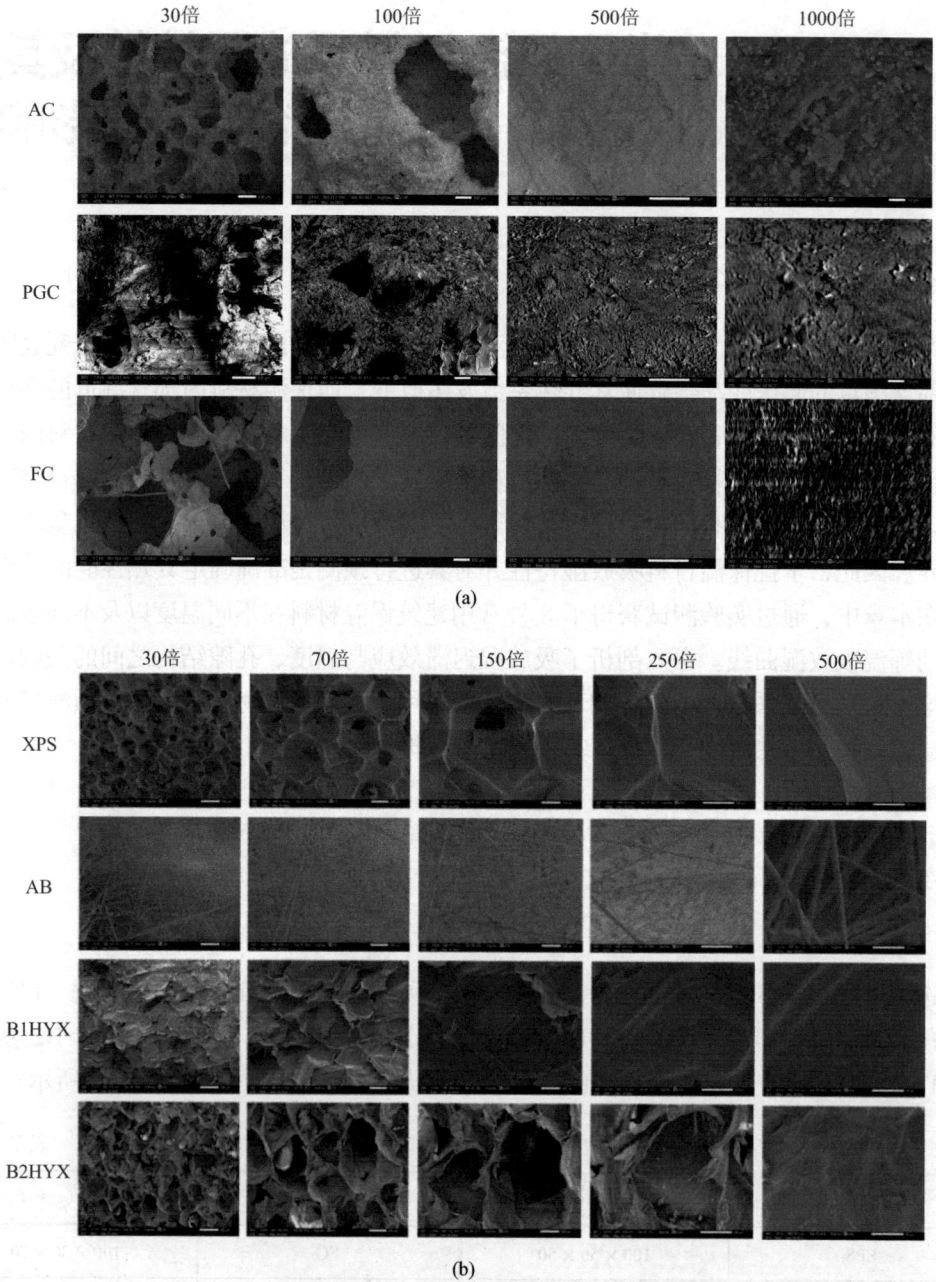

(b)

图 7-1 材料在不同放大倍数下的 SEM 图

（a）AC、PGC 和 FC；（b）XPS、AB、B1HYX 和 B2HYX

如图 7-1（a）所示，AC、PGC 和 FC 孔呈不规则形状，且存在着诸多连通孔，在材料吸湿过程中，水分可以通过连通孔进入材料内部。FC 的孔径尺寸和孔隙率均大于 AC，孔隙的壁面厚度相对较小，水分较容易在其内部流通。XPS、AB、B1HYX 和 B2HYX 的内部结构见图 7-1（b）。AB 通常是气凝胶颗粒附着在基层纤维上，具有较高的疏水性，这也是材料具有较低吸湿性能的原因。AB 的内部为三维网状结构，其内部的纤维细丝粗细均匀，当水分进入材料内部时，会依附在纤维细丝上。当材料放湿时，由于其内部并无孔状结构，水分进入环境只需克服与纤维细丝之间的作用力，进入环境的阻力较小。

XPS、B1HYX 和 B2HYX 的内部结构类似，都为闭孔结构，呈蜂窝状。在 30～150 倍放大时观察到其孔之间有连通，主要是由于切割试件时造成的壁面破损，大部分孔的壁面都是完整的，可以推断其内部的小孔都是闭孔，之间不相互连通。通过放大 30 倍的 B1HYX 和 B2HYX 的结构图可以看出，其表面孔的壁面大部分都有塌陷的现象，这与材料宏观现象一致，橡塑材料质地较软，具有可压缩性，由于扫描电镜进行实验前需要对材料表面进行喷金处理，喷金时会使橡塑保温材料的表面出现塌陷，XPS 由于自身质地较硬，孔壁无此类现象。

7.2.3　孔径分布和孔隙率

材料的孔径分布和孔隙率可以通过压汞仪进行测量，汞对大多数固体材料具有非润湿性，需外加压力才能使汞进入固体孔中，控制不同的压力，即可测出压入孔中汞的体积。注汞后样品会处于静压力下，静压力在各个方向上的作用力都是相同的，即在一定压力下，材料内部的孔壁都被上述应力所影响，因而固体材料在压力的作用下并不会产生明显变形。

国际上，一般把试样的孔按尺寸大小分为 3 类：孔径 < 2nm，为微孔；孔径 2～50nm，为介孔；孔径 > 50nm，为宏观孔。图 7-2 为试件孔径分布图。

如图 7-2 所示，8 种材料内部均不存在微孔，多为宏观孔。FC、AC 和 PGC 中宏观孔分别占比 92.02%、83.04% 和 93.86%。3 种材料孔径分布规律大体相似，其中 FC 的孔径主要集中在 72～296μm，占总体孔径的 75.48%；AC 孔径分布主要集中在 39～855μm 和 1.51～1.21μm，占比 57.15% 和 26.95%；而 PGC 的孔径主要分布在 12.5～875μm。相对于 FC 和 PGC，AC 有约 1/4 的孔径为较小的宏观孔，这是由于两种材料的制作方法和原材料的差异，FC 是通过发泡的泡沫与水泥浆均匀混合制成的，而 AC 则是以石灰、水泥、砂和粉煤灰等为原材料，掺加铝粉经化学反应形成孔隙，经浇筑成型、预养切割、蒸压养护而制成。

EPS 板、XPS 板和 AB 的孔大部分为宏观孔，分别占比 94.46%、97.07% 和 97.33%。EPS 保温板相对于 XPS 保温板孔径更小，最大孔径为 293.7μm，而 EPS 保温板的最大孔径为 874.3μm，且有 33.7% 的孔径分布在 296.6～874.3μm。其原因在于 XPS 保温板不仅有聚苯乙烯树脂，还有其共聚物，而且两种保温板的制作工艺不同。AB 的孔径分布规律与 XPS 类似。

B1HYX 和 B2HYX 的孔径分布规律相似，这与两种材料的生产工艺有关，B1HYX 的最大孔径为 293.3μm，而 B2HYX 有 29% 的孔径大于 300μm，这也解释了为何 B2HYX 的密度小于 B1HYX。

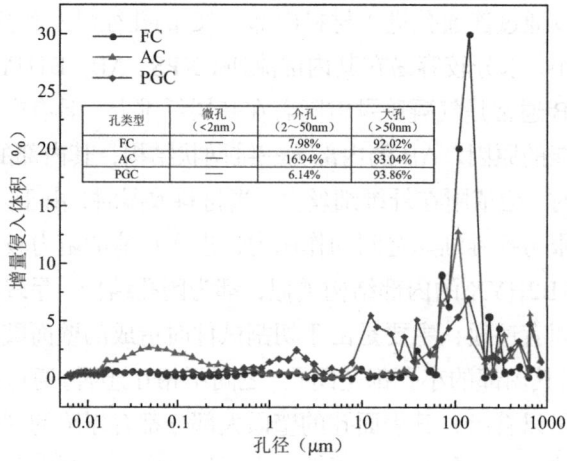

(a)

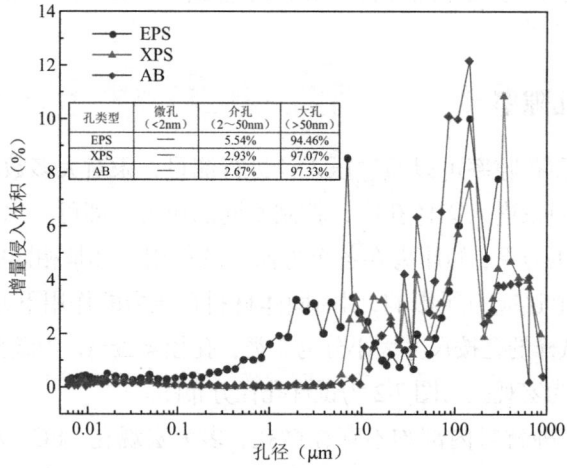

(b)

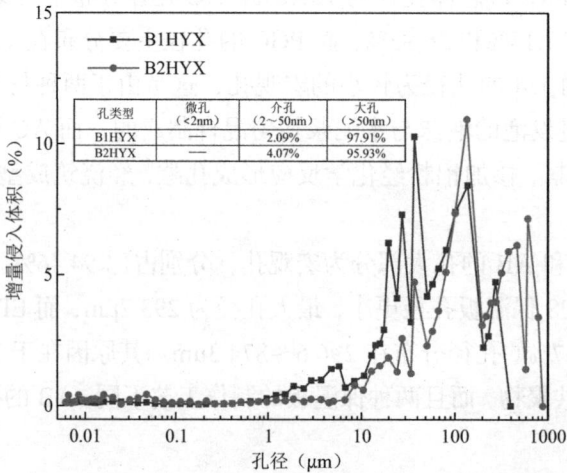

(c)

图 7-2　试件孔径分布图

（a）FC、AC、PGC；（b）EPS、XPS、AB；（c）B1HYX、B2HYX

表 7-2 为试件的孔隙率，AC、PGC 和 FC 的孔隙率存在明显的差异，FC 的孔隙率约为 AC 的 2 倍，而不同孔隙率对材料的吸水性及热物性参数会产生显著的影响。

试件的孔隙率　　　　　　　　　　　　　　　　　　　　　　表 7-2

试样	EPS	XPS	AC	PGC	FC	AB	B1HYX	B2HYX
孔隙率	0.627	0.459	0.403	0.609	0.818	0.963	0.955	0.951

7.3　温度对墙体保温材料吸放湿特性的影响及对导热系数的影响

建筑保温材料在含湿后对其热湿性能有很大影响，材料在实际环境中不仅会存在吸湿过程，还存在放湿过程。由于保温材料的内部多为多孔结构，同一相对湿度下，材料在放湿过程和吸湿过程的平衡含湿量会存在差异，进而会导致保温材料的热物性参数的变化，因而掌握材料的吸放湿特性可对了解其热湿性能起到重要作用。

7.3.1　25℃工况下吸放湿特性

EPS、XPS、PGC、FC 和 AC 在 25℃，相对湿度为 0→70%→0、0→85%→0、0→98%→0 的等温吸放湿曲线见图 7-3，分别代表低湿、中湿、高湿地区的吸放湿过程，并记为第一、第二、第三阶段。

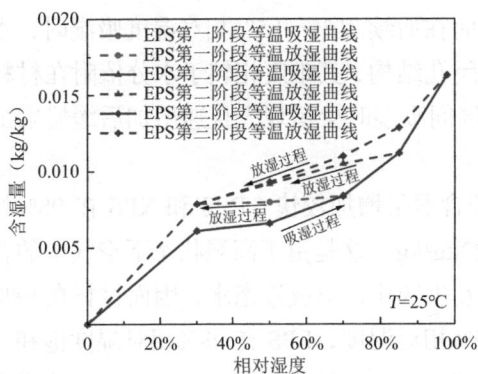

(a)

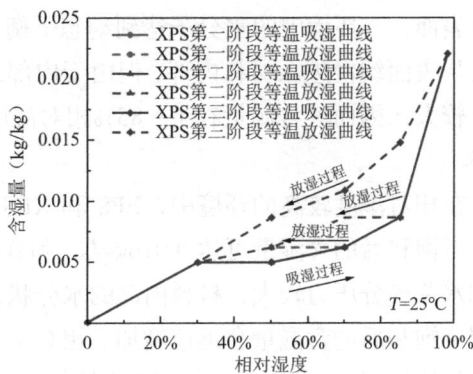

(b)

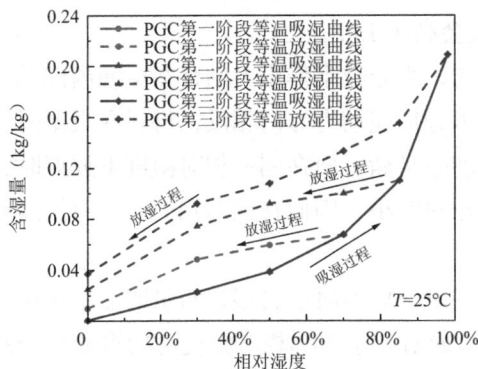

(c)

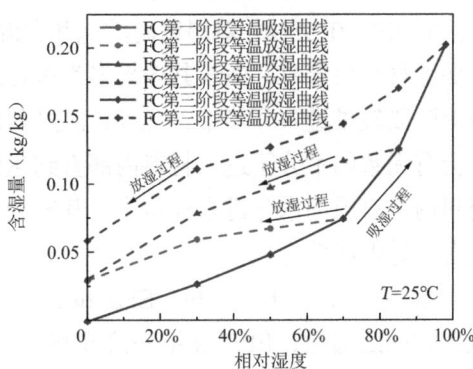

(d)

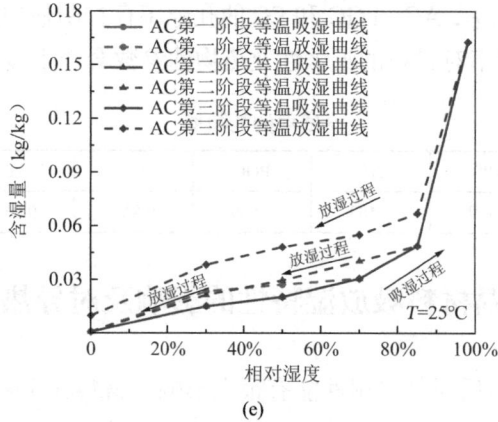

图 7-3　墙体保温材料的等温吸放湿曲线（$T = 25°C$）
（a）EPS；（b）XPS；（c）PGC；（d）FC；（e）AC

如图 7-3（a）、（b）所示，EPS 和 XPS 在 30%～85%相对湿度区间下吸湿时含湿量增加缓慢，而在 85%～98%相对湿度下的含湿量增加迅速，两者在相对湿度 30%平衡后的含湿量分别为 0.0061kg/kg 和 0.005kg/kg，经过相对湿度 30%～85%区间内的 3 次吸湿后，含湿量达到 0.0112kg/kg 和 0.0087kg/kg，其含湿量的增量低于相对湿度 30%时一次吸湿的含湿量。这主要是由于 EPS 和 XPS 在生产过程中材料内部会形成闭孔结构，材料在吸湿时水分子进入材料内部较为困难。材料在 30%相对湿度开始吸湿时，水分子首先会依附在材料表面，与环境中的水分子达到动态平衡，而在后续 30%～85%相对湿度吸湿时，水分子会从表面缓慢进入材料内部，但由于内部的闭孔结构，其难度相较于水分依附在材料表面时较大，因而其含湿量在 0～85%相对湿度区间吸湿时会呈现先快速增加后缓慢增加的趋势。

在相对湿度较高的环境中，EPS 和 XPS 的含湿量增加较快。EPS 和 XPS 在 98%相对湿度下饱和后的含湿量可达 0.016kg/kg 和 0.022kg/kg，这是由于高湿状态下空气中的含湿量和水蒸气分压力较大，材料内部的水分状态发生变化，形成液态水，因而材料在 98%相对湿度饱和后的含湿量会迅速增加。相对于 85%相对湿度，EPS 在 98%相对湿度饱和后的含湿量增加了 0.0051kg/kg，XPS 则增加了 0.0137kg/kg，其增幅明显大于 EPS，造成上述现象的原因是 XPS 宏观孔的比例大于 EPS，当材料宏观孔越多，水分在材料内部更容易液化，因而 XPS 在 98%相对湿度时的饱和含湿量会高于 EPS。

保温材料放湿时，由于其内部多为多孔结构，水分吸附作用力的存在会使内部的水分在放湿阶段较难进入环境中，且吸放湿过程的水分传递动力方向相反，材料在吸湿时，环境中会有无数的水分子进入材料内部直到达到动态平衡，而在同一相对湿度下放湿时，只有材料内部有限的水分进入环境中，其驱动势相对较小，因而在放湿到同一相对湿度时会出现含湿量迟滞效应。

由图 7-3（a）、（b）可知，EPS 和 XPS 第一阶段放湿时的含湿迟滞量明显小于第三阶段放湿时的迟滞量，EPS 在第一阶段和第三阶段放湿到 50%相对湿度时的迟滞量分别为 0.0014kg/kg 和 0.0027kg/kg，而同一状态下的 XPS 迟滞量为 0.0012kg/kg 和 0.0037kg/kg，这是由于材料放湿时的起始相对湿度越高，材料内部饱和后的含湿量越大，因而放湿时会有更多的水分依附在材料内部孔隙的表面，迟滞效应越明显。此外，EPS 的迟滞效应本身具有滞后性，第一、二、三阶段放湿时迟滞量最大分别出现在 50%、50%、30%相对湿度时，而 XPS 第一、二、三阶段放湿时迟滞量最大分别出现在 85%、70%、50%相对湿度。出现这一现象的原因在于两种材料的孔隙率不同，EPS 和 XPS 的孔隙率分别为 0.627 和 0.459，孔隙率越大，水分在材料内部的分布会越广，且放湿时的移动路程会越大，因而放湿会更困难，导致出现迟滞效应本身具有滞后性的现象。

如图 7-3（c）、（d）所示，PGC 和 FC 的含湿量在 0～70%相对湿度阶段缓慢增加，在 70%含湿量时分别为 0.068kg/kg 和 0.075kg/kg。对比泡沫类保温材料，PGC 和 FC 的内部孔隙率较大，且水泥类材料本身具有亲水性，因而其吸湿量较大。而在 70%～98%相对湿度吸湿时含湿量迅速增加，在吸湿到 98%相对湿度时含湿量可达 0.211kg/kg 和 0.203kg/kg，这是由于随着相对湿度的增加，水蒸气分压力增加，水蒸气会液化形成凝结水，且由于毛细作用的存在，会有更多的水分进入到材料内部形成液态水，直至与环境中的水分达到动态平衡，因而材料的饱和含湿量会在高湿状态下呈急剧增长趋势。

材料放湿时的起始相对湿度越高，水泥类材料放湿后的含湿量迟滞效应越明显。PGC 第一、二、三阶段放湿到 50%相对湿度时的含湿迟滞量分别为 0.021kg/kg、0.054kg/kg、0.07kg/kg，FC 第一、二、三阶段放湿到 50%相对湿度时的含湿迟滞量分别为 0.019kg/kg、0.049kg/kg、0.079kg/kg，这是由于高湿阶段吸湿后材料内部的含湿量大于低湿阶段吸湿的含湿量，且由于材料自身的多孔结构，水分与材料内部孔隙的依附力较大，从而导致材料放湿时的阻力较大；另外，当材料处于高湿的环境中，被湿空气包围，环境中存在着大量的水蒸气，传递作用力大，湿空气进入材料内部孔隙相对容易；而当材料进入放湿阶段时，只有材料内部孔隙中的有限湿组分散发到环境中，传递作用力小，因而放湿会更加困难。

在放湿过程中，其迟滞效应最明显并不出现在放湿后的第一个相对湿度点，而存在于放湿后的中间点。PGC 第一、二、三阶段放湿迟滞效应在放湿到 30%、50%、50%相对湿度时最明显，分别为 0.026kg/kg，0.054kg/kg、0.07kg/kg，FC 第一、二、三阶段放湿到 30%相对湿度时迟滞量最大，分别为 0.033kg/kg、0.052kg/kg、0.085kg/kg。

FC 的迟滞量大于 PGC，这主要与材料的孔隙率和孔隙结构有关，两种材料的孔隙率分别为 0.818 和 0.609，孔隙率越大，水分在材料内部与孔径内壁的接触面积接越大，因而放湿时的移动距离越长，因而迟滞效应越明显。而放湿的最大迟滞效应具有延后性的原因在于：在高湿阶段放湿时，由于吸湿到高湿状态时材料内部会出现液态水，在放湿时液态水会首先形成大量水蒸气，因而放湿时的传递作用力较大，大量的湿组分会进入环境中。当放湿到更低的相对湿度时，材料内部的湿组分以水蒸气的形态存在，其传递作用力较小，且由于与材料内部孔隙的吸附作用力，放湿会更为困难，因而在放湿到低湿时的迟滞量最大。低中湿度阶段放湿时迟滞效应也具有滞后性，这可能与材料湿平衡时内部水分分布梯度有关，放湿时，材料靠外侧部分首先向环境放湿，水分移动路径较小，然后材料靠内侧部分向外界放湿，移动路径较大，随着材料进一步放湿，传递作用力减小而传递路径不变，因而材料在放湿到更低的相对湿度时迟滞量最大。

如图 7-3（e）所示，AC 在 98%相对湿度吸湿后的饱和含湿量为 0.164kg/kg，小于 PGC 和 FC 的含湿量，在相对湿度 85%之前的平衡含湿量增加较为缓慢，85%相对湿度的饱和含湿量只有 0.049kg/kg，远小于同一状态下的 PGC 和 FC（0.111kg/kg、0.127kg/kg），这主要与材料的孔隙率有关，AC 的孔隙率只有 0.403，材料内部孔状结构较少，水分可以存在的空间有限，因而在相对湿度 85%之前材料的含湿量增长缓慢。在 85%～98%相对湿度之间 AC 含湿量急剧增加，在高湿状态下，水分在材料内部会进行液化，当内部孔径充满了液态水，水分无法再进入材料内部，会在 AC 表面液化形成液珠，在 98%相对湿度饱和后，AC 表面会形成了一层液态水，当表面形成液态水后，会进一步向材料内部渗透，因而材料的含湿量会急剧增长。放湿过程与 FC 类似，高湿阶段放湿到 85%相对湿度的迟滞量为 0.018kg/kg，放湿到 50%相对湿度时迟滞量最大为 0.028kg/kg，放湿时，液态水更容易散发到环境中，而处于孔隙结构内部的吸附气态水散发到环境中则相对困难。

由图 7-3（c）、（d）、（e）可知，试件经干燥后的含湿量并不为 0，且呈规律性变化，开始放湿的相对湿度越高，其干燥后的含湿量越高。AC、PGC 和 FC 放湿到干燥状态的含湿量为 0.009kg/kg、0.037kg/kg 和 0.059kg/kg，其原因归结于材料具备的多孔结构，孔隙率越大，更多的水分会依附于材料内部表面，试件经过高湿状态后，水分会大量存在于材料内部，内部的液态水会与材料发生化学反应，因而当对试件进行干燥时，内部水分无法完全排除。而 EPS 和 XPS 由于内部结构多为闭孔结构，其本身的吸水性很差，虽然能观察到迟滞效应的影响，但由于其在高相对湿度环境中的含湿量较小，因此在干燥箱中能干燥到原始状态。

7.3.2　40℃工况下吸放湿特性

为了研究材料在高温高湿环境中的吸放湿特性，通过实验测试获得了 EPS、XPS、PGC、FC 和 AC 在 40℃，相对湿度为 0→70%→0、0→85%→0 的等温吸放湿曲线，如图 7-4 所示，分别代表中湿、高湿地区的吸放湿过程，并记为第一、第二阶段。

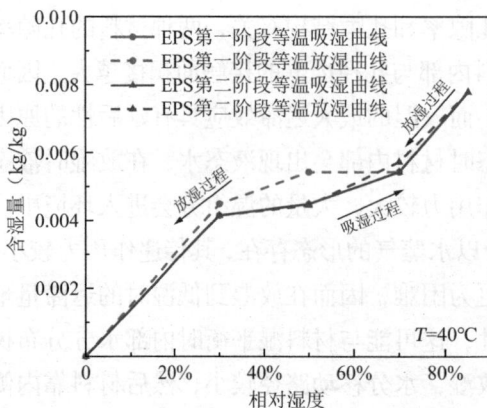
(a)

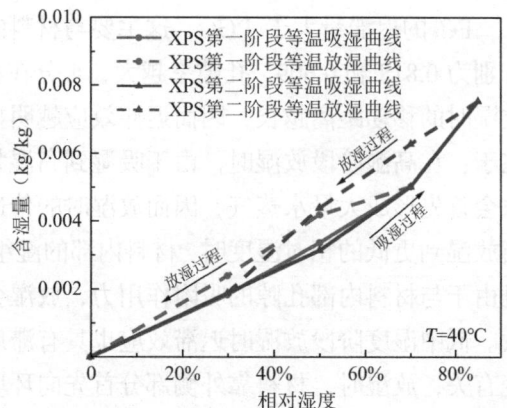
(b)

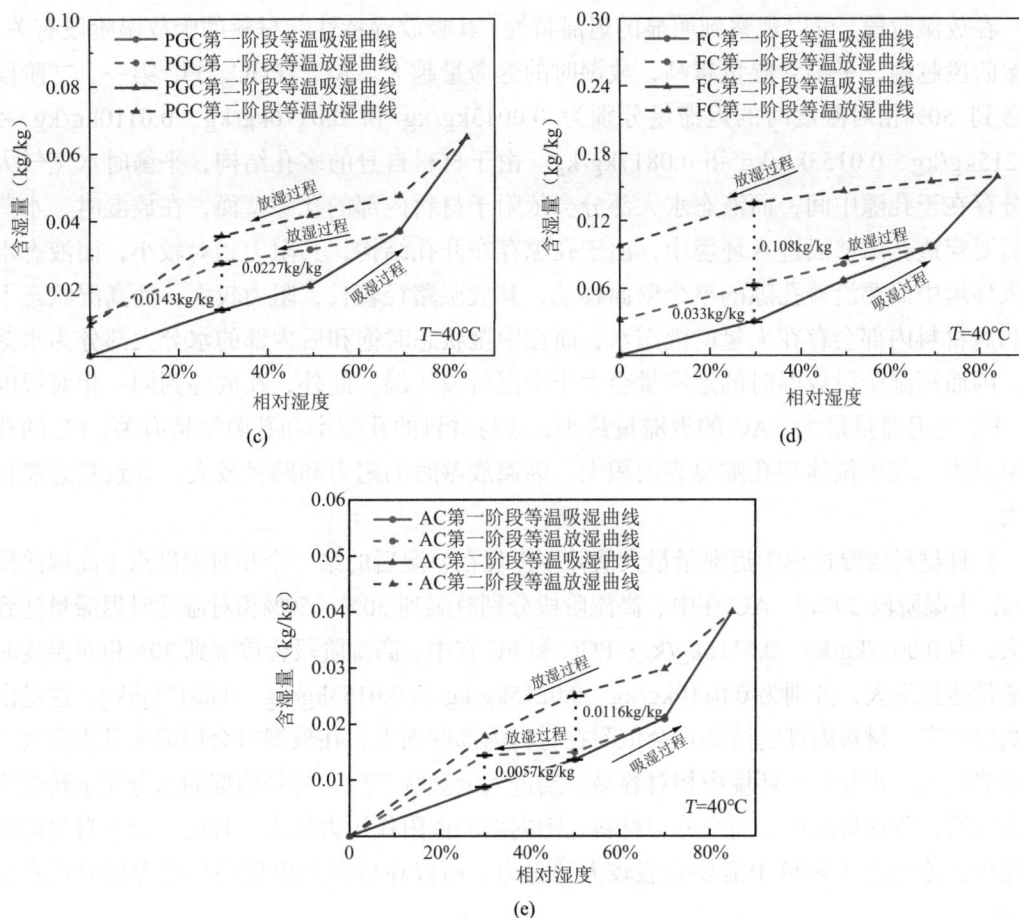

图 7-4　墙体保温材料的等温吸放湿曲线（$T = 40℃$）

（a）EPS；（b）XPS；（c）PGC；（d）FC；（e）AC

如图 7-4（a）、（b）所示，EPS 和 XPS 在 0～30% 和 70%～85% 相对湿度吸湿时含湿量增加迅速，整体变化趋势与 25℃吸湿过程一致。在 85% 相对湿度饱和后的含湿量分别为 0.0078kg/kg 和 0.0069kg/kg。在放湿时，材料含湿量的迟滞量较小，EPS 和 XPS 的最大迟滞量分别为 0.0009kg/kg 和 0.0003kg/kg，几乎可以忽略。而从图 7-4（a）、（b）中可以看出，迟滞量会出现负值，这是其本身含湿量较低，在放湿时测量误差引起的，对于 EPS 和 XPS，在 40℃时吸放湿的迟滞效应可以忽略。

如图 7-4（c）、（d）、（e）所示，AC、PGC 和 FC 的平衡含湿量在相对湿度 70%～85% 变化时有明显的增长，在 85% 相对湿度饱和后，平衡含湿量分别为 0.040kg/kg、0.067kg/kg 和 0.164kg/kg，当材料处于高湿状态时，在材料内部孔径的水分会形成液态水，水分以水蒸气和液态水的形态进行流通，直到达到动态平衡。3 种材料的饱和含湿量依次增大，这与材料的孔隙率相关，3 种材料的孔隙率分别为 0.403、0.609 和 0.818，孔隙率越大，水分在内部的存在空间就越大，饱和含湿量就越大。FC 的平衡含湿量明显高于另外两种材料，FC 的孔隙直径明显较大，水分在孔隙的壁面上形成液态水后更容易积聚，会有大量的液态水存在于其内部，其饱和含湿量较大。

在放湿阶段，可以观察到明显的迟滞特性，其吸放湿特性与材料的吸放湿阶段有关，吸湿阶段越高，平衡含湿量越高，放湿时的迟滞量越大。AC、PGC、FC 第一、二阶段放湿到 50%相对湿度时的迟滞量分别为 0.0013kg/kg 和 0.0116kg/kg、0.0110kg/kg 和 0.0215kg/kg、0.0153kg/kg 和 0.0817kg/kg。由于材料自身的多孔结构，平衡时水蒸气大部分存在于孔隙中间，而液态水大部分会依附于材料内部的孔隙壁面，在放湿时，水蒸气需要穿透孔隙壁面进入环境中，由于孔隙存在开孔结构，其阻力相对较小，而液态水进入环境中需要沿着孔隙的整个壁面移动，其放湿路径较长，阻力较大，而高湿状态下饱和后材料内部会存在大量的液态水，而在中湿状态时饱和后内部的水分大部分为水蒸气，因而高湿阶段放湿时的迟滞量会大于中湿阶段放湿。此外，在放湿到同一相对湿度时，FC 的迟滞量最大，AC 的迟滞量最小，这与材料的孔隙率和孔隙结构有关；FC 的孔隙率最大，其单位体积孔隙总表面积大，因而放湿时的阻力和路径较大，导致其迟滞量较大。

3 种材料放湿过程中迟滞量最大值并不出现在放湿后的第一个相对湿度点（高湿阶段 70%，中湿阶段 50%）。AC 在中、高湿阶段分别放湿到 30%、50%相对湿度时迟滞量达到最大，为 0.0057kg/kg、0.0116kg/kg；PGC 和 FC 在中、高湿阶段皆放湿到 30%相对湿度时迟滞量达到最大，分别为 0.0110kg/kg、0.0215kg/kg 和 0.0153kg/kg、0.0817kg/kg。这是由于高湿状态，材料内部的液态水会依附在材料内部壁面上，在放湿时会形成大量水蒸气，驱动势较大，水分进入环境中相对容易。当进入低湿状态后，材料内部的水分完全转变为水蒸气后，驱动势减小，而水分与材料孔隙内部的依附作用力较大，且由于材料自身的多孔结构，水分进入环境中需要克服较大的阻力，所以在放湿到更低的相对湿度时迟滞量最大。

7.3.3　温度对材料吸放湿特性的影响

墙体保温材料不同温度下第二阶段的等温吸放湿曲线见图 7-5。

如图 7-5（a）、（b）所示，EPS 和 XPS 在同一相对湿度时 25℃工况下的饱和含湿量大于 40℃工况下的饱和含湿量，同一相对湿度下温度越高，环境中的含湿量越高，但与此同时，温度越高水分子的平均动能越大，导致水分子与材料内壁的依附作用力变小，对于 EPS 和 XPS 这类具有闭孔结构的泡沫类材料，在吸湿时依附作用力占主导地位。EPS 在 25℃ 和 40℃的含湿量最大差值出现在 85%相对湿度，为 0.0034kg/kg，而 XPS 在 30%相对湿度时含湿量差值最大，为 0.0029kg/kg。这与材料的孔隙率有关，EPS 和 XPS 的孔隙率分别为 0.627 和 0.459，同一类材料孔隙率越大，温度对材料的平衡含湿量影响越明显。在 40℃ 时，EPS 和 XPS 基本无法观察到含湿量迟滞特性，而在 25℃时，只有在较高相对湿度时才能观察到，但其迟滞效应并不明显，说明影响迟滞特性最直接因素是平衡含湿量，含湿量越高，迟滞效应越明显。

如图 7-5（c）、（d）所示，AC 在 25℃相对湿度 85%时的饱和含湿量为 0.0487kg/kg，40℃时平衡的含湿量为 0.0400kg/kg，相差 0.0087kg/kg；PGC 在 25℃相对湿度 85%时的饱和含湿量为 0.1114kg/kg，40℃时的平衡含湿量为 0.0669kg/kg，相差 0.044kg/kg。可以看

出，在 85%相对湿度的环境下，40℃的含湿量小于 25℃时的含湿量，这是由于较高的温度会导致水分子的运动速度更快，分子键更容易释放，吸附水的量减少。这一变化趋势与空气中的含湿量变化趋势相反，这说明温度升高导致水分子移动速度加快对含湿量的影响更大。在 40℃时，材料内部的液态水少于在 25℃时，这跟材料的内部孔隙率和孔隙结构有关，AC 和 PGC 的孔隙率分别为 0.403 和 0.609，且 FC 较小的宏观孔相对较多，而当孔径较小，空气中的水蒸气更不容易进入材料内部，液态水无法轻易形成，平衡含湿量降低。而在 85%相对湿度平衡时，PGC 在 40℃与 25℃的含湿量差值远大于 AC，这除了与材料本身的吸水性有关，还与材料的孔隙率和孔隙结构有关。

如图 7-5（e）所示，FC 在 25℃和 40℃时的等温吸放湿曲线与 AC 和 PGC 相反。在 85%相对湿度下，FC 在 25℃时的平衡含湿量为 0.1267kg/kg，在 40℃时的平衡含湿量为 0.1636kg/kg，差值为 0.037kg/kg。这一变化趋势与同一相对湿度时空气中的含湿量随温度变化的规律一致，这说明对于 FC 来言，相对于温度，空气中的含湿量对材料吸湿量影响更大。FC 的孔隙率为 0.818，是 AC 的两倍左右，这也就导致空气中的水蒸气更容易进入材料内部，在 40℃时，空气中的含湿量高，水蒸气分压力大，材料的孔隙率大，会有更多的水分进入到材料内部直至达到动态平衡。

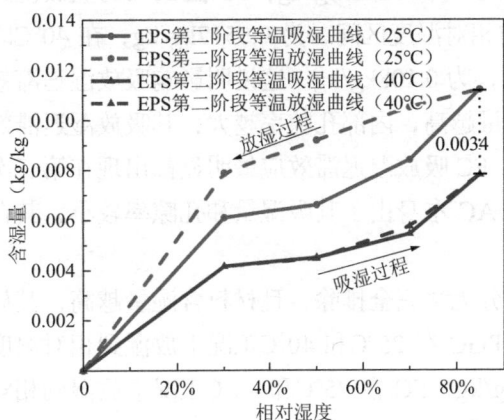

(a)

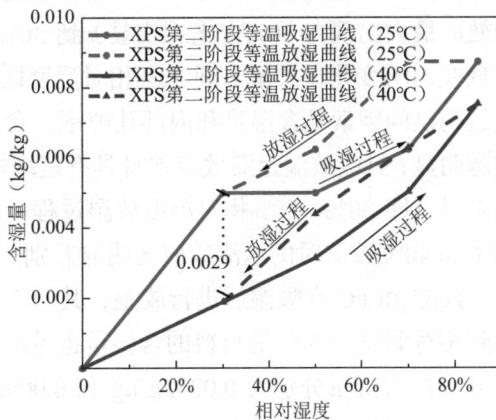

(b)

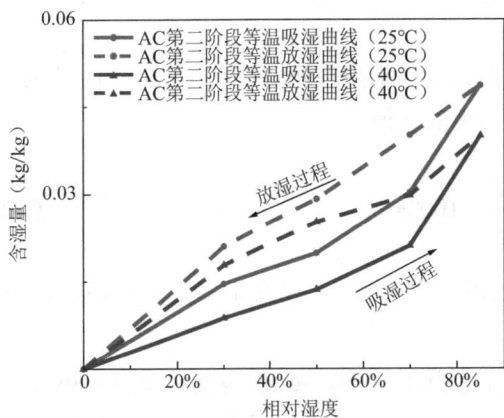

(c)

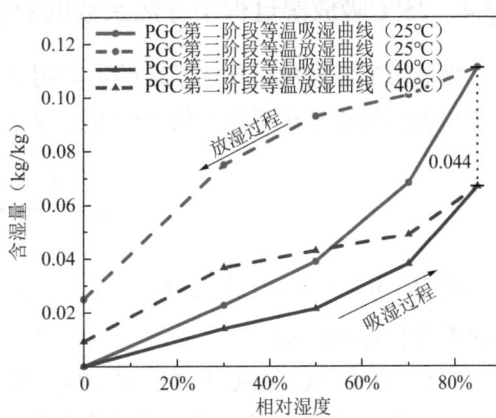

(d)

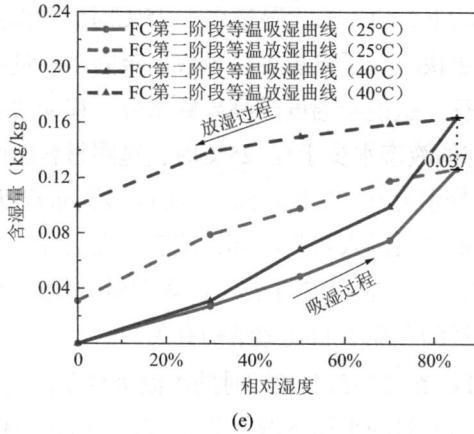

(e)

图 7-5　墙体保温材料不同温度下第二阶段的等温吸放湿曲线

(a) EPS；(b) XPS；(c) AC；(d) PGC；(e) FC

对于水泥类材料来说，材料的吸放湿迟滞效应与材料的孔隙率和吸湿量有关。当材料的孔隙率越大，其吸湿量越大，在放湿过程中的迟滞效应越明显。PGC 在 25℃时吸放湿迟滞效应最大出现在 70%变化（放湿）到 50%的相对湿度区间，为 0.0523kg/kg，在 40℃时出现在 50%变化（放湿）到 30%的相对湿度区间，为 0.0227kg/kg；FC 在 25℃时吸放湿迟滞效应最大出现在 50%变化（放湿）到 30%的相对湿度区间，为 0.0517kg/kg，在 40℃时出现在 50%变化（放湿）到 30%相对湿度区间，为 0.108kg/kg。这说明影响吸放湿迟滞效应最明显的因素是含湿量和内部孔隙率，含湿量越高，内部孔隙率越大，其吸放湿迟滞效应越明显；且吸放湿迟滞效应本身具有迟缓性，FC 吸放湿迟滞效应最明显都出现在第三次放湿时，即 50%→30%相对湿度放湿过程。而 AC 本身由于其吸湿量和孔隙率较小，其在 25℃和 40℃放湿时的迟滞效应无明显差别。

PGC 和 FC 在吸湿后进行放湿，其内部水分无法完全排除，且材料含湿量越高，其放湿到相对湿度为 0 时的材料的含湿量也越高。PGC 在 25℃和 40℃工况下放湿到相对湿度为 0 时的含湿量分别为 0.025kg/kg 和 0.0093kg/kg；FC 在 25℃和 40℃工况下放湿到相对湿度为 0 时的含湿量分别为 0.031kg/kg 和 0.1kg/kg。

7.3.4　25℃吸放湿过程中导热系数的变化

吸放湿迟滞效应对导热系数的影响用导热系数迟滞率来表示，定义为同一相对湿度下放湿与吸湿过程导热系数差值与吸湿过程导热系数的比值。

$$\eta = \frac{\lambda_{放} - \lambda_{吸}}{\lambda_{吸}} \times 100\% \tag{7-1}$$

其中，η 为导热系数迟滞率，%；$\lambda_{放}$ 为放湿过程导热系数，W/(m·K)；$\lambda_{吸}$ 为吸湿过程导热系数，W/(m·K)。

EPS、XPS、AC、PGC 和 FC 在 25℃，相对湿度为 0→70%→0、0→85%→0、0→98%→0 的 3 个吸放湿阶段工况下导热系数的变化情况见图 7-6，其变化趋势与 25℃等温吸放湿曲线的变化规律一致。导热系数在低中湿范围内缓慢增加，在 85%→98%相对湿度时迅速增加，其原因与材料内部水分的含量和水分的状态有关。当材料在 98%相对湿度的环境中时，环境中的含湿量接近于液化的界限，在材料与环境达到湿平衡时，材料内部会存在液体水，因而高湿状态饱和后，材料的导热系数会急剧增大。

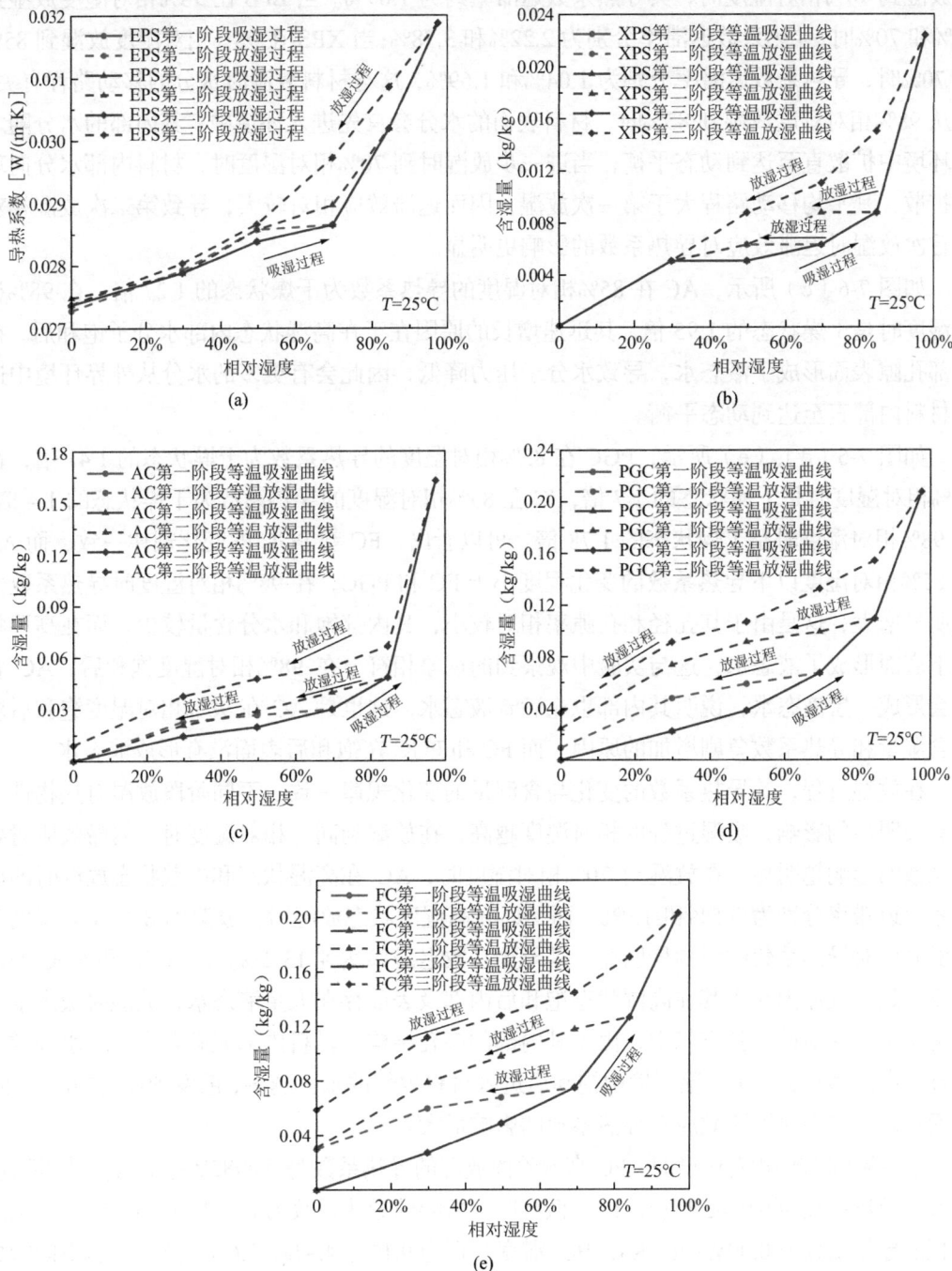

图 7-6　吸放湿过程中墙体保温材料导热系数随相对湿度的变化（$T=25℃$）

（a）EPS；（b）XPS；（c）AC；（d）PGC；（e）FC

如图 7-6（a）、（b）所示，EPS 和 XPS 在 98%相对湿度环境中饱和后的导热系数相对于干燥状态时增加了 16.6%和 9.1%。在放湿时，其开始放湿时的相对湿度越高，迟滞效应对导热系数的影响越明显。EPS 和 XPS 只有在高湿状态放湿时，才能观察到迟滞效应对导热系数的明显影响。当 EPS 放湿到 70%相对湿度时，导热系数迟滞率约为 3.78%；当 XPS 在放湿到 70%相对湿度时，其导热系数迟滞率约为 1.69%。当 EPS 在 98%相对湿度放湿到 85%和 70%时，导热系数迟滞率分别为 2.22%和 3.78%；当 XPS 在 98%相对湿度放湿到 85%和 70%时，导热系数迟滞率分别为 1.04%和 1.69%，这与材料放湿时水分的移动路程有关，当从 98%相对湿度放湿到 85%时，材料表面的水分会首先进入环境中，其内部的水分随之向环境中扩散直至达到动态平衡；当进一步放湿时到 70%相对湿度时，材料内部水分向环境扩散，其平均移动路程大于第一次放湿，因而迟滞效应相对较大，导致第二次放湿相对于首次放湿时迟滞效应对导热系数的影响更明显。

如图 7-6（c）所示，AC 在 85%相对湿度的导热系数为干燥状态的 1.27 倍，在 98%相对湿度时是干燥状态的 1.95 倍，其迅速增长的原因在于在高湿状态内部水分子饱和后，在内部孔隙表面形成了液态水，导致水分子压力降低，因此会有更多的水分从外界环境中进入材料内部直至达到动态平衡。

如图 7-6（d）、（e）所示，PGC 在 85%相对湿度的导热系数为干燥状态的 1.41 倍，在 98%相对湿度时是干燥状态的 1.7 倍，FC 在 85%相对湿度的导热系数为干燥状态的 1.4 倍，在 98%相对湿度时是干燥状态的 1.78 倍。可以看出，FC 与 PGC 的变化规律一致，而 AC 在 85%相对湿度以下导热系数的变化程度小于 FC 和 PGC，在 98%相对湿度时导热系数变化明显增大，这是由于其孔径和孔隙率相对较小，其内部饱和水分含量较少，而在高湿状态下表面形成了液态水，这与实验中观察到的现象相符，在 98%相对湿度饱和后，AC 表面会形成一层液态水，说明其内部也充满着液态水，这也是 AC 在 98%相对湿度饱和后质量含湿量和导热系数急剧增加的原因。而 FC 和 PGC 在饱和后表面没有形成液态水。

在放湿过程，其导热系数的变化与含湿量的变化规律一致。不同阶段放湿对热物性参数有较明显的影响，吸湿过程的相对湿度越高，在放湿到同一相对湿度时，迟滞效应对导热系数的影响越明显。在放湿到 70%相对湿度时，AC 在高湿状态和中湿状态放湿时的导热系数迟滞率分别为 3.5%和 1.9%。而 AC 在高湿度状态放湿后，放湿到 85%相对湿度时迟滞效应对导热系数的影响最明显，其导热系数迟滞率达到 13.2%。这与 FC 和 PGC 的规律不一致，其原因在于其在高湿状态饱和后内部及表面存在大量液态水，放湿时液态水需变为水蒸气才能散发到空气中，由于其内部的多孔结构，材料内部充满着水分，水分散发到环境中阻力较大，在高湿环境中饱和后进入材料内部的水分越多，散发到环境中越困难，因而在高湿状态时迟滞效应对导热系数的影响最大。

在放湿到 50%相对湿度时，FC 高湿阶段放湿的导热系数为 0.0982W/(m·K)，中湿阶段放湿的导热系数为 0.0945W/(m·K)，低湿阶段放湿的导热系数为 0.0933W/(m·K)，而吸湿过程的导热系数为 0.09W/(m·K)，其迟滞率分别为 9.1%、4.9%、3.6%。这是材料不同吸放湿阶段迟滞效应引起的含湿量不同所导致的，高湿阶段放湿的导热系数受迟滞效应的影响最明显，与等温吸放湿曲线的规律一致。高湿、中湿、低湿阶段饱和后放湿到 30%相对湿度后，迟滞效应对导热系数的影响最大，导热系数迟滞率分别为 11.5%、9.6%、6.4%，迟滞效应对导热系数影响最明显的阶段并不出现在放湿后的第一个相对湿度点，而出现在之后的阶段，说明迟滞效应对导热系数的影响本身具有迟滞性，这与材料内部的水分分布有关，当开始放湿时，材料外侧的水分开始向环境中散发，其运动路径较小，进一步放湿时，材料内侧的水分运动路径较大，更不容易进入环境，因而迟滞效应对导热系数的影响具有延后性。

不考虑放湿到干燥状态，当聚苯颗粒放湿到 30% 的相对湿度时，导热系数受迟滞效应的影响最明显，变化约为 9.7%。

在放湿到干燥状态后，EPS 和 XPS 迟滞效应对导热系数几乎无影响，这与等温吸放湿曲线的变化规律一致，由于泡沫类材料本身的性质和闭孔结构，其在高湿环境中的吸湿性较小，因而在完全干燥时材料内部的水分可以完全散发出去，迟滞效应对导热系数的影响可以忽略。

AB 的导热系数几乎不受吸放湿阶段的影响，这和材料在吸放湿过程无迟滞效应相关，且由于其内部的三维网状结构，其内部的水分分布是均匀的，因而在同一含湿量下，导热系数不会变化。而 AC、PGC 和 FC 在吸湿后放湿到干燥状态后，迟滞效应对导热系数会有明显的影响，导热系数迟滞率最大分别为 5.2%、15.1% 和 8.0%，且吸湿阶段越高，其影响越明显。这与材料的吸放湿曲线一致，AC、PGC 和 FC 在高湿阶段吸湿后，其内部的水分在干燥箱内无法完全排除。

7.3.5　40℃吸放湿过程中导热系数的变化

在 40℃时，空气中的相对湿度达到 87% 后水蒸气会液化，故选定相对湿度 0→70%→0、0→85%→0 为吸放湿的中湿、高湿状态，并记为第一、第二阶段。图 7-7 为吸放湿过程中墙体保温材料导热系数随相对湿度的变化（$T = 40℃$）。

如图 7-7（a）、（b）所示，对于 EPS 和 XPS，其在放湿阶段除去干燥状态的最大导热系数迟滞率分别为 3.1% 和 2%，而 EPS 在第一和第二阶段放湿到干燥状态后的导热系数迟滞率分别为 3.7% 和 4.4%，XPS 在第一和第二阶段放湿到干燥状态后的导热系数迟滞率分别为 3.7% 和 4.4%，这一变化趋势与等温吸放湿曲线略有差异。EPS 和 XPS 饱和后的吸湿量较少，其本身导热系数较小，容易导致测量过程中误差的出现。而在放湿到干燥状态后的导热系数有明显的迟滞率，这是由于在干燥箱烘干后进行导热系数的测量需要时间，尽管用薄膜包裹，但在 40℃时，空气中的水蒸气更易进入材料内部，会导致与等温吸放湿曲线不一致的现象。

如图 7-6（c）、（d）所示，AC、PGC 和 FC 的导热系数变化趋势与等温吸放湿曲线趋势一致。AC 第一阶段放湿到 70% 相对湿度时导热系数迟滞率最大，为 3.1%，第二阶段放湿到 30% 相对湿度时的导热系数迟滞率最大，为 1.5%；不考虑放湿到干燥状态时，PGC 第一阶段和第二阶段分别放湿到 30% 和 50% 相对湿度时导热系数迟滞率最大，分别为 5.1% 和 3.8%；FC 第一阶段和第二阶段分别放湿到 70% 和 50% 相对湿度时导热系数迟滞率最大，分别为 7.2% 和 2%。对比 25℃时的迟滞率，同一阶段 40℃时导热系数迟滞率较小，这是由于温度越高，水分的活性越高，在放湿过程中水分更容易进入环境中，因而迟滞率较小。AC 在放湿到干燥状态时导热系数迟滞率都小于 1%，可以忽略，这与 AC 的孔隙结构和材料特性有关，AC 在吸湿后放湿到干燥状态时，内部的水分能完全排除，因而其在干燥状态时的导热系数基本相同，其误差是由于在测试导热系数过程中，测试环境无法保证完全干燥，会有一部分的水分进入材料内部引起的。

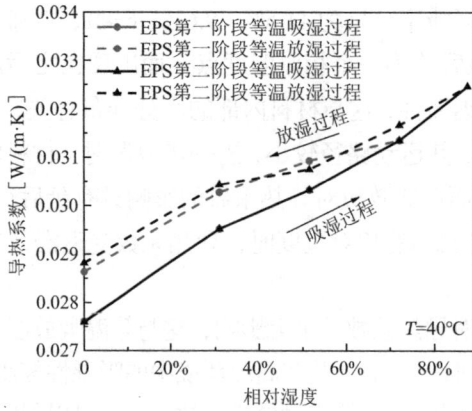

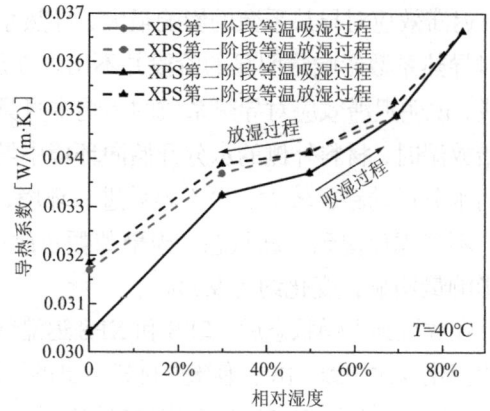

(a)   (b)

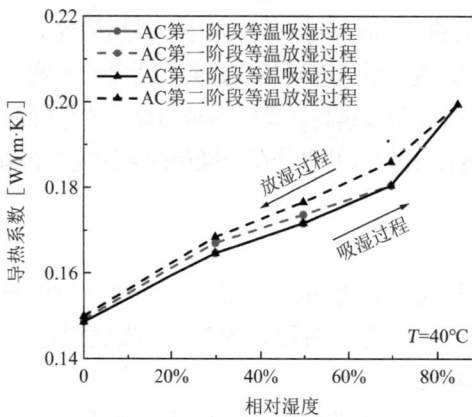

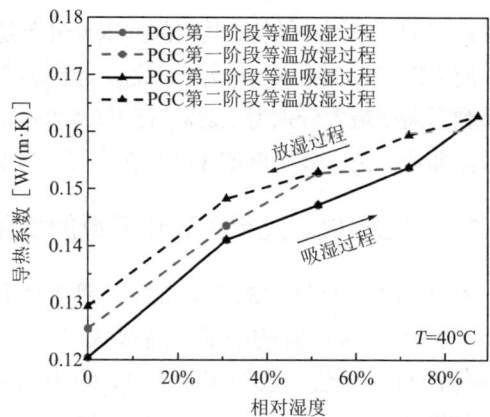

(c)   (d)

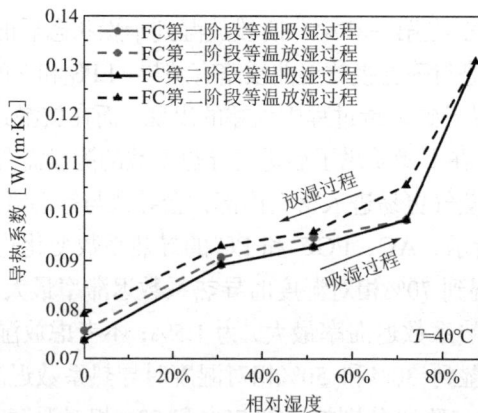

(e)

图 7-7　吸放湿过程中墙体保温材料导热系数随相对湿度的变化（$T = 40℃$）

（a）EPS；（b）XPS；（c）AC；（d）PGC；（e）FC

  PGC 和 FC 由于其放湿到干燥状态时内部水分无法完全排除，考虑到测试过程环境中水分的存在，因而两者都在放湿到干燥状态时导热系数迟滞率最大。PGC 在第一和第二阶段放湿到干燥状态时的导热系数迟滞率分别为 4.2% 和 7.4%，FC 的迟滞率分别为 2.8% 和

7.2%。吸放湿阶段越高，其导热系数受迟滞效应的影响越明显，因而在进行负荷计算时，应考虑等温吸放湿迟滞效应对导热系数的影响，尤其是在高湿地区。

7.3.6　温度对吸放湿过程中导热系数的影响分析

图 7-8 为第二阶段吸放湿过程中墙体保温材料的导热系数变化。

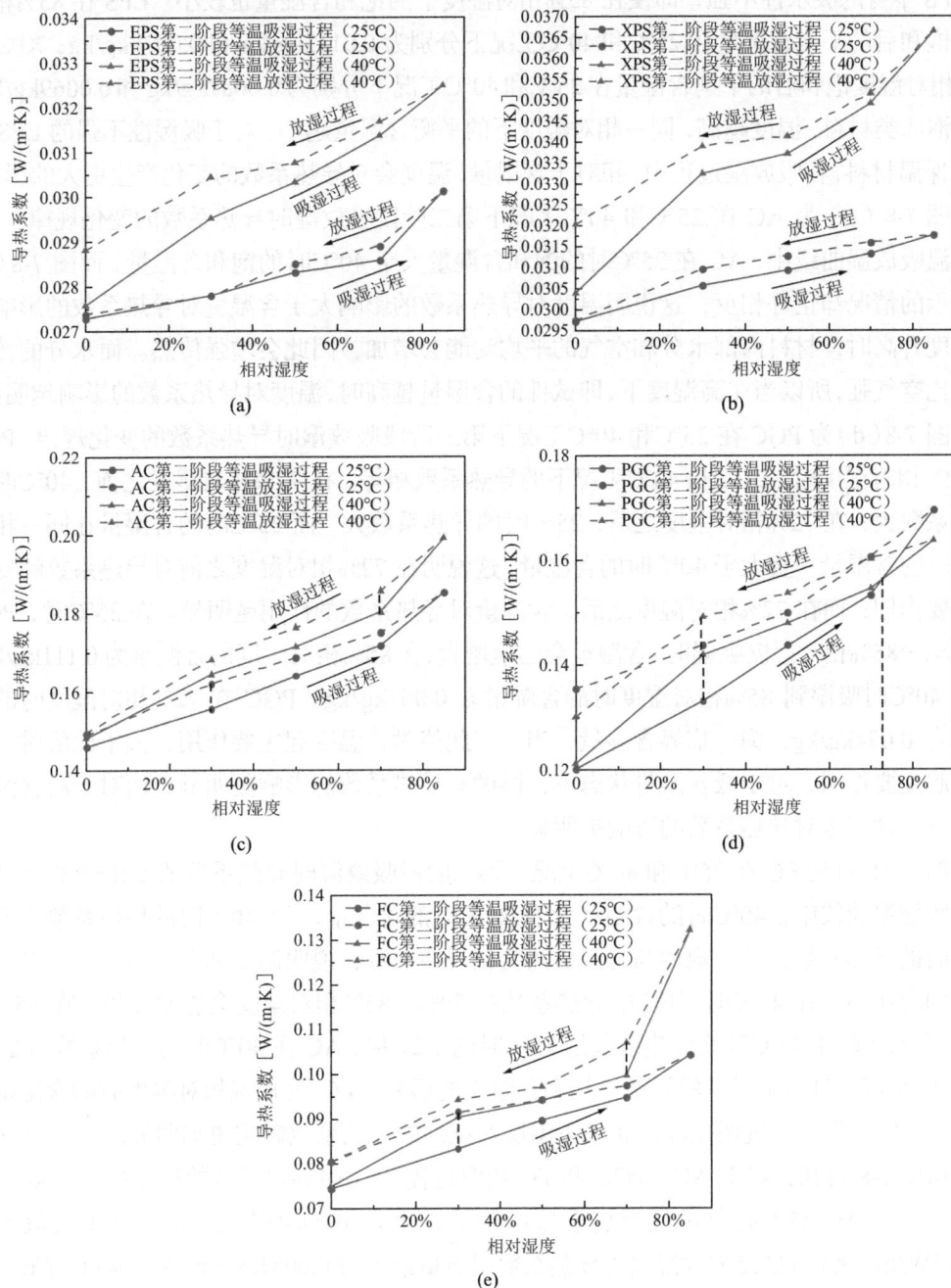

图 7-8　第二阶段吸放湿过程中墙体保温材料的导热系数变化

（a）EPS；（b）XPS；（c）AC；（d）PGC；（e）FC

如图 7-8（a）、（b）所示，EPS 和 XPS 在 25℃和 40℃工况下第二阶段吸放湿时导热系数的变化规律与 EPS 和 XPS 的等温吸放湿曲线变化规律相反，EPS 和 XPS 的温度越高，同一相对湿度下的平衡含湿量越小，40℃时的导热系数大于 25℃时的导热系数。在 85%相对湿度时，EPS 在 40℃时的导热系数是 25℃时的 1.08 倍，XPS 在 40℃时的导热系数是 25℃时的 1.15 倍，说明温度对导热系数的影响大于含湿量对导热系数的影响，这主要由于 EPS 和 XPS 本身的吸水性不强，即便在 85%相对湿度下的饱和含湿量也较小。EPS 在 85%相对湿度饱和后的平衡含湿量在 25℃和 40℃工况下分别为 0.0112kg/kg 和 0.0078kg/kg；XPS 在 85%相对湿度饱和后的平衡含湿量在 25℃和 40℃工况下分别为 0.0087kg/kg 和 0.0069kg/kg。对于泡沫类材料，温度越高，同一相对湿度下的平衡含湿量越小。对于吸湿性不强的 EPS 和 XPS 保温材料，在吸放湿过程中，相对于含湿量，温度会对导热系数的变化产生更大的影响。

图 7-8（c）为 AC 在 25℃和 40℃工况下第二阶段吸放湿时导热系数的变化规律。AC 的等温吸放湿曲线中，AC 在 25℃时的饱和含湿量大于 40℃时的饱和含湿量，而图 7-8（c）所显示的情况却正好相反，这说明温度对导热系数的影响大于含湿量对导热系数的影响。当温度升高时，材料内部水分和空气的平均动能会增加，因此会增强传热。而水分的传热性能比空气强，所以当在高湿度下，即试件的含湿量越高时，温度对导热系数的影响越明显。

图 7-8（d）为 PGC 在 25℃和 40℃工况下第二阶段吸放湿时导热系数的变化规律。PGC 在 72%相对湿度时，25℃和 40℃工况下的导热系数相等。在 72%相对湿度之前，40℃时的导热系数大；在 72%相对湿度之后，25℃时的导热系数大。而 25℃时的含湿量在同一相对湿度时的含湿量一直大于 40℃时的含湿量，这说明在 72%相对湿度之前对导热系数的变化起主要作用；而在 72%相对湿度之后，含湿量对导热系数的作用越明显。在 25℃时，PGC 在 70%→85%相对湿度吸湿时，含湿量会迅速增大，在 85%相对湿度的含湿量为 0.111kg/kg，而在 40℃时吸湿到 85%相对湿度时的含湿量为 0.067kg/kg。PGC 在 72%相对湿度时的含湿量为 0.074kg/kg，为一临界含湿量，当小于此值时，温度起主要作用，大于此值时，含湿量起主要作用，对于低含湿量状态下，温度对导热系数的影响更明显，而对于高含湿量状态下，含湿量对导热系数的影响更明显。

图 7-8（e）为 FC 在 25℃和 40℃工况下第二阶段吸放湿时导热系数的变化规律。FC 的等温吸放湿曲线中，40℃时的含湿量大于 25℃时的含湿量，而 40℃时的导热系数也大于 25℃时的导热系数，这一规律与含湿量的变化规律一致，说明温度和含湿量都对导热系数起到同向作用。在 40℃时，FC 的导热系数在 70%～85%相对湿度会急剧变化，在 85%相对湿度时，FC 在 40℃时的导热系数是 25℃时的 1.27 倍，AC 在 40℃时的导热系数是 25℃时的 1.08 倍，且由于材料的孔隙结构和孔隙率的影响，FC 在 85%相对湿度时的含湿量要大于 AC 的含湿量，说明在高湿状态下温度对试件的导热系数影响更加明显。

由图 7-8 可知，对于 AC、PGC 和 FC 放湿过程 25℃时导热系数的迟滞量大于 40℃时的迟滞量，AC 25℃放湿过程导热系数迟滞量最大为 0.0064W/(m·K)，40℃时最大为 0.0045W/(m·K)；FC 25℃放湿过程导热系数迟滞量最大为 0.0081W/(m·K)，40℃时最大为 0.0052W/(m·K)；PGC 25℃放湿过程导热系数迟滞量最大为 0.0105W/(m·K)，40℃时最大为 0.0072W/(m·K)。这一变化趋势与等温吸放湿曲线不一致，AC、PGC 和 FC 在放湿过程中，25℃时含湿量的迟滞量都小于 40℃时，这一数据不考虑相对湿度为 0 时的状况，这是由于在测试过程中，环境水分的干扰使得无法得到干燥状态下的试件导热系数的精确值。

7.4　温度对设备管道保温材料吸放湿特性的影响及对导热系数的影响

建筑运行能耗占建筑能耗的主要部分，而空调和供暖在建筑运行能耗中起决定性作用，为避免系统运行中能源的浪费，需要对空调和供暖管道进行保温。橡塑保温材料由于其低导热系数、防火阻燃、吸湿率低等特性，已大量地应用在管道的保温上。AB 作为新兴的保温材料，由于其防火性优良、整体疏水、绿色环保等特性，已成为传统保温材料的替代品，本节选取 AB、B1HYX 和 B2HYX 作为典型的设备管道类保温材料。

7.4.1　25℃工况下吸放湿特性

图 7-9 为 AB、B1HYX 和 B2HYX 在 25℃、相对湿度为 0→70%→0、0→85%→0、0→98%→0 的等温吸放湿曲线，分别代表低湿、中湿、高湿地区的吸放湿过程，并记为第一、第二、第三阶段。

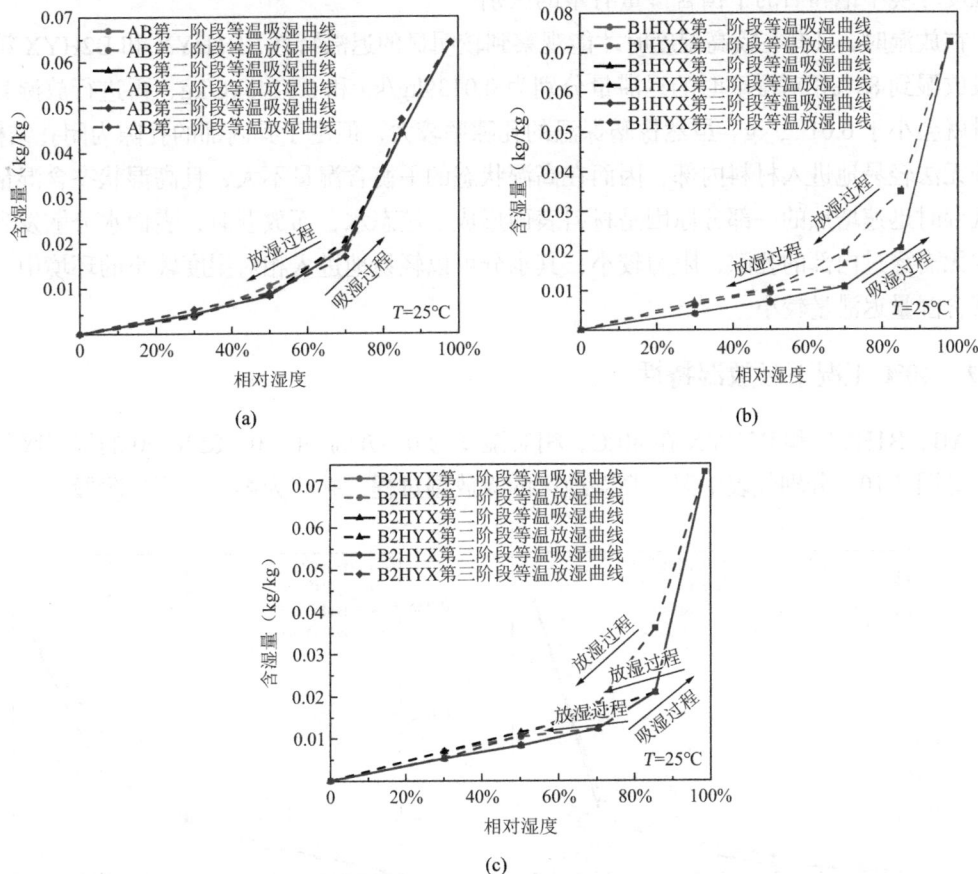

(a)

(b)

(c)

图 7-9　管道保温材料的等温吸放湿曲线（$T = 25℃$）

（a）AB；（b）B1HYX；（c）B2HYX

如图 7-9（a）所示，AB 在 0→70%相对湿度区间下吸湿时含湿量增加较为缓慢，而在 70%→98%相对湿度下的含湿量增加迅速。AB 是以气凝胶为主体材料，并复合于增强纤维制成的保温材料，孔隙率为 0.963，内部为多为三维网状结构，而不是类似于 AC 和 FC 的孔状结构，当水分进出其内部时阻力较小，因而几乎观察不到迟滞效应，有区别于其他材料在 85%相对湿度之后含湿量才会迅速增加，其含湿量在 70%相对湿度后就会迅速增加。这一特性可以很好地应用在湿度经常变化的区域。当相对湿度由高向低变化时，因为没有迟滞效应，材料中不会存在多余的水分，因而其导热系数不会因为吸放湿迟滞特性而改变。

如图 7-9（b）、（c）所示，由于 B1HYX 和 B2HYX 仅仅在防火等级上有区别，生产工艺类似，因而其等温吸放湿曲线趋势基本一致。在 98%相对湿度饱和后含湿量分别为 0.071kg/kg 和 0.070kg/kg。B1HYX 和 B2HYX 孔隙率分别为 0.955 和 0.951，与 AB 的孔隙率相差不大，但与 AB 相比，橡塑保温材料在 85%相对湿度之后含湿量才会大幅增加，其原因在于橡塑材料是弹性闭孔发泡材料，水分在低湿状态下无法轻易进入材料内部，而在高湿状态下进入材料的内部的水分会形成液态水，使材料本身含湿量大幅增加，并且会在材料表面形成一层液膜。在 98%相对湿度饱和后，B1HYX 和 B2HYX 表面会形成一层明显的液膜，这与 AC 类似，但由于 AC 与橡塑保温材料材料本身吸湿性的不同，其在 98%相对湿度环境中饱和后的平衡含湿量有量的区别。

在放湿时，只有在较高湿度时才能观察到较明显的迟滞特性，B1HYX 和 B2HYX 第三阶段放湿到 85%相对湿度时的迟滞量分别为 0.0139kg/kg 和 0.0145kg/kg，再进行放湿其迟滞量就会小于 0.01kg/kg。虽然橡塑保温的孔隙率较大，但由于其内部的孔隙为闭孔结构，水分无法轻易地进入材料内部，因而在高湿状态的平衡含湿量不大，且高湿状态含湿量相对低湿时迅速增加的一部分原因是材料表面形成了液态水，而放湿时，表面水分散发到环境中无需穿过内部的孔隙，阻力较小，其水分可以轻易地进入相对湿度较小的环境中，因而其含湿量迟滞量较小。

7.4.2 40℃工况下吸放湿特性

AB、B1HYX 和 B2HYX 在 40℃，相对湿度为 0→70%→0、0→85%→0 的等温吸放湿曲线见图 7-10，分别代表中湿、高湿地区的吸放湿过程，并记为第一、第二阶段。

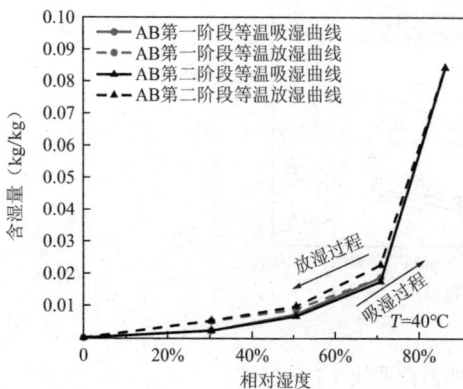

(a)

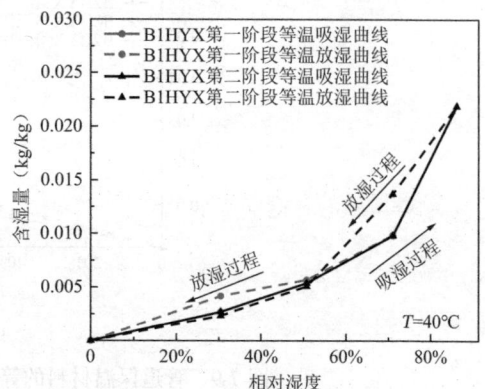

(b)

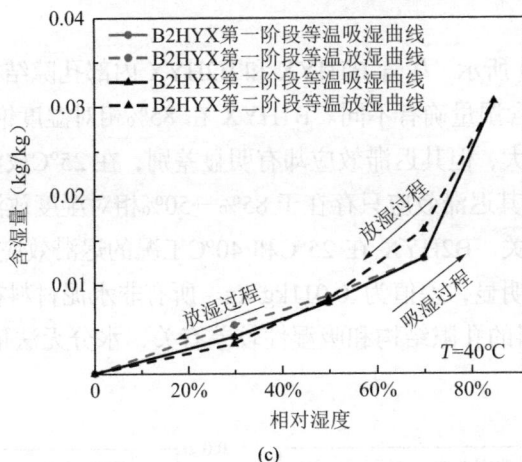

图 7-10　管道保温材料的等温吸放湿曲线（$T = 40℃$）
（a）AB；（b）B1HYX；（c）B2HYX

如图 7-10（a）所示，AB 的含湿量在 70%→85%相对湿度区间增加迅速，在 85%相对湿度平衡时的含湿量为 0.084kg/kg，是 70%相对湿度环境中平衡含湿量的 4.77 倍，由于其三维网格结构，水分在材料内部流通时的阻力相对较小，在高湿状态材料水分会大量进入材料内部，并依附在内壁形成液态水。而在放湿时，含湿量的迟滞量最大为 0.0051kg/kg，几乎可以忽略，材料孔隙壁面面积较小，饱和时会有相当一部分水留存在壁面之间的孔隙中，放湿时不需要克服与壁面之间的依附作用力，放湿过程的阻力较小，因而吸收的水分会完全散发到环境中。

如图 7-10（b）、（c）所示，B1HYX 和 B2HYX 在 70%相对湿度之后含湿量有明显的增长，85%相对湿度饱和后平衡含湿量分别为 0.022kg/kg 和 0.03kg/kg，相对于 70%相对湿度饱和后的含湿量增长了 1.23 和 1.36 倍。造成这一现象的原因与 25℃时高湿状态类似，材料内部可能会形成液态水。B1HYX 和 B2HYX 只在第一次放湿时（85%→70%相对湿度）可以观察到迟滞效应，这与材料内部的闭孔结构有关，在 85%相对湿度达到平衡后，材料含湿量迅速增加是由于水分液化的原因，液态水除了存在于材料内部，还会有一部分存在于材料的表面，当放湿时，表面的液态水迅速变为水蒸气，而内部的液态水由于闭孔结构，水分散发到环境中的路径较长，汽化进入空气就更加困难，因而放湿过程会存在迟滞效应。

7.4.3　温度对材料吸放湿特性的影响

AB、B1HYX 和 B2HYX 在 25℃和 40℃时第二阶段的等温吸放湿曲线见图 7-11。

如图 7-11（a）所示，0→70%相对湿度区间内，AB 在 25℃和 40℃含湿量的变化基本一致，皆呈现缓慢增加的趋势。在 40℃工况时，材料含湿量在 70%→85%相对湿度吸湿时会急剧增加，由 0.0177kg/kg 增长到 0.0841kg/kg，而在 25℃时仅由 0.019kg/kg 增长到 0.0442kg/kg，其原因在于在相对湿度较高时，空气中的含湿量较高，由于 AB 内部的三维网状结构，在高湿状态下会形成液态水，而放湿过程没有明显的迟滞效应也与这些因素有关。

如图 7-11（b）、（c）所示，尽管 B1HYX 和 B2HYX 内部孔隙结构和孔隙率类似，但在 85%相对湿度时的饱和含湿量确有不同。B1HYX 在 85%相对湿度饱和时，25℃和 40℃工况的饱和含湿量差别不大，但其迟滞效应却有明显差别，在 25℃放湿过程中，迟滞效应持续存在，而在 40℃时，其迟滞效应只存在于 85%→50%相对湿度放湿阶段，这可能与材料内部的水分分布状态有关。B2HYX 在 25℃和 40℃工况的迟滞效应与 B1 相似，85%相对湿度时饱和含湿量差别明显，差值为 0.011kg/kg。所有非水泥材料在重新干燥后的含湿量都为 0kg/kg，这与材料的孔隙结构和吸湿性较差有关，水分无法依附在该类材料孔隙的壁面。

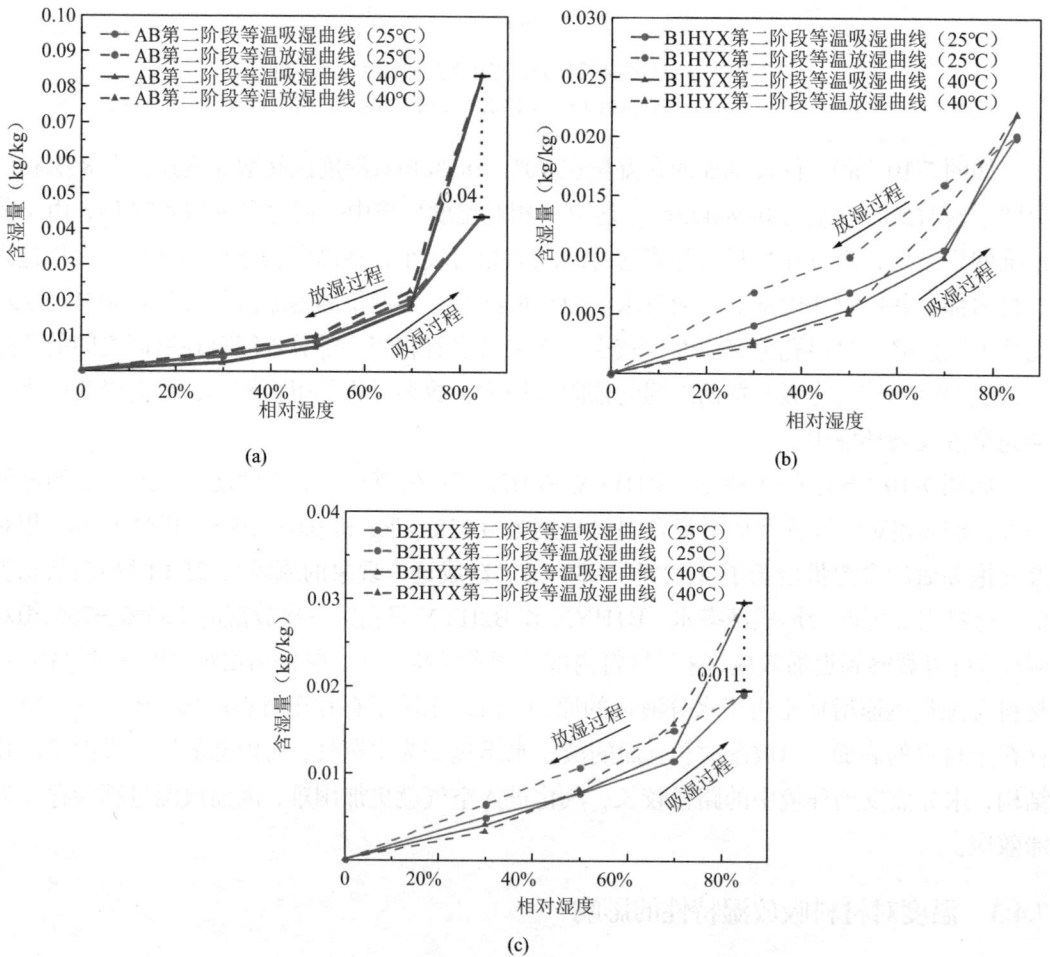

(a)

(b)

(c)

图 7-11　管道保温材料不同温度下的等温吸放湿曲线
（a）AB；（b）B1HYX；（c）B2HYX

7.4.4　25℃吸放湿过程中导热系数的变化

AB、B1HYX 和 B2HYX 在 25℃，相对湿度为 0→70%→0、0→85%→0、0→98%→0 的 3 个吸放湿阶段工况下导热系数的变化情况见图 7-12。

(a)

(b)

(c)

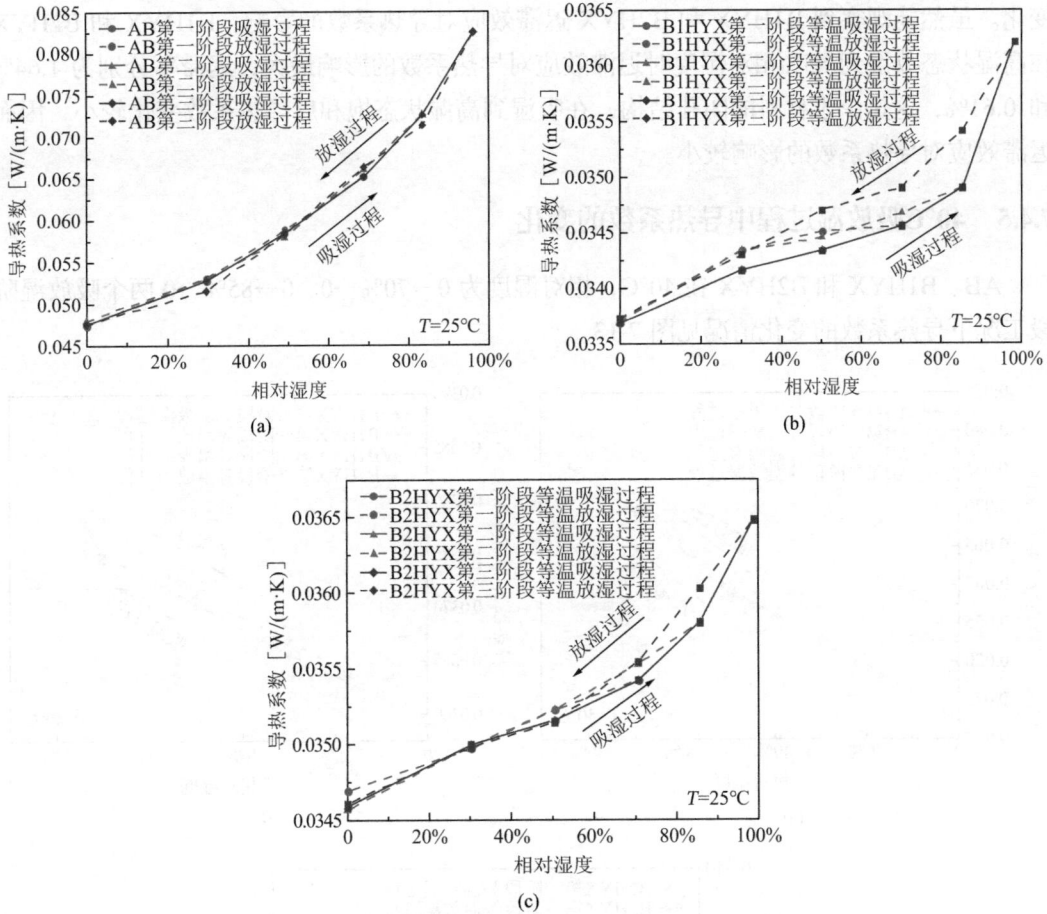

图 7-12 吸放湿过程管道保温材料的导热系数随相对湿度的变化（$T = 25℃$）

（a）AB；（b）B1HYX；（c）B2HYX

如图 7-12（a）所示，AB 在 25℃干燥状态时导热系数为 0.0473W/(m·K)，在 98%相对湿度饱和后的导热系数为 0.0822W/(m·K)，是干燥状态时的 1.74 倍。图 7-12（b）、（c）分别为 B1HYX 和 B2HYX 导热系数随相对湿度的变化，B1HYX 和 B2HYX 在 98%相对湿度饱和后的导热系数分别为干燥状态时的 1.07 和 1.05 倍。由 25℃等温吸放湿曲线可知，AB、B1HYX 和 B2HYX 在 98%相对湿度饱和后的含湿量分别为 0.064kg/kg、0.071kg/kg 和 0.07kg/kg，为同一数量级，但其导热系数的变化差异巨大，橡塑保温材料系数变化较小，而 AB 的导热系数增大到 1.74 倍，这与材料的内部结构和水分分布有关。AB 由于其特殊的生产工艺，内部会形成三维网状结构，虽然材料本身具有憎水性，材料在高湿状态下吸收的水分并不多，但吸附的水分会以不连续的小水珠均匀分布在材料内部，不会形成具有很大热阻的连续液膜层，因而其导热系数会迅速增长。而橡塑保温材料的内部结构为闭孔结构，水分会在内部形成液膜层，从而阻碍传热，导致其导热系数的变化较小。

在放湿过程，AB 的导热系数与吸湿过程基本一致，其差异是由于测试误差引起的，这与 AB 等温吸放湿曲线的变化规律一致。AB 的内部三维网状结构导致了材料内部的水分进入环境的阻力较小，因而吸放湿过程同一相对湿度下的含湿量一致，导热系数不会产生变化。虽然能观察到 B1HYX 和 B2HYX 迟滞效应对导热系数的影响，B1HYX 和 B2HYX 在高湿状态放湿到 85%相对湿度时迟滞效应对导热系数的影响最大，迟滞率分别为 1.64% 和 0.61%，这是由于材料的闭孔结构，在吸湿到高湿状态饱和后导热系数变化较小，因而迟滞效应对导热系数的影响较小。

7.4.5 40℃吸放湿过程中导热系数的变化

AB、B1HYX 和 B2HYX 在 40℃，相对湿度为 0→70%→0、0→85%→0 两个吸放湿阶段工况下导热系数的变化情况见图 7-13。

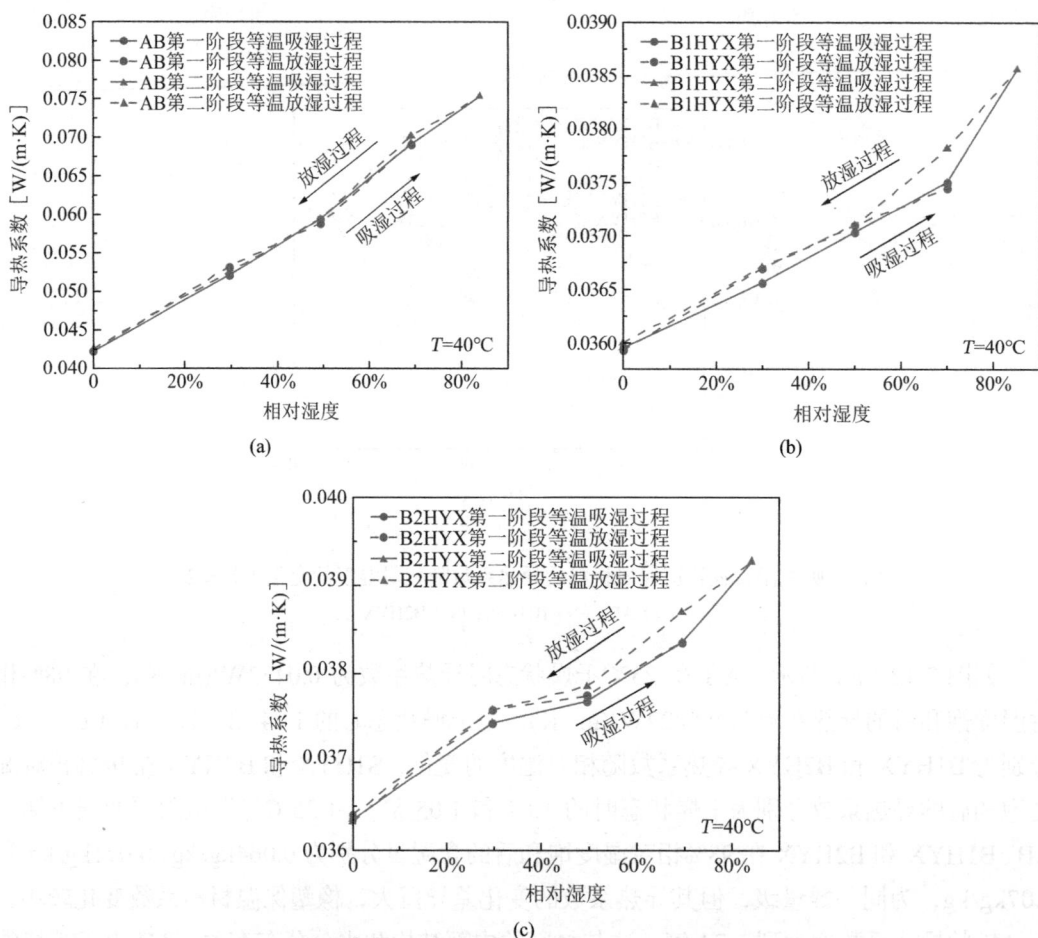

图 7-13　吸放湿过程管道保温材料的导热系数随相对湿度的变化（$T = 40℃$）
（a）AB；（b）B1HYX；（c）B2HYX

如图 7-13 所示，AB 的导热系数在 70%→85%相对湿度吸湿时迅速增加，在 85%相对湿度饱和时的导热系数为 0.0933W/(m·K)，是干燥状态的 2 倍。B1HYX 和 B2HYX 在 85%相对湿度饱和时的导热系数分别为干燥状体的 1.07 和 1.08 倍。AB 在 85%相对湿度饱和时的含湿量为 0.084kg/kg，B1HYX 和 B2HYX 在 85%相对湿度饱和时的含湿量分别为 0.022kg/kg 和 0.03kg/kg，其含湿量在同一数量级，但导热系数的变化却差异很大。这与材料的内部结构和材质特性有关，AB 为三维网状结构，且其具有憎水性，水分会在材料内部均匀分布，且不会形成均匀分布的液膜，因而不会对传热产生阻碍作用，导致其导热系数会迅速增加。而橡塑保温材料其内部为闭孔结构，水分在高湿状态下进入材料内部会形成一层液膜，会对传热产生一定的阻碍作用，但水的导热系数远大于空气的导热系数，因而在共同作用下，在高湿状态平衡后橡塑保温材料的导热系数会小幅增加。

在放湿过程中，AB 导热系数与吸湿过程同一相对湿度相同。AB 在吸湿和放湿时，由于其三维网状结构，水分在内部均匀分布，且无迟滞特性的存在，因而其导热系数在同一相对湿度时相同。因而在实际应用中，可以不考虑导热系数受迟滞效应的影响，但应考虑防潮措施，避免导热系数因含湿量的增加而迅速增大。B1HYX 和 B2HYX 在放湿过程中，导热系数在高湿状态放湿到 70%相对湿度时迟滞率最大，分别为 0.85%和 0.89%。这是橡塑材料在高湿状态饱和后的含湿量较低，其迟滞效应不明显导致的。

7.4.6　温度对吸放湿过程中导热系数的影响分析

AB、B1HYX 和 B2HYX 在 25℃和 40℃时第二阶段吸放湿时导热系数的变化规律见图 7-14。

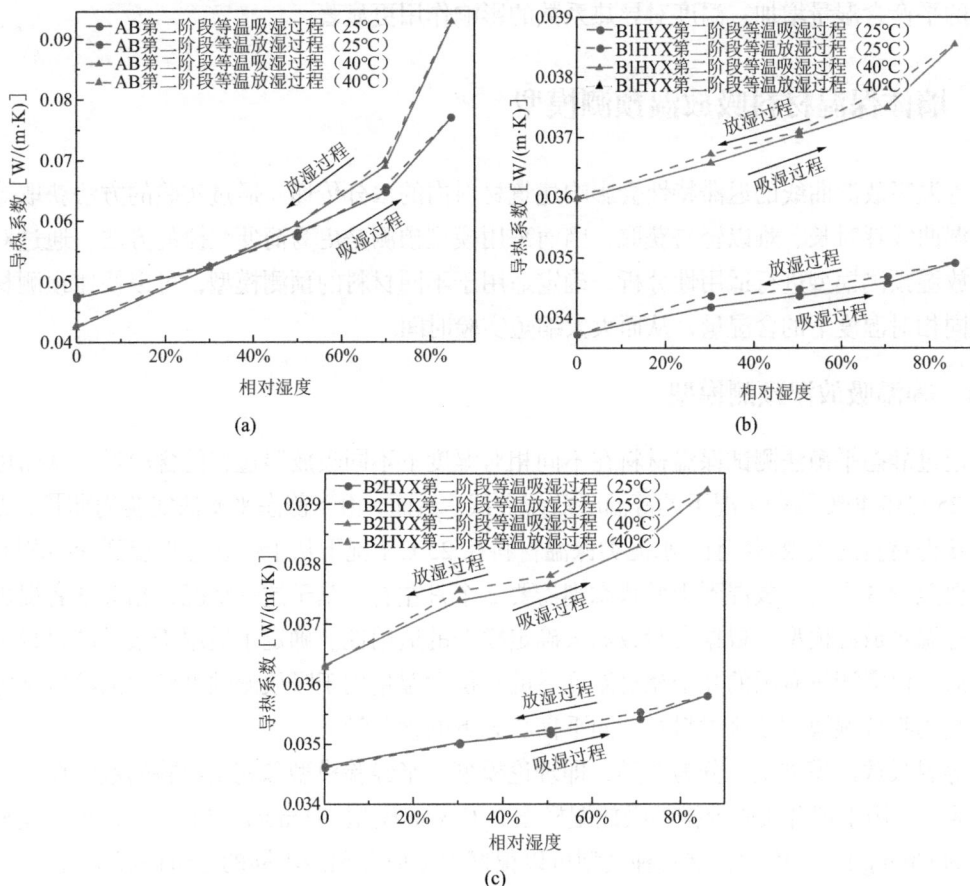

图 7-14　不同温度下吸放湿过程管道保温材料的导热系数

（a）AB；（b）B1HYX；（c）B2HYX

如图 7-14（a）所示，在 85%相对湿度时，相对于干燥状态，AB 在 25℃和 40℃的导热系数分别增加了 1.64 和 2.00 倍，温度越高，对导热系数的影响越大。在 85%相对湿度时，40℃时的导热系数是 25℃的 1.21 倍。其原因在于随着温度上升，导热系数增大，而且 AB 吸湿到 85%相对湿度时，40℃的饱和含湿量明显大于 25℃的含湿量。在相对湿度小于 34%时，AB 在 25℃时的导热系数与 40℃时的导热系数基本相同，而在大于 34%相对湿度时，40℃时的导热系数相比 25℃会有明显增长。根据 AB 等温吸放湿曲线，AB 在 70%相对湿度以前 25℃的含湿量大于 40℃。在含湿量较低时，温度对导热系数影响较小，这是由于含湿量较小时，温度引起的分子动能的增加不足以对导热系数产生影响，而当含湿量增大时，温度升高会使水分子的平均动能增加，可以迅速增强传热，因而在 AB 吸湿到一定程度后，导热系数在 40℃时会大于 25℃，且在 70%相对湿度之后，其差值会越来越大。

如图 7-14（b）、（c）所示，B1HYX 和 B2HYX 的在 40℃时的导热系数都要大于 25℃，虽然在低湿阶段，B1HYX 和 B2HYX 在 25℃时的含湿量大于 40℃，但由于其含湿量较小，因而温度对导热系数产生的影响更为明显。B1HYX 和 B2HYX 在 85%相对湿度时，40℃的导热系数都是 25℃的 1.1 倍，而在干燥状态时，B1HYX 在 40℃时的导热系数是 25℃的 1.07 倍，B2HYX 在 40℃时的导热系数是 25℃的 1.05 倍，表明随着相对湿度的增加，材料内部的平衡含湿量增加，温度对导热系数的影响作用更显著。

7.5 墙体保温材料吸放湿预测模型

等温吸放湿曲线的迟滞特性会影响建筑材料内的水分传递。通过实验的方法获取等温吸放湿曲线耗时长、难以轻易获取，因而采用模型预测是更为简便快捷的方法。通过对不同吸放湿预测模型进行适用性分析，确定适用于不同材料的预测模型，可以快速预测材料在不同相对湿度下的含湿量，从而大大缩短实验时间。

7.5.1 等温吸放湿预测模型

通过静态平衡法测试保温材料在不同相对湿度下不同吸放湿过程的含湿量，从而可以获得 25℃和 40℃两种工况下的等温吸放湿曲线。然而，由于静态平衡法实验周期长，无法快速获得材料的吸放湿特性。水泥类保温材料在 25℃工况下从干燥状态吸湿到 98%相对湿度需要至少 3 个月，放湿到干燥状态则需要 2 个月左右。基于这一情况，相关学者提出了许多等温吸放湿模型，根据实验数据来确定模型的适用性。确定了适用于某类的材料预测模型后，仅需测量有限的几个相对湿度下的平衡含湿量用于吸放湿预测模型的参数确定，进而利用吸放湿模型预测材料在不同平衡状态下的含湿量。

等温吸放湿模型主要分为 3 类，即理论模型、半经验模型和完全经验的数学模型。目前，常见的用于拟合实验数据的吸放湿模型有 Oswin 模型、Henderson 模型、Caurie 模型和改进的 Chung-Pfost 模型，这几种模型可以很好地适应并预测不同的建筑保温材料。

式(7-2)～式(7-5)分别为 Oswin 模型、Henderson 模型、Caurie 模型和 Modified Chung-Pfost 模型。

$$W_{eq} = a\left(\frac{RH}{1-RH}\right)^{b} \tag{7-2}$$

$$W_{eq} = a[-Lk(1-RH)]^{b} \tag{7-3}$$

$$W_{eq} = a\exp(bRH) \tag{7-4}$$

$$W_{eq} = a + bLk[-Lk(RH)] \tag{7-5}$$

其中，W_{eq}为预测平衡含湿量；k为模型常数；RH为相对湿度；a、b为系数。

采用非线性多元回归分析对不同吸放湿过程不同温度下的平衡含湿量进行拟合，使用确定系数（R^2）、残差平方和（RSS）和标准估计误差（S）对方程的适用性进行评估和比较，如式(7-6)～式(7-8)所示。R^2越接近于 1，RSS和S越小，说明预测模型与实验数据的适用性越好，可以用来确定保温材料在不同相对湿度下的平衡含湿量。

$$R^2 = 1 - \sum_{i=1}^{n}\left(m_{mea,i} - m_{pre,i}\right)^2 / \sum_{i=1}^{n}\left(m_{mea,i} - \overline{m}_{mea}\right)^2 \tag{7-6}$$

$$RSS = \sum_{i=1}^{n}\left(m_{mea,i} - m_{pre,i}\right)^2 \tag{7-7}$$

$$S = \sqrt{\sum_{i=1}^{n}\left(m_{mea,i} - m_{pre,i}\right)^2 / (n-p)} \tag{7-8}$$

其中，$m_{mea,i}$为实验测量的平衡含湿量，kg/kg；$m_{pre,i}$为模型预测的平衡含湿量，kg/kg；$\overline{m}_{mea}$为实验值的平均值，kg/kg；n为吸放湿实验过程中实验点的个数；p为预测模型中参数的个数。

采用实验数据拟合模型的步骤如下：

（1）确定吸放湿过程的起点，在 25℃选取吸放湿过程的 50%和 98%相对湿度下对应的含湿量，在 40℃选取吸放湿过程的 50%和 85%相对湿度下对应的含湿量，求出不同吸放湿过程预测模型的模型常数。

（2）输入不同的相对湿度值，求出预测模型在不同相对湿度下的预测饱和含湿量值。

（3）通过非线性多元回归分析确定用于确定模型适用性的R^2、RSS和S。

7.5.2　25℃工况下预测模型适用性分析

通过吸放湿过程不同相对湿度下的含湿量数据对选取的模型进行了适用性分析，通过拟合确定了与实验数据相符的拟合曲线。表 7-3 为通过拟合得到的 25℃工况下墙体保温材料不同吸放湿模型的参数。

通过拟合得到的 25℃工况下墙体保温材料不同吸放湿模型参数　　　　表 7-3

材料 吸/放湿	预测模型	模型参数		准确性参数		
		a	b	R^2	RSS（$\times 10^{-4}$）	S（$\times 10^{-3}$）
FC 吸湿	Oswin	0.0574	0.3322	0.9649	9.712	15.541
	Henderson	0.0692	0.8015	0.9936	1.842	6.652
	Caurie	0.0111	2.9652	0.9843	4.322	10.395

续表

材料吸/放湿	预测模型	模型参数		准确性参数		
		a	b	R^2	RSS ($\times 10^{-4}$)	S ($\times 10^{-3}$)
FC 吸湿	Modified Chung-Pfost	0.0330	−0.0436	0.8960	28.610	26.744
FC 放湿	Oswin	0.1301	0.1202	0.7052	37.213	30.221
	Henderson	0.1424	0.2594	0.7159	35.146	29.672
	Caurie	0.0791	0.9627	0.9499	6.206	12.455
	Modified Chung-Pfost	0.1202	−0.0213	0.9533	5.781	12.022
PGC 吸湿	Oswin	0.0484	0.3837	0.9813	5.563	11.783
	Henderson	0.0588	0.9417	0.9991	0.275	2.609
	Caurie	0.0067	3.5261	0.9766	6.935	13.167
	Modified Chung-Pfost	0.0210	−0.0488	0.8143	55.035	37.093
PGC 放湿	Oswin	0.1130	0.1650	0.9137	15.287	19.462
	Henderson	0.1274	0.3619	0.9175	14.784	19.025
	Caurie	0.0547	1.3801	0.9500	8.781	14.816
	Modified Chung-Pfost	0.0984	−0.0290	0.9940	1.054	5.133
AC 吸湿	Oswin	0.0193	0.5495	0.9994	0.085	1.467
	Henderson	0.0221	1.4619	0.9886	2.037	7.165
	Caurie	0.0022	4.3968	0.8741	22.588	23.763
	Modified Chung-Pfost	0.0049	−0.0407	0.6133	69.373	41.645
AC 放湿	Oswin	0.0423	0.3443	0.9815	2.635	8.063
	Henderson	0.0509	0.8212	0.9362	8.925	14.962
	Caurie	0.0134	2.5583	0.7658	32.848	28.657
	Modified Chung-Pfost	0.0049	−0.0407	0.8273	24.217	24.605

图 7-15（a）为 FC 的实验数据与模型结果拟合情况，4 种吸放湿模型中，Henderson 模型对于吸湿过程的拟合结果最为准确，确定系数为 0.9936。而放湿过程中，Modified Chung-Pfost 模型得出的拟合结果最为准确，确定系数为 0.9533。Henderson 模型虽然能很好地适用于吸湿过程，但放湿过程中其拟合结果准确性较差，确定系数仅仅为 0.7159。

图 7-15（b）为 PGC 的实验数据与模型结果拟合情况，其拟合准确性与 FC 基本一致，Henderson 模型和 Modified Chung-Pfost 模型对于吸放湿过程分别有较好的准确性，其吸、放湿过程的确定系数分别为 0.9991、0.9940。这与材料的孔隙结构和孔隙率有关，PGC 和 FC 的孔隙率分别为 0.609 和 0.818，且由于其同属水泥类材料，吸放湿性能类似，因而可以用同一模型来预测其吸放湿过程的含湿量。

图 7-15（c）为 AC 的实验数据与模型结果拟合情况，可以看出，Oswin 模型对于吸放湿过程具有良好的拟合准确性，其确定系数分别为 0.9994 和 0.9815。AC 除了 Oswin 模型，Henderson 模型也具有较好的拟合准确性，吸、放湿过程的确定系数分别为 0.9886、0.9362。

Modified Chung-Pfost 模型在吸放湿过程中的拟合准确性差别较大，其放湿过程的准确性明显优于吸湿过程。对于水泥类材料，选取的 4 种模型中，Oswin 和 Henderson 模型具有很好的拟合准确性。故可以选用 Oswin 模型对 AC 的吸放湿过程、FC 和 AC 吸湿过程的含湿量进行预测，选取 Henderson 模型对 FC 和 AC 放湿过程的含湿量进行预测。

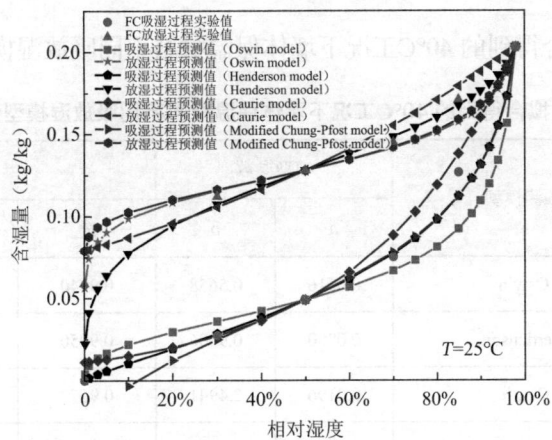

(a)

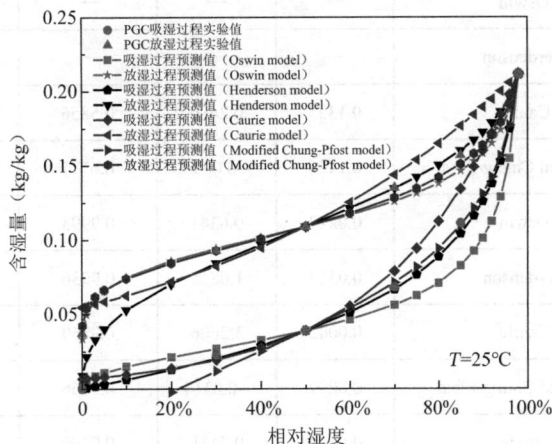

(b)

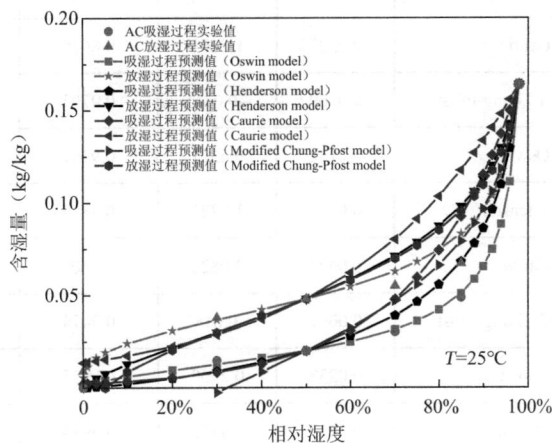

(c)

图 7-15　墙体保温材料的吸放湿预测模型（$T = 25℃$）

（a）FC；（b）PGC；（c）AC

7.5.3 40℃工况下预测模型适用性分析

表 7-4 为通过拟合得到的 40℃工况下墙体保温材料不同吸放湿模型参数。

通过拟合得到的 40℃工况下墙体保温材料不同吸放湿模型参数　　表 7-4

材料 吸/放湿	预测模型	模型参数		准确性参数		
		a	b	R^2	RSS（$\times 10^{-4}$）	S（$\times 10^{-3}$）
FC 吸湿	Oswin	0.0616	0.5658	0.9940	0.963	4.915
	Herdenson	0.0880	0.9506	0.9950	0.821	4.478
	Caurie	0.0196	2.4941	0.9577	6.7610	15.0122
	Modified Chung-Pfost	0.0443	−0.0657	0.5626	69.9956	48.3031
FC 放湿	Oswin	—	—	—	—	—
	Herdenson	—	—	—	—	—
	Caurie	0.1325	0.2480	0.5856	10.7424	18.9230
	Modified Chung-Pfost	0.1466	−0.0094	0.6717	8.5108	16.8432
PGC 吸湿	Oswin	0.0222	0.6341	0.9993	0.0181	0.6723
	Herdenson	0.0329	1.0815	0.9936	0.1722	2.0631
	Caurie	0.0042	3.2606	0.9869	0.3446	3.3894
	Modified Chung-Pfost	0.0099	−0.0314	0.9466	1.1693	6.2432
PGC 放湿	Oswin	0.0428	0.2411	0.9399	1.1252	3.0312
	Herdenson	0.0501	0.3760	0.9279	1.3561	5.6321
	Caurie	0.0227	1.2695	0.8675	2.3328	8.8181
	Modified Chung-Pfost	0.0369	−0.0165	0.9702	0.5254	4.1848
AC 吸湿	Oswin	0.0132	0.6321	0.9961	0.0361	0.9481
	Herdenson	0.0195	1.0727	0.9844	0.1942	2.1854
	Caurie	0.0029	3.0823	0.9702	0.2721	3.0118
	Modified Chung-Pfost	0.0069	−0.0182	0.9474	0.4810	4.0040
AC 放湿	Oswin	0.0238	0.2968	0.9965	0.0311	0.8912
	Herdenson	0.0289	0.4755	0.9948	0.0462	1.0852
	Caurie	0.0130	1.3201	0.7972	1.8157	7.7796
	Modified Chung-Pfost	0.0215	−0.0102	0.9878	0.1091	1.9066

对于 3 种水泥类材料，Oswin 模型和 Henderson 模型对实验数据具有良好的拟合性。由图 7-16 可以看出，FC 吸湿过程实验数据拟合准确性最好的是 Henderson 模型，确定系数为 0.9950，放湿过程拟合性最好的是 Modified Chung-Pfost 模型，确定系数为 0.6717，这与 25℃工况下 FC 的模型适用性一致。对于 PGC，选取的 4 种预测模型中 Oswin 模型对吸放湿实验数据具有良好的拟合准确性，确定系数分别为 0.9993 和 0.9399，而 25℃下吸放湿过程具有良好拟合性的模型分别为 Henderson 模型和 Modified Chung-Pfost 模型，这两个模型在 40℃下的确定系数分别为 0.9936 和 0.9702，同样具有较好的拟合性。AC 在吸放湿过程中最适用的模型与 FC 有所不同，均为 Oswin 模型，吸、放湿过程的确定系数分别为 0.9961、0.9965，与 25℃时 AC 吸放湿过程中适用性最好的模型相同。

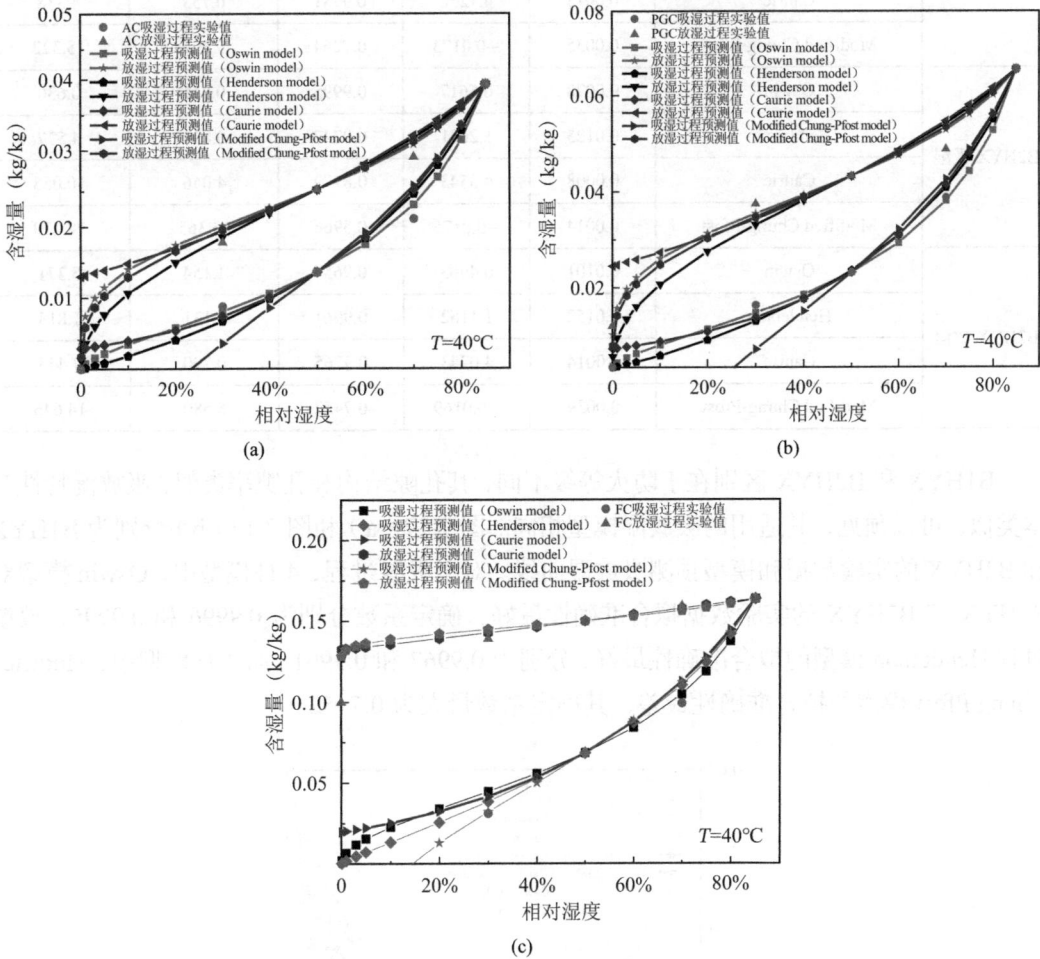

图 7-16　墙体保温材料的吸放湿预测模型（$T = 40℃$）

（a）AC；（b）PGC；（c）FC

7.6　设备管道保温材料吸放湿预测模型

表 7-5 为通过拟合得到的 25℃工况下设备管道类保温材料不同吸放湿模型参数。

通过拟合得到的 25℃工况下管道保温材料不同吸放湿模型参数　　表 7-5

材料 吸/放湿	预测模型	模型参数		准确性参数		
		a	b	R^2	RSS（$\times 10^{-4}$）	σ（$\times 10^{-3}$）
B1HYX 吸湿	Oswin	0.0069	0.6005	0.9996	0.013	0.569
	Henderson	0.0113	1.3503	0.9829	0.600	3.874
	Caurie	0.0006	4.8687	0.8958	3.655	9.558
	Modified Chung-Pfost	0.0002	−0.0181	0.5706	15.066	19.408
B1HYX 放湿	Oswin	0.0098	0.5088	0.9645	1.219	5.521
	Henderson	0.0149	1.1443	0.9967	0.113	1.683
	Caurie	0.0013	4.1256	0.9781	0.753	4.338
	Modified Chung-Pfost	0.0035	−0.0173	0.7264	9.391	15.322
B2HYX 吸湿	Oswin	0.0078	0.5617	0.9995	0.016	0.630
	Henderson	0.0125	1.2631	0.9747	0.838	4.577
	Caurie	0.0008	4.5543	0.8779	4.046	10.058
	Modified Chung-Pfost	0.0014	−0.0175	0.5966	13.365	18.279
B2HYX 放湿	Oswin	0.0101	0.4963	0.9657	1.154	5.371
	Henderson	0.0152	1.1162	0.9961	0.131	1.813
	Caurie	0.0014	4.0243	0.9765	0.790	4.445
	Modified Chung-Pfost	0.0039	−0.0169	0.7452	8.580	14.646

　　B1HYX 和 B2HYX 区别在于防火等级不同，其孔隙结构和孔隙率类似，吸放湿特性基本类似，可以预见，其适用的吸放湿模型相同。图 7-17（a）和图 7-17（b）分别为 B1HYX 和 B2HYX 的实验数据和模型预测吸放湿曲线。对于吸湿过程，4 种模型中，Oswin 模型对 B1HYX 和 B2HYX 的实验数据拟合准确性最好，确定系数分别为 0.9996 和 0.9995，放湿过程 Henderson 模型的拟合准确性最好，分别为 0.9967 和 0.9961。而 4 种模型中，Modified Chung Pfost 模型的拟合准确性最差，其确定系数最大为 0.7452。

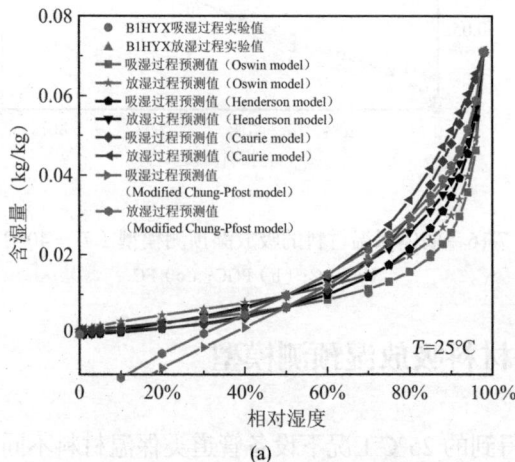

(a)

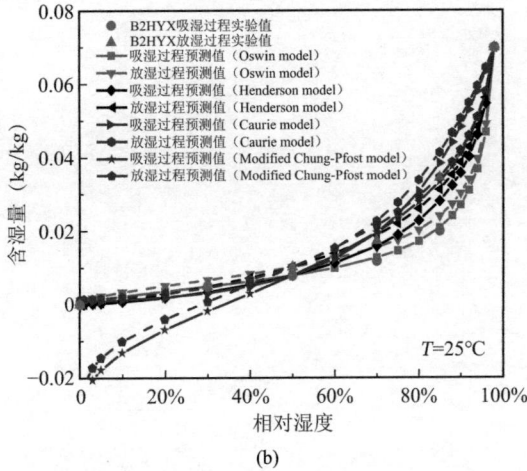

图 7-17　管道保温材料的吸放湿预测模型（$T = 25℃$）

（a）B1HYX；（b）B2HYX

通过模型的适用性分析，吸湿过程和放湿过程的最适用模型并不一致，这可能与放湿过程的复杂性有关，放湿过程由于迟滞效应的存在，放湿过程的放湿量与吸湿过程的吸湿量不同，但吸湿过程拟合准确度最好的模型在放湿过程也具有较良好的拟合准确度，对于放湿过程，Oswin 模型拟合 B1HYX 和 B2HYX 的确定系数分别为 0.9645 和 0.9657。

第8章

多孔建筑材料毛细吸水系数影响因素分析

8.1 概 述

毛细吸水系数是表征多孔建筑材料液态水吸收能力的重要湿参数之一。目前，相关标准对多孔建筑材料毛细吸水系数测试中的试件尺寸及测试条件进行了统一规定。但是，多孔建筑材料内部孔隙结构差异性较大，导致其吸水能力也存在差别，且毛细吸水系数测定过程中材料对温度的敏感性也不同。为了更为准确地测试多孔建筑材料毛细吸水系数，以孔隙结构不同的发泡水泥（FC）、加气混凝土（AC）和珊瑚砂混凝土（CSC）作为研究对象，通过实验研究获得了试件尺寸、环境温度、浸水深度对毛细吸水系数的影响及权重关系，为准确测试不同孔隙结构多孔建筑材料的毛细吸水系数提供理论支撑。

8.2 厚度对毛细吸水系数的影响

利用毛细吸水法测量材料毛细吸水系数是不少研究者常用的一种方法，所选试件的尺寸应满足一定要求且能够代表材料的性质，参考 ASTM C1794-19、《Hygrothemal performance of building materials and products-Determination of water absorption coefficient by partial immersion》ISO 15148：2002（以下简称 ISO 15148：2002），试件与水接触的底面积应大于 50cm²，试件的高度不小于最大粒径 10 倍。如图 8-1 所示，为了研究厚度对多孔建筑材料毛细吸水系数的影响，选定的 FC、AC 和 CSC 的底面尺寸为 10cm × 10cm，厚度分别为 3cm、4cm、5cm，对其切割及打磨，利用游标卡尺对准备好的试件进行测量，得到用于毛细吸水实验测试试件的实际尺寸及编号，如表 8-1 所示。

不同厚度下测试材料毛细吸水系数的样品参数　　　　　　表 8-1

样本编号	长度（mm）	宽度（mm）	高度（mm）	体积（×10⁻⁴m³）	质量（g）	平均密度（kg/m³）
FC 第一块试件	100.06	98.02	32.37	3.19	62.68	
FC 第二块试件	100.38	101.98	30.53	3.13	60.73	192.83
FC 第三块试件	101.00	100.18	31.82	3.22	60.49	
FC 第一块试件	101.78	101.68	40.00	4.14	85.42	191.09

样本编号	长度（mm）	宽度（mm）	高度（mm）	体积（×10⁻⁴m³）	质量（g）	平均密度（kg/m³）
FC 第二块试件	103.54	101.00	40.80	4.27	76.42	191.09
FC 第三块试件	101.98	102.76	41.12	4.31	81.14	
FC 第一块试件	103.74	101.16	52.33	5.49	104.63	
FC 第二块试件	99.82	99.42	51.49	5.11	96.18	195.40
FC 第三块试件	101.36	101.36	50.60	5.20	107.93	
AC 第一块试件	103.62	103.70	31.20	3.35	187.70	
AC 第二块试件	101.98	103.54	31.74	3.35	192.02	569.80
AC 第三块试件	101.98	103.52	31.28	3.30	190.43	
AC 第一块试件	100.60	101.00	40.04	4.07	226.09	
AC 第二块试件	103.32	103.54	39.97	4.28	248.73	565.78
AC 第三块试件	99.82	103.94	41.50	4.22	240.87	
AC 第一块试件	101.36	102.96	51.76	5.40	297.32	
AC 第二块试件	100.18	103.20	49.15	5.08	289.62	562.36
AC 第三块试件	102.56	102.96	50.45	5.33	303.2	
CSC 第一块试件	103.34	102.76	26.97	2.86	534.24	
CSC 第二块试件	99.80	99.50	29.89	2.97	577.4	1877.91
CSC 第三块试件	101.76	103.94	29.42	3.11	568.06	
CSC 第一块试件	103.14	99.54	43.61	4.48	791.83	
CSC 第二块试件	102.36	101.76	39.23	4.09	744.61	1771.92
CSC 第三块试件	102.96	102.14	40.83	4.29	741.59	
CSC 第一块试件	101.78	101.78	49.95	5.17	943.99	
CSC 第二块试件	102.64	103.74	52.99	5.64	959.89	1747.78
CSC 第三块试件	102.96	102.96	50.60	5.36	924.03	

注：由于数值的精度和取值时的四舍五入等，表中部分实测数值与表中其他数值计算所得的结果存在些许偏差，仍以实验时记录的实测数值为准，本书类似情况同。

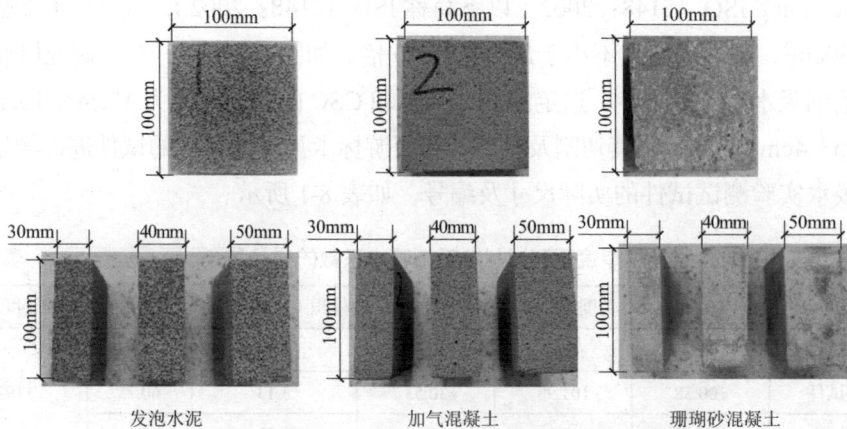

发泡水泥　　　　　　　加气混凝土　　　　　　珊瑚砂混凝土

图 8-1　不同厚度下 FC、AC 和 CSC 的吸水系数测试试件

材料的毛细吸水过程可以理想地可以分为快速吸水的第一阶段和缓慢吸水的第二阶段。第一阶段，即试件开始吸水至毛细饱和状态阶段，该阶段多孔建筑材料稳定吸水，毛细吸水速率较快；第二阶段，即超饱和区，试件从毛细饱和状态吸至最大吸水量，该阶段试样吸水速率慢。第一阶段主要由前水柱未到达试件顶部时的毛细力控制，第二阶段主要由前水柱到达试样顶部后被截留的空气扩散控制。这两个阶段都典型地表现出累积流入量与时间的平方根之间的线性关系。一般将第一阶段称为稳定吸水阶段，第二阶段称为饱和阶段。部分多孔建筑材料的第一、第二阶段分界明显，进入第二阶段时吸水速率明显下降。但并不是所有材料在第一阶段都表现得如此理想，在第一阶段和第二阶段之间，可能有一个可观察到的或可忽略的过渡，在整个毛细吸水过程中，吸水速率都是缓慢降低的。

目前，多孔建筑材料由于自身孔隙结构存在差异，使其吸水能力有所差别。为了准确地获取材料的毛细吸水系数，数据处理方法的确定显得格外重要，常见的有正切法、双切线法、固定时间法、霍尔模型、其他模型等方法，不同数据处理方法对不同材料的适应程度不同。

8.2.1　发泡水泥

不同厚度 FC 单位表面积吸湿量（ΔM_t）随着时间（$t^{\frac{1}{2}}$）的 3 次重复性变化见图 8-2。可以发现 3 次重复性实验的测试数据基本重合，说明该实验测量方法可重复性较高。但随着试件厚度 H 的减小，实验的可重复性降低，试件厚度为 3cm、4cm 时，实验的重复性结果明显小于 5cm。

FC 第一次实验中 3 块不同厚度的试件单位表面积吸湿量随时间变化的平均值见图 8-3，由该图可以发现，FC 吸水初始阶段吸水速度快、吸水量较大，随着时间的增加吸水速度降低、吸水量减少、曲线较为平缓，且吸水早期和后期过渡界限并不明显。这是由于 FC 内部孔隙较大、强度低、易开裂吸水，且试件内部多为封闭大孔，重力作用明显，受重力影响，吸水早期与后期出现过渡区，当水分渗透到试件上端后，孔隙中空气被缓慢溶解，使吸湿量缓慢增加，吸水速率变慢。

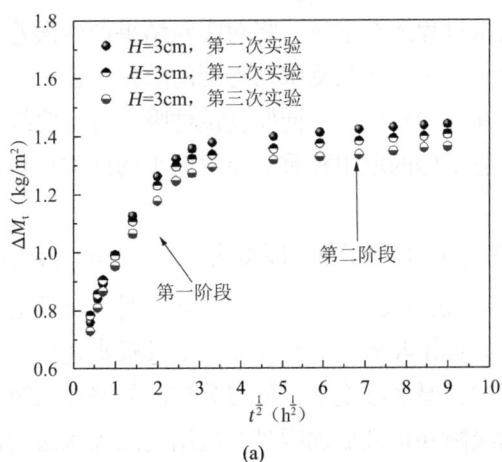

(a)

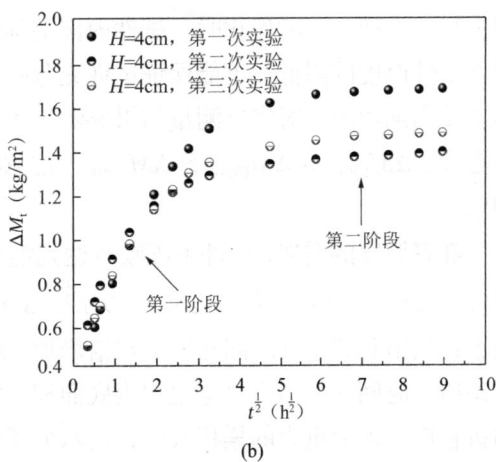

(b)

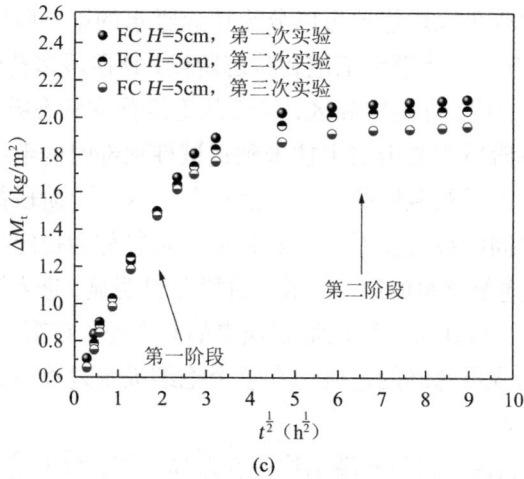

图 8-2　不同厚度 FC 的重复性吸水过程

（a）$H = 3\text{cm}$；（b）$H = 4\text{cm}$；（c）$H = 5\text{cm}$

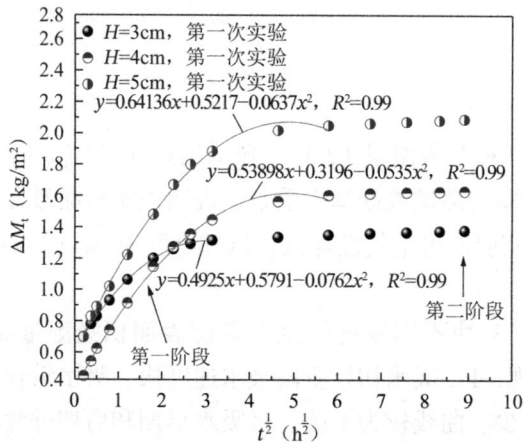

图 8-3　不同厚度 FC 的吸水过程

　　随着试件厚度降低，实验周期逐渐缩短。在毛细吸水实验的实际操作中，一方面，试件需要频繁进行"取出—擦拭—称重—放回"这一过程，这会破坏试件原有的毛细吸水过程；另一方面，计时停止时，试件内部毛细吸水过程还在继续，将对实验结果产生误差。随着试件厚度的降低，不能保证试件充分吸水，且称量次数受限而得到的数据点较少，整体实验周期较短，对实验测量结果影响较大。在实验初期，不同厚度试件吸水过程曲线并不重合，$\Delta M_{t3cm} > \Delta M_{t5cm} > \Delta M_{t4cm}$，这意味着不停的取出称重对厚度较小的此类材料影响较大。

　　随着厚度的增加，试件毛细吸水达到饱和状态的时间增加。厚度为 3cm、4cm、5cm 的 FC 试件饱和的 $t^{\frac{1}{2}}$ 分别为 $3.32\text{h}^{\frac{1}{2}}$、$5.92\text{h}^{\frac{1}{2}}$、$5.92\text{h}^{\frac{1}{2}}$，在厚度由 3cm 增加至 4cm 时，试件毛细吸水达到饱和状态的时间几乎呈双倍增加，而厚度由 4cm 增加至 5cm 时，其吸水达到饱和状态所需时间几乎不变。这说明当底面积一定时，厚度改变了试件湿分扩散的路径长短及曲折程度，加上重力的累积效应，使水分子的吸附和扩散更加困难。故用毛细吸水法测得毛细吸水系数时，试件厚度不宜过高。

FC 试件稳定吸水阶段与饱和阶段区分并不明显，吸水速率没有明显变缓的分界点，稳定吸水阶段的数据明显不呈线性分布，随着实验的进行，吸水速率随时间缓慢减小。根据材料的吸水曲线，吸水第一阶段数据点的选取对结果影响较大，吸水阶段分界点不明显，若采用正切法拟合误差较大，采取霍尔模型拟合公式进行拟合，决定系数 R^2 均大于 0.99，拟合结果较好。不同厚度下 FC 的毛细吸水系数测试结果见表 8-2。

不同厚度下 FC 的毛细吸水系数　　　　　　　　　　　表 8-2

样本厚度	实验次数	毛细吸水系数 A_{cap} $\left[\text{kg/(m}^2 \cdot \text{h}^{\frac{1}{2}})\right]$			A_{cap} 均值	标准差
		第一块试件	第二块试件	第三块试件		
3cm	第一次实验	0.479	0.497	0.501	0.493	0.01196
	第二次实验	0.464	0.457	0.506	0.476	0.02606
	第三次实验	0.474	0.481	0.502	0.486	0.01416
4cm	第一次实验	0.537	0.558	0.522	0.539	0.01829
	第二次实验	0.493	0.591	0.604	0.563	0.06045
	第三次实验	0.520	0.527	0.514	0.520	0.00678
5cm	第一次实验	0.633	0.654	0.637	0.641	0.01137
	第二次实验	0.659	0.602	0.645	0.635	0.02942
	第三次实验	0.633	0.615	0.641	0.629	0.01315

如表 8-2 所示，厚度对大孔径材料毛细吸水系数的取值影响较大。随着厚度的增加，FC 毛细吸水系数呈增加趋势，这说明毛细吸水实验中如果不考虑试件厚度，实验结果准确性将降低。因此，对于大孔径材料，考虑厚度对多孔建筑材料毛细吸水系数的影响很有意义。

8.2.2　加气混凝土

不同厚度 AC 单位表面积吸湿量（ΔM_t）随着时间的 3 次重复性变化见图 8-4。3 次重复性实验的测试数据基本重合，随着试件厚度的减小，实验的可重复性逐渐降低。

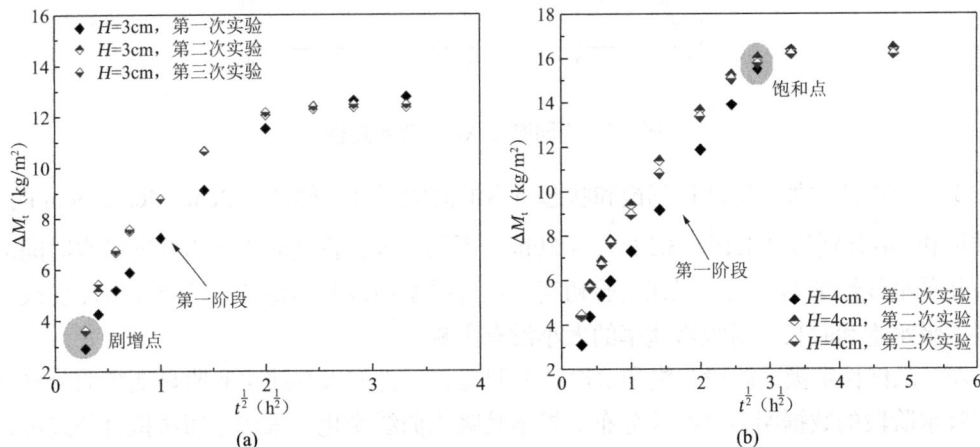

(a)　　　　　　　　　　　　　　　　(b)

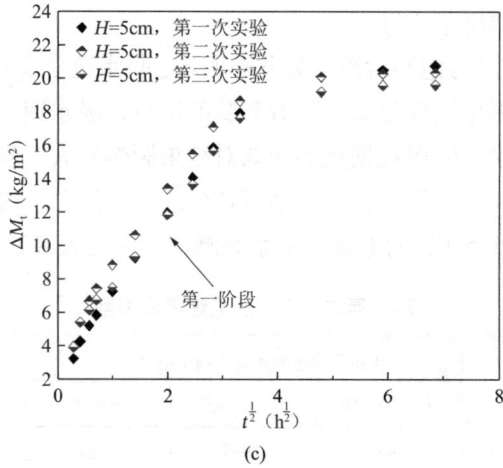

图 8-4　不同厚度 AC 的重复性吸水过程
（a）3cm；（b）4cm；（c）5cm

图 8-5 为 AC 第一次实验中 3 块不同厚度的试件单位表面积吸湿量随时间变化的平均值，不同厚度的试件在毛细吸水到达第一、第二阶段分界点之前其毛细吸水曲线已经发生了明显的分离，这是因为 AC 内部存在大量的毛细孔，吸水较快。随着实验的进行，试件的毛细吸水曲线的增量是缓慢下降的。值得注意的是，AC 吸水初期产生剧增点 ［图 8-4（a）］，这是由于 AC 毛细力较强，且处于干燥期，这一部分的数据点在实验数据处理过程中应舍去。

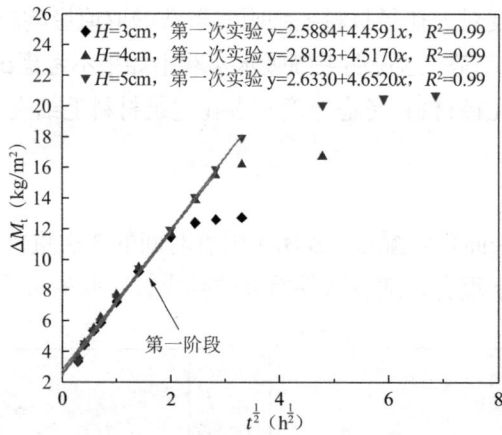

图 8-5　不同厚度 AC 的吸水过程

随着厚度的增加，试件达到饱和状态所需的时间增加，厚度为 3cm、4cm、5cm 的 AC 试件饱和的 $t^{\frac{1}{2}}$ 分别为 $2.45\text{h}^{\frac{1}{2}}$、$3.32\text{h}^{\frac{1}{2}}$、$4.80\text{h}^{\frac{1}{2}}$，不同厚度试件达到毛细饱和的吸水时间的平方根几乎呈线性增加关系。但在实验初期，试件吸水曲线基本重合，这意味着厚度改变了材料的吸水饱和时长，对吸水速率的大小没有影响。

AC 试件稳定吸水阶段与饱和阶段区分明显，试件的吸水速率有明显变缓的分界点，稳定吸水阶段的数据明显呈线性分布。根据其吸水曲线变化，采用正切法拟合公式进行非线性拟合，拟合结果中，决定系数 R^2 均大于 0.998，拟合结果较好。其毛细吸水系数测试结果见表 8-3。

不同厚度下 AC 的毛细吸水系数　　　　　　　　　　表 8-3

样本厚度	实验次数	毛细吸水系数 A_{cap} $\left[\,kg/(m^2\cdot h^{\frac{1}{2}})\,\right]$			A_{cap} 均值	标准差
		第一块试件	第二块试件	第三块试件		
3cm	第一次实验	4.475	4.434	4.469	4.459	0.02236
	第二次实验	3.836	4.094	3.846	3.925	0.14608
	第三次实验	3.804	4.052	3.870	3.909	0.12852
4cm	第一次实验	4.483	4.552	4.516	4.517	0.03476
	第二次实验	3.963	4.039	3.999	4.000	0.03797
	第三次实验	3.817	4.129	4.026	3.991	0.15944
5cm	第一次实验	4.608	4.650	4.698	4.652	0.04513
	第二次实验	4.427	4.266	4.495	4.396	0.11775
	第三次实验	4.354	4.145	4.209	4.236	0.10688

如表 8-3 所示，将试件稳定吸水阶段的数据作为拟合对象时，厚度对 AC 毛细吸水系数的测量结果无太大影响。在试件厚度为 3cm 时，实验的重复性有明显的降低，因此，采用毛细吸水法测定该材料毛细吸水系数时，试件厚度不宜过小。

8.2.3　珊瑚砂混凝土

不同厚度 CSC 单位表面积吸湿量（ΔM_t）随着时间的 3 次重复性变化见图 8-6。可以发现 3 次重复性实验的测试数据基本重合，材料内部吸水稳定。随着厚度的增加，稳定吸水阶段数据明显不呈线性分布，且随着时间增加，试件吸水速率缓慢减少。

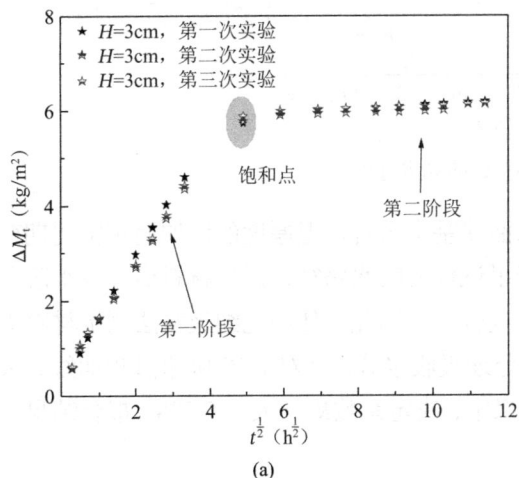

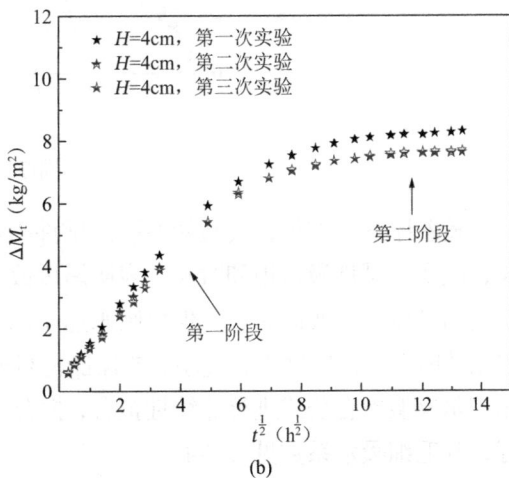

(a)　　　　　　　　　　　　　　　　　(b)

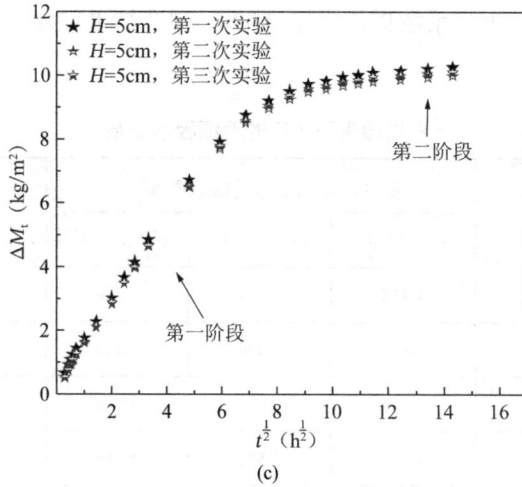

图 8-6　不同厚度 CSC 的重复性吸水过程

（a）3cm；（b）4cm；（c）5cm

CSC 第一次实验中 3 块不同厚度的试件单位表面积吸湿量随时间变化的平均值见图 8-7，CSC 的毛细吸水过程表现为早期吸水速度较快、吸水量较大，而后期吸水速度降低、吸水量减少，曲线趋于平缓，且试件在稳定吸水阶段与饱和阶段之间的区别不明显。这是由于吸水初期试件处于干燥状态，在毛细作用下吸水较快，且试件内部孔隙较小且密实，吸水时间较长，水化反应使可溶性盐溶解、沉积导致自封闭现象发生，使其吸水过程出现过渡区。

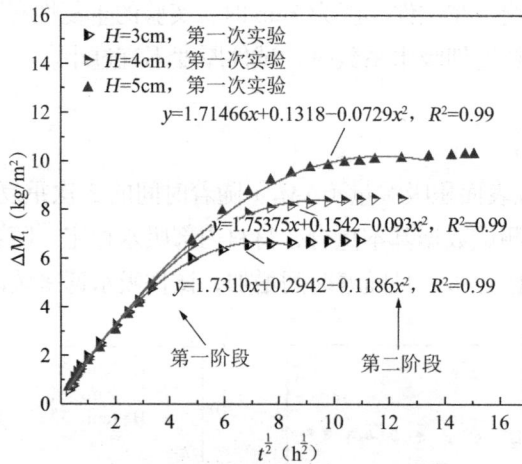

图 8-7　不同厚度 CSC 的吸水过程

随着厚度的增加，实验初始阶段试件吸水曲线基本重合。但厚度的增加使实验周期变长，改变了试件吸水饱和时长，表明厚度改变了试件的吸水路径，影响材料稳定吸水阶段与饱和阶段的过渡区时长，但对吸水速率的影响较小。因此，使用毛细吸水法测定材料吸水系数时，试件厚度不宜过小，要保证材料充分地吸收水分。针对 CSC 吸水过程曲线，采用霍尔模型拟合公式进行非线性拟合，拟合结果中，决定系数 R^2 均大于 0.998，拟合结果较好，其毛细吸水系数见表 8-4。

不同厚度下 CSC 毛细吸水系数结果　　　　　　　　　表 8-4

样本厚度	实验次数	毛细吸水系数 A_{cap} $\left[kg/(m^2 \cdot h^{\frac{1}{2}}) \right]$			A_{cap}均值	标准差
		第一块试件	第二块试件	第三块试件		
3cm	第一次实验	1.712	1.819	1.663	1.731	0.07988
	第二次实验	1.765	1.730	1.665	1.720	0.05080
	第三次实验	1.778	1.699	1.663	1.713	0.05909
4cm	第一次实验	1.776	1.843	1.642	1.754	0.10202
	第二次实验	1.717	1.770	1.734	1.740	0.02703
	第三次实验	1.761	1.762	1.706	1.743	0.03187
5cm	第一次实验	1.747	1.685	1.712	1.716	0.03140
	第二次实验	1.713	1.677	1.720	1.703	0.02274
	第三次实验	1.749	1.679	1.733	1.720	0.03683

如表 8-4 所示，厚度对 CSC 毛细吸水系数的测量结果无太大影响。这是由于该材料内部孔径较小且密实，吸水周期长。因此，对该类材料进行吸水系数的测定时，厚度的选择应能保证其充分吸水即可。

8.2.4　厚度对毛细吸水系数的影响分析

不同厚度 FC、AC 和 CSC 单位表面积吸湿量（ΔM_t）随着时间的变化见图 8-8。

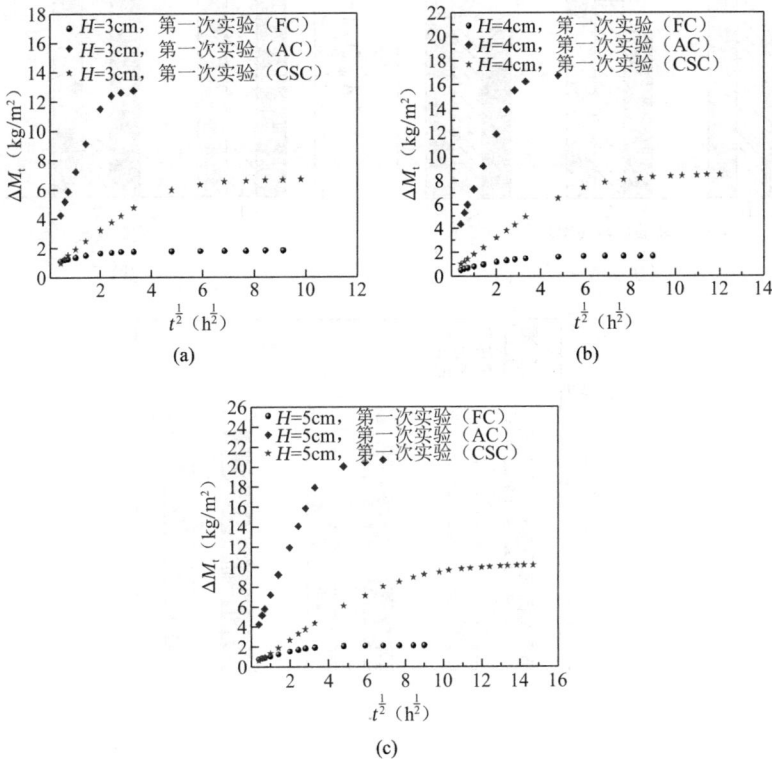

图 8-8　不同厚度下试件的吸水过程

（a）$H = 3cm$；（b）$H = 4cm$；（c）$H = 5cm$

随着时间的变化，不同厚度试件单位表面积吸湿量、吸水过程、吸水速率及饱和时间有明显差异。AC 的吸水速率明显大于 CSC，远大于 FC。除了厚度对不同材料吸水过程的影响，材料自身特性（如孔隙结构）也具有重要影响。不同材料吸水过程的差异将造成其数据处理方法也不同。在毛细吸水系数测试标准和大多数研究中，均要求将试件一维吸水至毛细饱和状态，然后取试件吸水稳定吸水阶段，即试件开始吸水到毛细饱和的整个过程的数据点为数据拟合对象。对于某些材料而言，吸水第一阶段与第二阶段没有明显分界点，这意味着重力或孔隙结构对于材料有重要作用，此时使用霍尔模型进行数据处理拟合结果较好。

如图 8-9 所示，厚度的选取对不同材料毛细吸水系数的实验结果有一定的影响。大多情况下，厚度越大，材料毛细吸水系数越大。随着厚度的增加，FC、AC 毛细吸水系数的取值呈增加趋势；CSC 毛细吸水系数受厚度影响很小，可以忽略。当厚度从 3cm 增加至 5cm 时，FC、AC 毛细吸水系数增加率分别约为 30.2%、4.3%。这是由于 FC 强度较低，易开裂吸水，且孔径较大，重力产生了重要的影响。AC 毛细孔较多，吸水初期毛细力起主要作用，吸水路径的长短对其影响较小。CSC 孔径较小，吸水过程缓慢，厚度的变化对其前期吸水速率影响不大。

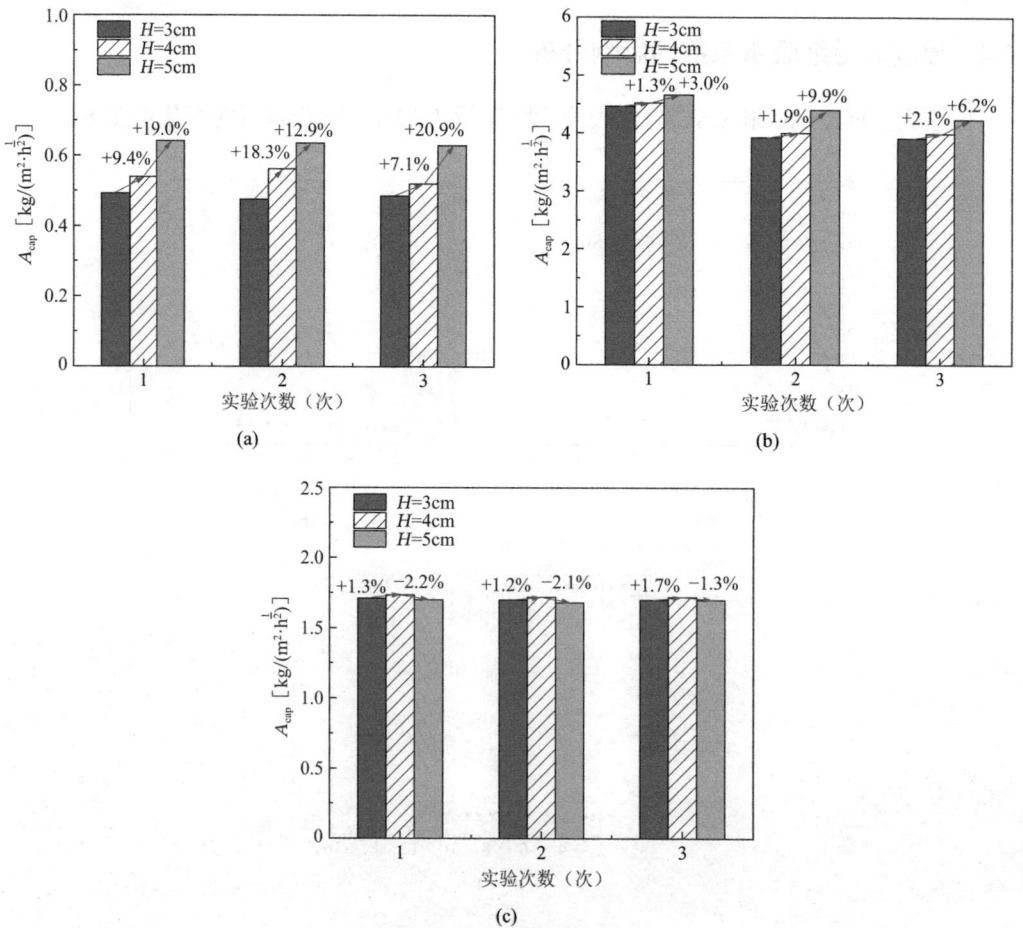

图 8-9　不同厚度下试件的毛细吸水系数
（a）FC；（b）AC；（c）CSC

结合以上分析，在对试件厚度及数据方法选取的操作上，为保证实验的可靠性，拟合数据点不宜过少。试件进行"拿出—擦拭—称重"这一过程时，实际操作时间与记录时间很难达到一致，会产生一定的误差，当试件厚度较小，整体测试时间较短时，其操作误差较大，且试件厚度过小时，实验的重复性较差，故试件厚度不宜过小。对于大孔径材料，在毛细吸水系数测定中应十分注意环境及操作控制，其较难达到停止实验的要求，建议不易达到饱和的试件其稳定吸水时长控制在吸水饱和阶段平稳一段时间后再进行测定；吸水性较强材料较容易达到实验停止要求，但其前期吸水较快，测量时间间隔不宜太长。

8.3 底面积对毛细吸水系数的影响

探究底面积对毛细吸水系数的影响实验中，试件需要被切割成底面积大小不同的样品。ASTM C1794-15 中规定每个样品的底面积 $A \geqslant 50cm^2$，实验至少要测试 3 个样品，若单个试件的水接触面积小于 $100cm^2$，则至少应测试 6 个试件，其总面积至少为 $300cm^2$。同样，《Standard test method for measurement of rate of absorption of water by hydraulic-cent concretes》ASTM C1585-13（以下简称 ASTM C1585-13）建议使用底面直径为 10cm 的圆柱形样品，并且至少需要两个重复样品。为了探究底面积对毛细吸水系数的影响，如图 8-10 所示，根据要求选定 4 种不同底面积的 FC、AC 和 CSC，尺寸分别为 8cm×8cm×3cm、10cm×10cm×3cm、12cm×12cm×3cm、14cm×14cm×3cm，试件参数见表 8-5。

不同底面积下测试材料毛细吸水系数的试件参数　　　　　　　　表 8-5

样本编号	长度（mm）	宽度（mm）	高度（mm）	体积（×10⁻⁴m³）	质量（g）	平均密度（kg/m³）
FC 第一块试件	82.46	81.00	31.05	2.14	38.67	
FC 第二块试件	81.58	81.58	31.58	2.12	37.50	
FC 第三块试件	83.30	82.76	30.47	2.10	38.59	183.39
FC 第四块试件	80.40	82.46	30.17	2.07	37.73	
FC 第五块试件	79.62	80.40	30.55	2.09	34.99	
FC 第六块试件	83.16	83.16	31.58	2.21	40.22	
FC 第一块试件	100.06	98.02	32.37	3.20	62.68	
FC 第二块试件	100.38	101.98	30.53	3.12	60.73	192.83
FC 第三块试件	101.00	100.18	31.82	3.21	60.49	
FC 第一块试件	120.20	121.06	32.31	4.72	88.11	
FC 第二块试件	121.58	123.47	32.23	4.84	95.31	191.75
FC 第三块试件	121.98	122.56	30.45	4.65	86.81	
FC 第一块试件	140.62	140.80	31.77	7.36	114.93	
FC 第二块试件	141.00	140.40	30.14	6.02	117.34	189.64

样本编号	长度（mm）	宽度（mm）	高度（mm）	体积（×10⁻⁴m³）	质量（g）	平均密度（kg/m³）
FC 第三块试件	140.80	140.00	29.47	5.89	111.34	189.64
AC 第一块试件	82.26	84.00	32.17	2.23	123.16	
AC 第二块试件	84.00	82.78	32.35	2.34	124.51	
AC 第三块试件	81.36	83.34	31.91	2.28	124.09	
AC 第四块试件	81.38	83.34	31.35	2.19	116.67	560.15
AC 第五块试件	83.58	83.74	29.70	2.19	117.14	
AC 第六块试件	84.00	81.98	32.30	2.26	127.30	
AC 第一块试件	103.62	103.70	31.20	3.47	187.70	
AC 第二块试件	101.98	103.54	31.74	3.40	192.02	569.80
AC 第三块试件	101.98	103.52	31.28	3.36	190.43	
AC 第一块试件	122.96	124.00	29.87	4.60	263.47	
AC 第二块试件	123.76	123.36	32.93	5.04	276.47	563.18
AC 第三块试件	122.36	124.00	31.65	4.89	270.05	
AC 第一块试件	142.36	142.36	32.56	6.66	364.42	
AC 第二块试件	141.38	141.18	30.33	6.18	367.09	571.33
AC 第三块试件	140.80	141.78	32.30	6.50	359.8	
CSC 第一块试件	77.66	81.68	33.47	2.18	390.26	
CSC 第二块试件	77.78	84.32	35.30	2.39	427.13	
CSC 第三块试件	77.96	83.74	34.20	2.27	423.03	
CSC 第四块试件	77.06	83.54	34.72	2.20	411.91	1867.52
CSC 第五块试件	77.34	82.56	33.66	2.27	403.96	
CSC 第六块试件	77.86	81.18	33.17	2.18	399.93	
CSC 第一块试件	96.28	95.38	34.52	3.25	609.19	
CSC 第二块试件	94.52	94.90	32.65	2.93	543.48	1900.63
CSC 第三块试件	95.20	96.80	31.43	2.92	556.85	
CSC 第一块试件	117.66	116.08	31.62	4.30	827.81	
CSC 第二块试件	117.38	115.50	32.74	4.47	812.42	1888.20
CSC 第三块试件	116.08	116.00	32.39	4.43	829.79	
CSC 第一块试件	139.90	138.12	35.30	6.87	1255.32	
CSC 第二块试件	138.04	144.04	34.62	6.92	1269.62	1869.31
CSC 第三块试件	140.38	141.06	30.30	6.53	1158.47	

图 8-10　不同底面积下 FC、AC 和 CSC 的毛细吸水系数测试试件

将 3 种材料处理为形状规整的试件进行实验，其厚度均为 3cm，底面积分别为 64cm^2、100cm^2、144cm^2、196cm^2。将试件按照 8.2 节实验测试流程及要求进行实验，每种试件：$A \geqslant 100$cm^2，选择 3 块；$A < 100$cm^2，选取 6 块。相同型号的试样进行 3 次重复性实验。

8.3.1　发泡水泥

不同底面积 FC 单位表面积吸湿量（ΔM_t）随着时间的 3 次重复性变化见图 8-11。

如图 8-11 所示，第二、第三次重复实验中材料的单位表面积吸湿量逐渐降低，吸水趋势变化较小。这是由于在进行重复性实验中，剥离石蜡再次进行干燥导致材料质量及底面积产生变化，进而对结果产生影响。由于 FC 对环境变化敏感，且孔隙较大，在频繁出水称重过程中，试件底面积过小或过大，操作过程会使结果产生较大误差。当试件底面积为 64cm^2 或 196cm^2 时，实验的重复性有明显的降低。故用毛细吸水法测毛细吸水系数时，试件底面积不宜过小或过大。

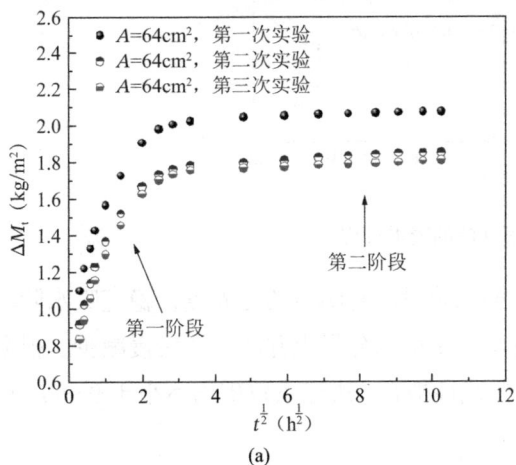

(a)

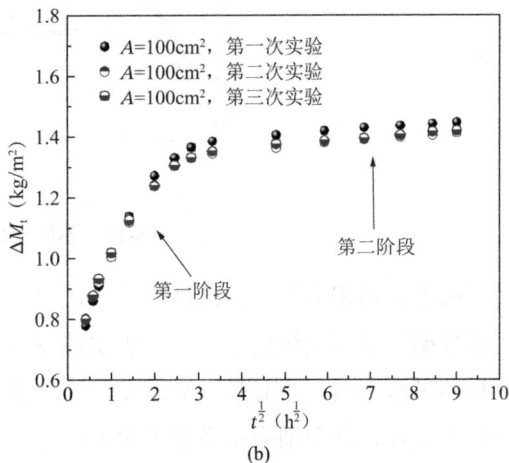

(b)

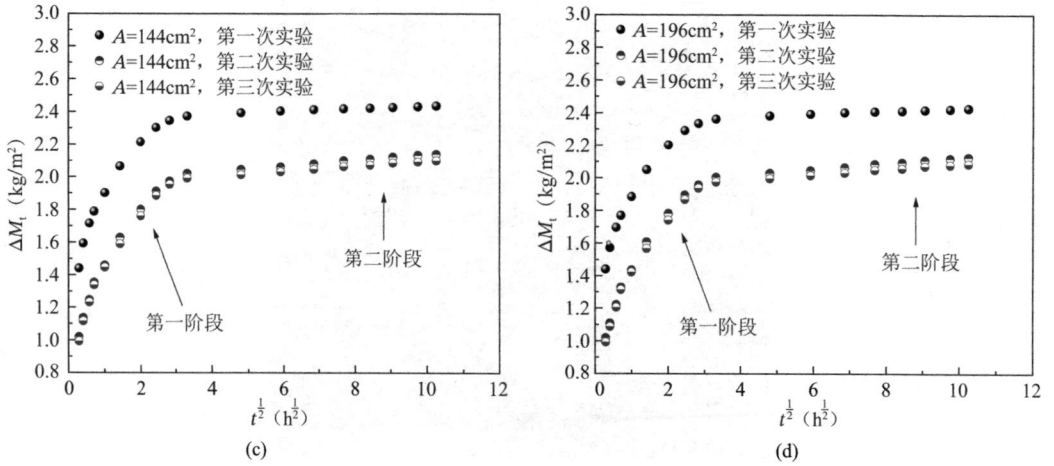

图 8-11　不同底面积 FC 的重复性吸水过程

（a）$A = 64cm^2$；（b）$A = 100cm^2$；（c）$A = 144cm^2$；（d）$A = 196cm^2$

图 8-12 显示了 FC 第一次实验不同底面积下试件单位表面积吸湿量随着时间的变化的平均值，不同底面积的 FC 毛细吸水过程同 8.2.1 节相关内容类似。试件稳定吸水时，毛细吸水第一阶段过程趋势基本相同。随着底面积的增加，试件初始单位表面积吸湿量呈增加趋势，这符合同一时间底面积较大的材料初始吸水增量较大。但材料毛细吸水达到饱和的时间接近，这意味着底面积的大小只改变了材料的初始吸水特性，导致材料毛细吸水系数的变化。

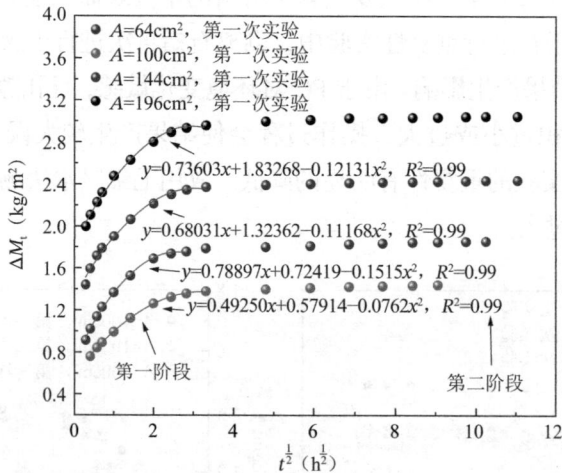

图 8-12　不同底面积 FC 的吸水过程

随着底面积的增加，试件吸水阶段第一、第二阶段没有明显的分界点，稳定吸水阶段实验数据明显不呈线性分布，其吸水速率没有明显变缓的分界点并随时间缓慢减少。根据材料的吸水曲线，采用霍尔模型拟合公式进行非线性拟合，决定系数 R^2 均不小于 0.990，拟合结果较好，其毛细吸水系数见表 8-6。

不同底面积 FC 的毛细吸水系数　　　　　　　　　　　　　表 8-6

样本编号		毛细吸水系数A_{cap}〔kg/(m²·h$^{\frac{1}{2}}$)〕						A_{cap}均值	标准差
		第一块试件	第二块试件	第三块试件	第四块试件	第五块试件	第六块试件		
FC64-1		0.816	0.721	0.829	0.900	0.708	0.760	0.789	0.07301
FC64-2		0.718	0.709	0.700	0.744	0.700	0.712	0.714	0.01611
FC64-3		0.740	0.770	0.701	0.769	0.715	0.712	0.734	0.02987

样本编号	实验次数	毛细吸水系数A_{cap}〔kg/(m²·h$^{\frac{1}{2}}$)〕			A_{cap}均值	标准差
		第一块试件	第二块试件	第三块试件		
FC A=100cm²	第一次实验	0.479	0.497	0.501	0.493	0.01196
	第二次实验	0.464	0.457	0.506	0.476	0.02606
	第三次实验	0.474	0.481	0.502	0.486	0.01416
FC A=144cm²	第一次实验	0.740	0.630	0.671	0.680	0.05551
	第二次实验	0.676	0.695	0.643	0.671	0.02636
	第三次实验	0.679	0.667	0.622	0.656	0.03029
FC A=196cm²	第一次实验	0.750	0.733	0.724	0.736	0.01327
	第二次实验	0.853	0.769	0.829	0.817	0.04349
	第三次实验	0.823	0.742	0.733	0.766	0.04972

注：表中 FC64-1 的 FC 代表材料名称，64 代表材料底面积，单位为 cm²，1 代表材料进行第一次实验，同理，FC64-2 中的 2 代表材料进行第二次实验。

由表 8-6 可知，随着底面积的增加，不同底面积下试件的毛细吸水系数之间存在显著差异，表明在不牺牲实验可靠性的情况下降低底面积的可能性有待考虑。

8.3.2　加气混凝土

不同底面积 AC 单位表面积吸湿量（ΔM_t）随着时间的 3 次重复性变化见图 8-13，3 次重复性实验的测试数据基本吻合，说明该实验测量方法可重复性较高。但底面积较小时，其重复性较差。随着底面积的增加，试件毛细吸水阶段第一、第二阶段吸水速率有明显变缓的分界点，稳定吸水阶段数据明显呈线性分布，试件吸水速率随时间缓慢减少。

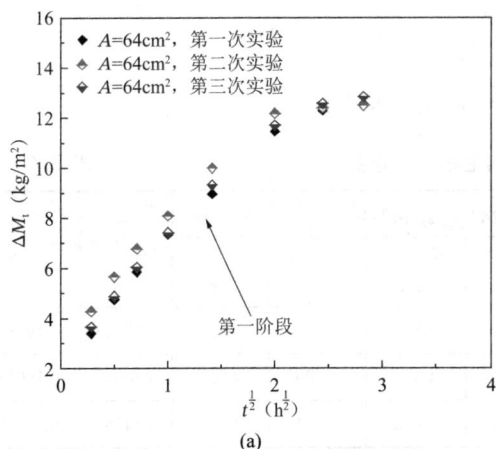

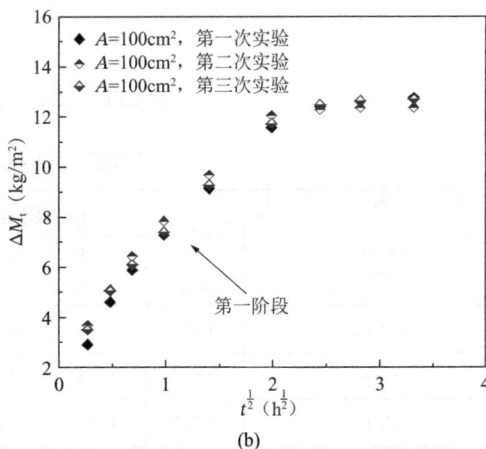

(a)　　　　　　　　　　　　　　(b)

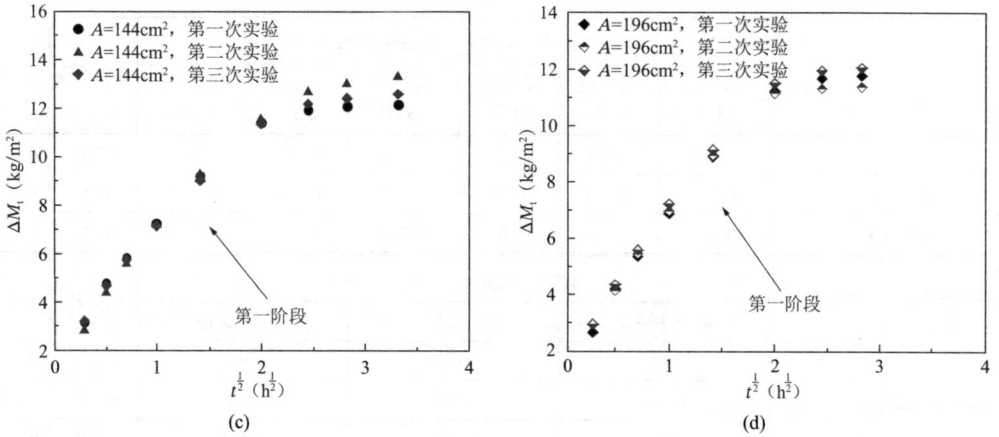

(c)　　　　　　　　　　　　　　　　　(d)

图 8-13　不同底面积 AC 的重复性吸水过程

（a）$A = 64\text{cm}^2$；（b）$A = 100\text{cm}^2$；（c）$A = 144\text{cm}^2$；（d）$A = 196\text{cm}^2$

　　图 8-14 显示了 AC 第一次实验不同底面积下试件单位表面积吸湿量随着时间的变化的平均值，不同底面积 AC 毛细吸水过程同 8.2.2 节描述类似。试件稳定吸水时，毛细吸水第一阶段过程趋势基本相同。随着底面积变小，试件初始单位表面积吸湿量随时间的变化基本吻合，试件单位表面积吸湿量在 6h 达到饱和点。这意味着底面积的大小对 AC 吸水速率的快慢影响较小。根据材料的吸水曲线，采用正切法拟合公式进行非线性拟合，决定系数 R^2 均大于 0.998，拟合结果较好。其毛细吸水系数见表 8-7。

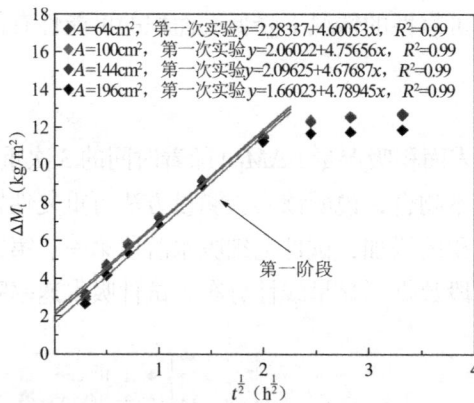

图 8-14　不同底面积 AC 的吸水过程

不同底面积 AC 的毛细吸水系数　　　　　　　　　　表 8-7

样本编号	毛细吸水系数A_{cap} $\left[\text{kg}/(\text{m}^2 \cdot \text{h}^{\frac{1}{2}})\right]$						A_{cap}均值	标准差
	第一块试件	第二块试件	第三块试件	第四块试件	第五块试件	第六块试件		
AC64-1	4.520	4.774	4.541	4.539	4.350	4.879	4.60053	0.19181
AC64-2	4.635	4.464	4.484	4.385	4.200	4.253	4.40369	0.16018
AC64-3	4.787	4.338	4.701	4.680	4.374	4.369	4.54151	0.20210

样本编号	实验次数	毛细吸水系数A_{cap} [kg/(m² · h$^{\frac{1}{2}}$)]			A_{cap}均值	标准差
		第一块试件	第二块试件	第三块试件		
AC $A=100\text{cm}^2$	第一次实验	4.673	4.883	4.714	4.757	0.11127
	第二次实验	4.521	4.758	4.700	4.659	0.12338
	第三次实验	4.325	4.690	4.585	4.533	0.18803
AC $A=144\text{cm}^2$	第一次实验	4.579	4.875	4.576	4.677	0.17190
	第二次实验	4.343	4.875	4.399	4.539	0.29197
	第三次实验	4.664	4.366	4.360	4.463	0.17429
AC $A=196\text{cm}^2$	第一次实验	4.730	4.886	4.752	4.789	0.08450
	第二次实验	4.596	4.715	4.626	4.646	0.06180
	第三次实验	4.758	4.893	4.746	4.799	0.08137

由表 8-7 可知，在底面积为 64～196cm² 范围内，不同底面积试件的毛细吸水系数差异不大，表明在不牺牲实验可靠性的情况下降低底面积的可能性可以考虑。

8.3.3　珊瑚砂混凝土

不同底面积 CSC 单位表面积吸湿量（ΔM_t）随着时间的三次重复性变化如图 8-15 所示，3 次重复性实验的测试的数据吻合度较高。随着底面积的增加，试件毛细吸水第一、二阶段吸水速率没有明显变缓的分界点，稳定吸水阶段数据明显不呈线性分布，试件吸水速率随时间缓慢减少。

图 8-16 显示了 CSC 第一次实验不同底面积下试件单位表面积吸湿量随着时间的变化的平均值，不同底面积 AC 毛细吸水过程同 8.2.3 节描述类似。试件稳定吸水时，毛细吸水第一阶段过程趋势基本相同。试件初始单位表面积吸湿量随着底面积的增加吻合度较高，且不同底面积下试件吸水达到饱和的时间相同。这意味着底面积的变化对 CSC 吸水速率的影响不大，这是由于 CSC 孔径较小、内部密实、吸水均匀稳定。根据材料的吸水曲线，采用霍尔模拟合公式进行非线性拟合，决定系数R^2均大于 0.998，拟合结果较好，其毛细吸水系数见表 8-8。

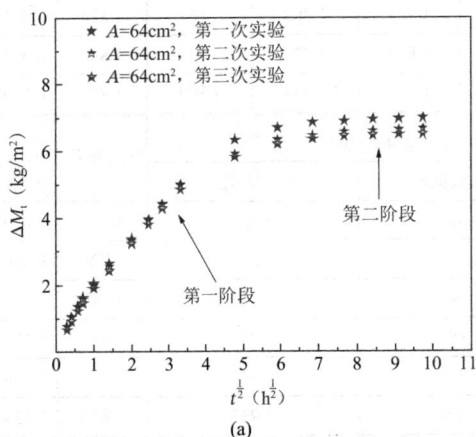

(a)

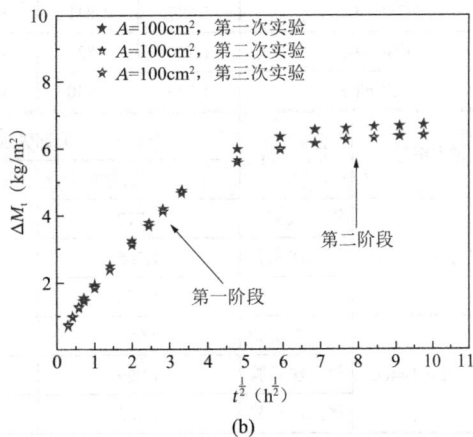

(b)

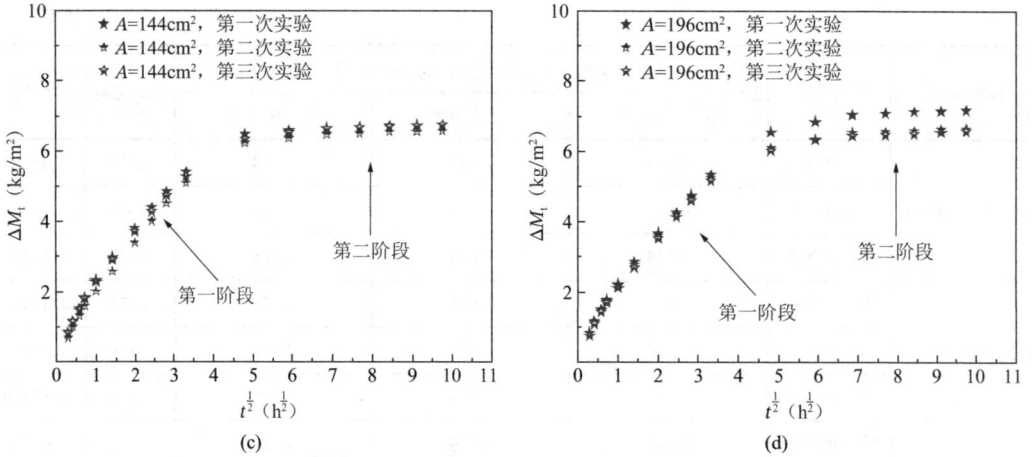

(c)　　　　　　　　　　　　　　　(d)

图 8-15　不同底面积 CSC 的重复性吸水过程

（a）$A = 64cm^2$；（b）$A = 100cm^2$；（c）$A = 144cm^2$；（d）$A = 196cm^2$

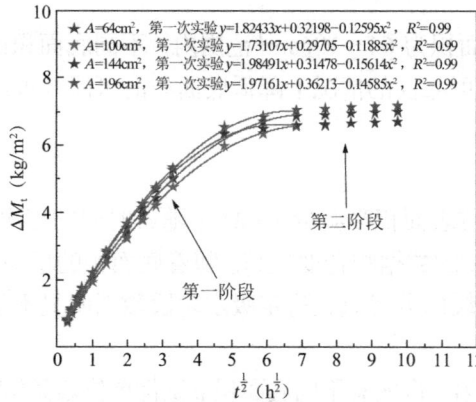

图 8-16　不同底面积 CSC 的吸水过程

不同底面积 CSC 的毛细吸水系数　　　　　　　　　　　表 8-8

样本编号	毛细吸水系数A_{cap} [$kg/(m^2 \cdot h^{\frac{1}{2}})$]						A_{cap}均值	标准差
	第一块试件	第二块试件	第三块试件	第四块试件	第五块试件	第六块试件		
CSC64-1	1.697	1.841	1.826	1.913	1.808	1.861	1.824	0.07196
CSC64-2	1.760	1.825	1.887	1.878	1.735	1.911	1.833	0.07219
CSC64-3	1.749	1.830	1.881	1.873	1.734	1.894	1.827	0.06985

样本编号	实验次数	毛细吸水系数A_{cap} [$kg/(m^2 \cdot h^{\frac{1}{2}})$]			A_{cap}均值	标准差
		第一块试件	第二块试件	第三块试件		
CSC $A = 100cm^2$	第一次实验	1.712	1.819	1.663	1.731	0.07987
	第二次实验	1.765	1.730	1.665	1.720	0.05080
	第三次实验	1.778	1.699	1.663	1.713	0.05909
CSC $A = 144cm^2$	第一次实验	2.057	1.859	2.039	1.985	0.10954
	第二次实验	1.869	1.828	1.937	1.878	0.05474
	第三次实验	1.865	1.891	1.933	1.896	0.03423

样本编号	实验次数	毛细吸水系数 A_{cap} $\left[kg/(m^2 \cdot h^{\frac{1}{2}}) \right]$			A_{cap}均值	标准差
		第一块试件	第二块试件	第三块试件		
CSC $A = 196cm^2$	第一次实验	1.945	1.966	2.004	1.972	0.02991
	第二次实验	1.973	2.027	1.820	1.940	0.10702
	第三次实验	1.980	2.030	1.873	1.961	0.08042

由表 8-8 可知，随着底面积的增加，试件毛细吸水系数的取值没有特定规律。但是，不同底面积试件毛细吸水系数差异不大，表明在不牺牲实验可靠性的情况下降低底面积的可能性可以考虑。

8.3.4　底面积对毛细吸水系数的影响分析

不同底面积 FC、AC 和 CSC 单位表面积吸湿量（ΔM_t）随着时间的变化见图 8-17。

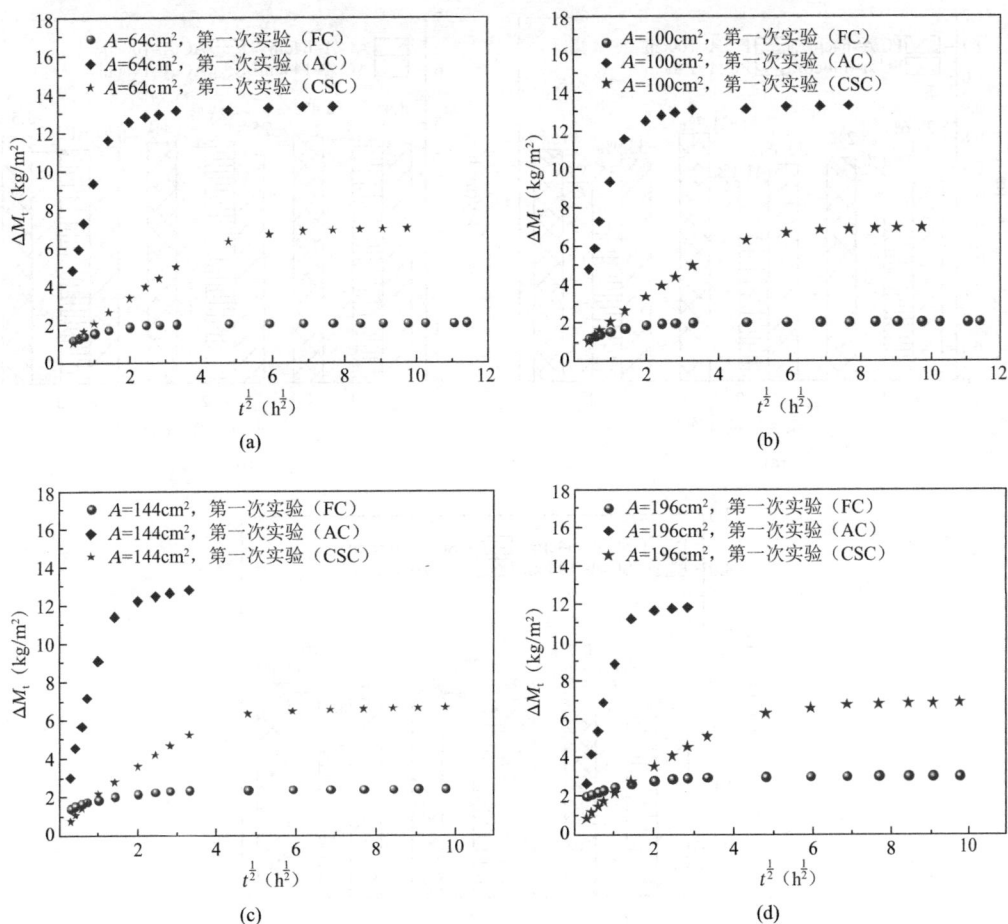

图 8-17　不同底面积下试件的吸水过程

（a）$A = 64cm^2$；（b）$A = 100cm^2$；（c）$A = 144cm^2$；（d）$A = 196cm^2$

不同底面积试件单位表面积吸湿量随时间变化，其吸水过程有明显差异。除了底面积的影响之外，材料的自身特性（孔隙结构、温度的敏感性）也是重要的影响因素。因此，测定材料的毛细吸水系数时应结合材料的自身特性考虑各因素的影响。不同底面积、不同孔隙结构试样，应根据不同的吸水过程对其数据处理方法进行选择。对于吸水过程中稳定吸水阶段与饱和吸水阶段没有明确分界点时采用霍尔模型进行数据处理，而吸水两个阶段具有明显分界点时，采用正切法进行数据处理。

如图 8-18 所示，试件底面积的选取对实验结果有一定的影响。对于大孔径材料，底面积的大小对材料毛细吸水系数有显著影响。在实验操作中可以发现，FC 在底面积过小或过大时，"拿出—擦拭—称重—放回"这一过程对其影响较大，这是由于大孔径材料对外界环境变化较敏感，且其孔径较大，重力影响较大。随着底面积的增加，CSC、AC 的毛细吸水系数波动不大，增加率分别为 8.1%、4.1%。结合以上分析，试件底面积和数据方法选取的操作上，同 8.2.4 节厚度的选取规则类似。但是，对于大孔径材料，操作条件及过程应严格要求，应有两人以上协作实验。

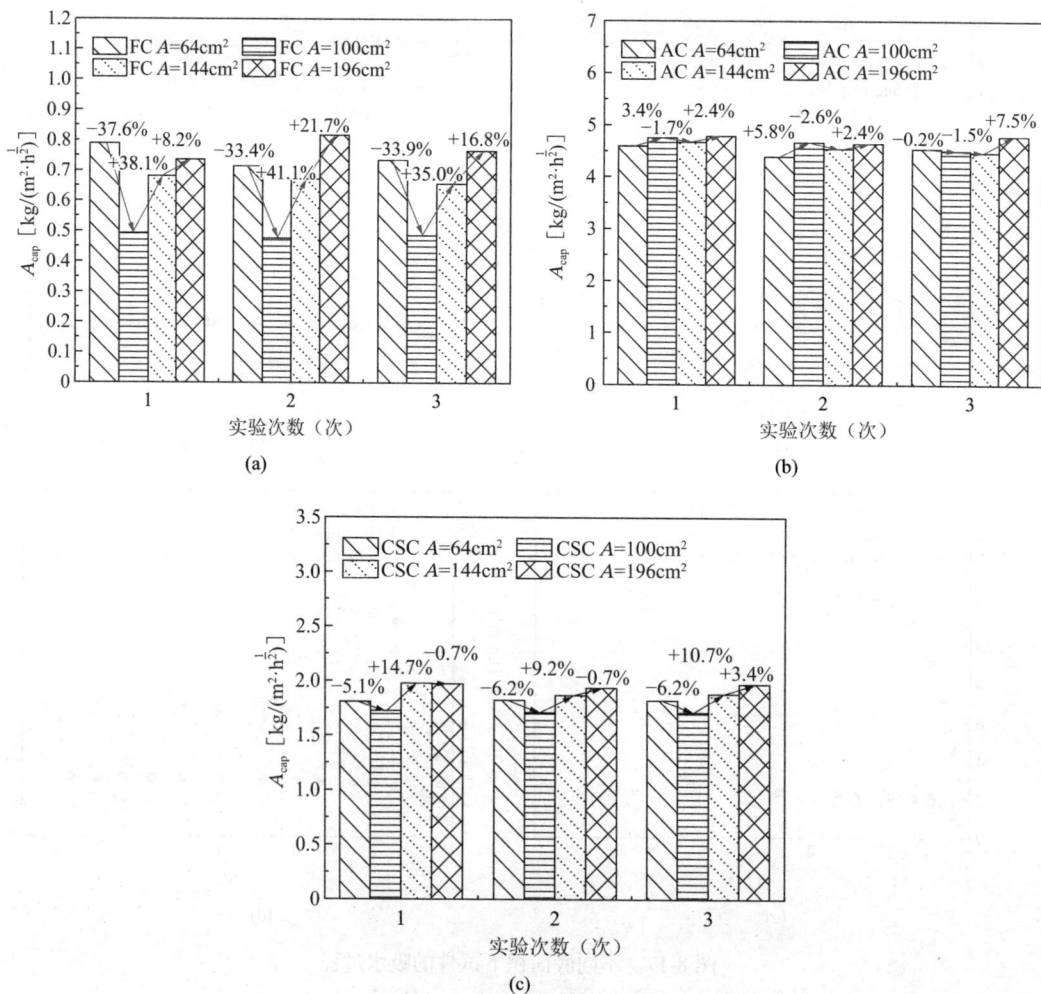

图 8-18 不同底面积下试件的毛细吸水系数

(a) FC；(b) AC；(c) CSC

8.4　环境温度对毛细吸水系数的影响

在毛细管吸收实验中，各国不同标准给出不同的实验条件，如《Natural stone test methods determination of water absorption coefficient by capillarity》BS EN 1925：1999（以下简称 BS EN 1925：1999）规定，实验温度应控制在 20℃±5℃；ISO 15148：2002 规定，实验温度应控制在 18～28℃（±2℃），相对湿度控制在 40%～60%（±5%）；ASTM C1585-13 规定，实验温度应控制在 23℃±2℃；ASTM C1974-19 规定实验温度应控制在 18～23℃（±2℃）等。为了研究毛细吸水系数与环境温度的关系，参考大多数标准和建议，首先在 25℃，相对湿度为 50%（±5%）环境下对 FC、AC 和 CSC 3 种材料进行一系列毛细吸水测试，随后，在 5℃、15℃和 35℃进行对照实验。材料试件尺寸为 10cm×10cm×4cm，浸水深度为 5mm±2mm，为了验证实验的重复性，每种环境温度选取 3 块相同型号的试件进行 3 次重复性实验。用于毛细吸水系数测试的试件实际尺寸见表 8-9。

不同温度下测试材料毛细吸水系数的试件参数　　　　表 8-9

样本编号	温度 （℃）	长度 （mm）	宽度 （mm）	高度 （mm）	体积 （×10⁻⁴m³）	质量 （g）	平均密度 （kg/m³）
FC 第一块试件		104.00	102.58	43.05	4.59	82.54	
FC 第二块试件	5	103.76	101.78	41.29	4.36	82.48	184.18
FC 第三块试件		102.96	101.38	41.91	4.37	80.44	
FC 第一块试件		103.74	101.00	40.93	4.29	82.38	
FC 第二块试件	15	99.80	104.00	41.99	4.36	81.53	190.21
FC 第三块试件		101.38	102.78	40.66	4.24	81.13	
FC 第一块试件		101.78	101.68	40.00	4.14	85.42	
FC 第二块试件	25	103.54	101.00	40.80	4.27	76.42	191.09
FC 第三块试件		101.98	102.76	41.12	4.31	81.14	
FC 第一块试件		100.70	102.68	42.27	4.37	89.87	
FC 第二块试件	35	101.98	101.10	42.32	4.36	89.83	205.70
FC 第三块试件		103.50	103.54	42.59	4.56	93.84	
AC 第一块试件		102.76	103.54	42.70	4.54	253.48	
AC 第二块试件	5	104.00	101.00	42.55	4.47	254.19	557.75
AC 第三块试件		104.00	106.56	42.09	4.66	255.21	
AC 第一块试件		101.26	102.38	42.61	4.42	265.14	
AC 第二块试件	15	103.44	103.44	41.33	4.42	256.74	581.56
AC 第三块试件		102.76	100.18	41.31	4.25	239.25	
AC 第一块试件	25	103.74	102.36	42.46	4.51	285.31	620.45

样本编号	温度 （℃）	长度 （mm）	宽度 （mm）	高度 （mm）	体积 （×10⁻⁴m³）	质量 （g）	平均密度 （kg/m³）
AC 第二块试件	25	104.60	103.32	44.50	4.81	295.28	620.45
AC 第三块试件		103.34	103.84	44.33	4.76	292.67	
AC 第一块试件	35	103.34	101.38	43.35	4.54	288.32	637.12
AC 第二块试件		101.98	101.58	43.47	4.50	288.45	
AC 第三块试件		100.60	100.34	42.93	4.33	275.57	
CSC 第一块试件	5	100.18	98.94	42.61	4.22	760.01	1774.59
CSC 第二块试件		100.30	96.68	43.09	4.18	760.28	
CSC 第三块试件		102.56	102.68	42.73	4.50	769.28	
CSC 第一块试件	15	100.18	98.94	42.62	4.22	760.03	1774.76
CSC 第二块试件		100.30	96.68	43.09	4.18	760.38	
CSC 第三块试件		102.56	102.68	42.73	4.50	769.38	
CSC 第一块试件	25	102.96	101.18	42.26	4.40	834.22	1899.70
CSC 第二块试件		101.38	102.34	42.65	4.42	834.23	
CSC 第三块试件		100.80	102.14	41.49	4.27	719.99	
CSC 第一块试件	35	95.28	103.10	41.72	4.10	796.27	1925.15
CSC 第二块试件		96.88	103.54	41.43	4.16	793.00	
CSC 第三块试件		101.20	103.12	37.51	3.91	753.36	

8.4.1　发泡水泥

不同温度下 FC 单位表面积吸湿量（ΔM_t）随着时间的 3 次重复性变化见图 8-19，当环境温度较低，如温度为 5℃、15℃时，实验的重复性较好。不同温度试样稳定吸水阶段数据明显不呈线性分布，试样吸水速率随时间缓慢减少。

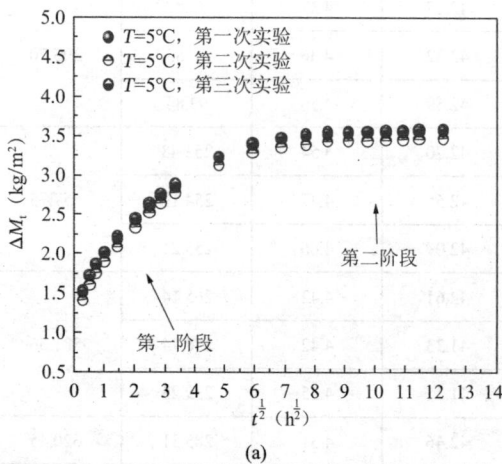

(a)

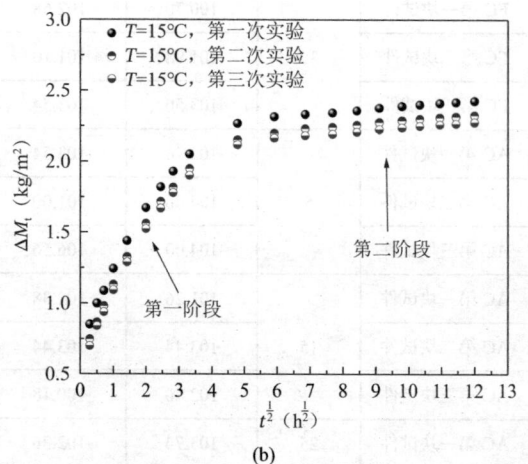

(b)

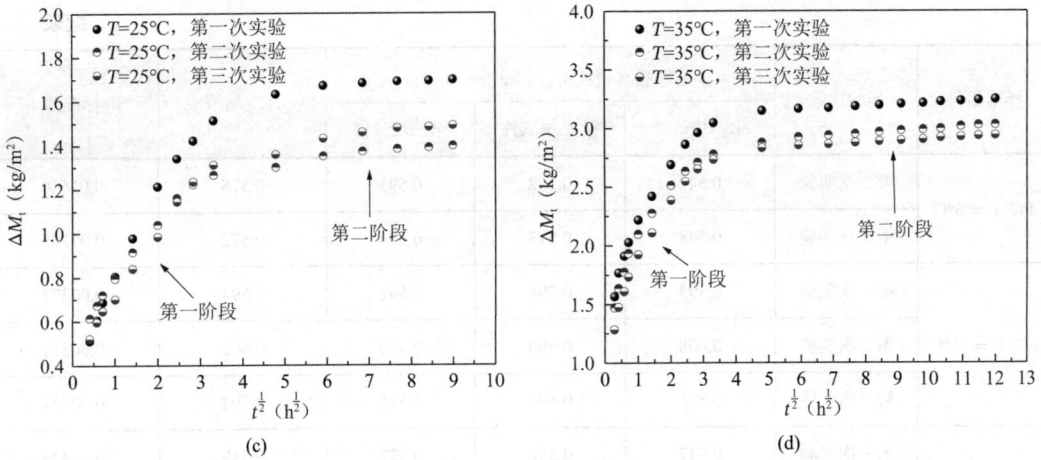

图 8-19　不同温度下 FC 的重复性吸水过程

（a）$T = 5℃$；（b）$T = 15℃$；（c）$T = 25℃$；（d）$T = 35℃$

图 8-20 显示了 FC 第一次实验不同温度下试件单位表面积吸湿量随着时间的变化的平均值，随着温度的升高，试件初始单位表面积吸湿量完全不同，温度改变了水的表面张力，温度越高，水的表面张力越小，试件上部干燥，底部润湿，加速水分的上升。相同型号、相同厚度、不同温度下的试件由于孔隙率等物性参数相同，粒径分布或孔径大小一致，试样稳定吸水时，吸水过程趋势基本相同。随着温度升高，试件初始吸湿量及饱和时间不同，意味着温度与该试件毛细吸水过程有相关性。根据材料的吸水曲线，采用霍尔模型拟合公式进行非线性拟合，决定系数 R^2 均大于 0.99，拟合结果较好，其毛细吸水系数见表 8-10。

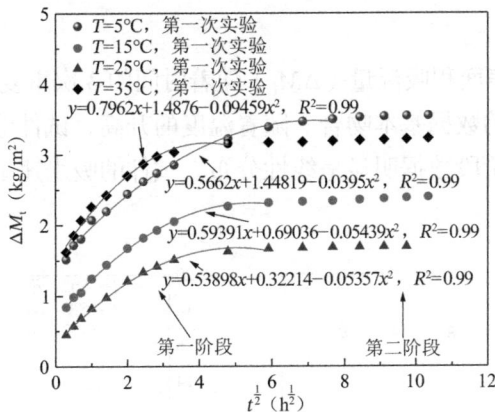

图 8-20　不同温度下 FC 的吸水过程

不同温度下 FC 的毛细吸水系数　　　　　　　　　　　表 8-10

样本编号	实验次数	毛细吸水系数 $A_{cap}\left[\text{kg}/(\text{m}^2 \cdot \text{h}^{\frac{1}{2}})\right]$			A_{cap} 均值	标准差
		第一块试件	第二块试件	第三块试件		
FC　$T = 5℃$	第一次实验	0.530	0.580	0.588	0.566	0.03138

样本编号	实验次数	毛细吸水系数A_{cap} [kg/(m^2·h$^{\frac{1}{2}}$)]			A_{cap}均值	标准差
		第一块试件	第二块试件	第三块试件		
FC $T = 5℃$	第二次实验	0.547	0.592	0.593	0.578	0.02640
	第三次实验	0.548	0.573	0.594	0.572	0.02285
FC $T = 15℃$	第一次实验	0.593	0.598	0.591	0.594	0.00377
	第二次实验	0.608	0.600	0.599	0.602	0.00511
	第三次实验	0.586	0.594	0.595	0.592	0.00474
FC $T = 25℃$	第一次实验	0.537	0.558	0.522	0.539	0.01829
	第二次实验	0.493	0.591	0.604	0.563	0.06045
	第三次实验	0.520	0.527	0.514	0.520	0.00678
FC $T = 35℃$	第一次实验	0.811	0.823	0.755	0.796	0.03645
	第二次实验	0.697	0.774	0.699	0.724	0.04405
	第三次实验	0.814	0.799	0.731	0.781	0.04372

由表 8-10 可知，FC 的毛细吸水系数随温度的升高呈增加趋势，这与诸多学者的结论一致，说明该类材料毛细吸水系数与温度有极强的相关性。因此，在测定该材料毛细吸水系数时不可忽略温度的影响，探究温度与该材料的相关性也具有重要意义。

8.4.2 加气混凝土

不同温度 AC 单位表面积吸湿量（ΔM_t）随着时间的 3 次重复性变化如图 8-21 所示，3 次重复性实验的测试的数据基本吻合。随着温度的升高，试件毛细吸水在第一、第二阶段区分明显，稳定吸水阶段数据明显呈线性分布。试件的吸水速率有明显变缓的分界点，且随时间缓慢减少。

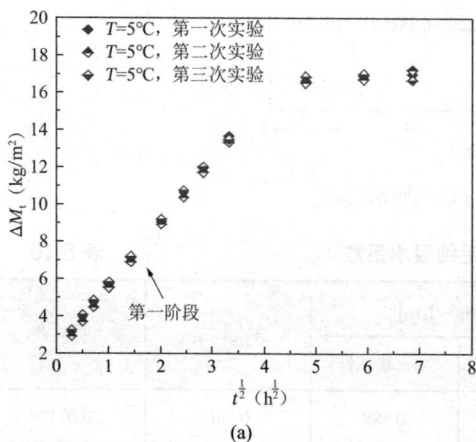

(a)

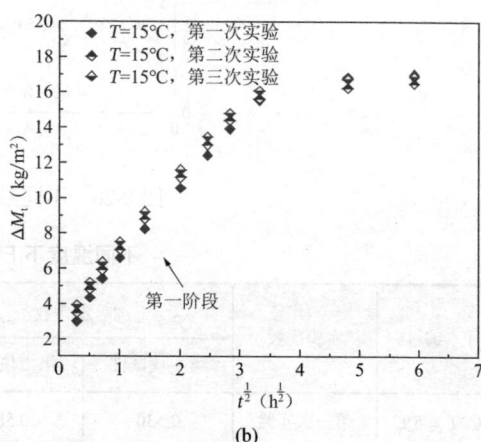

(b)

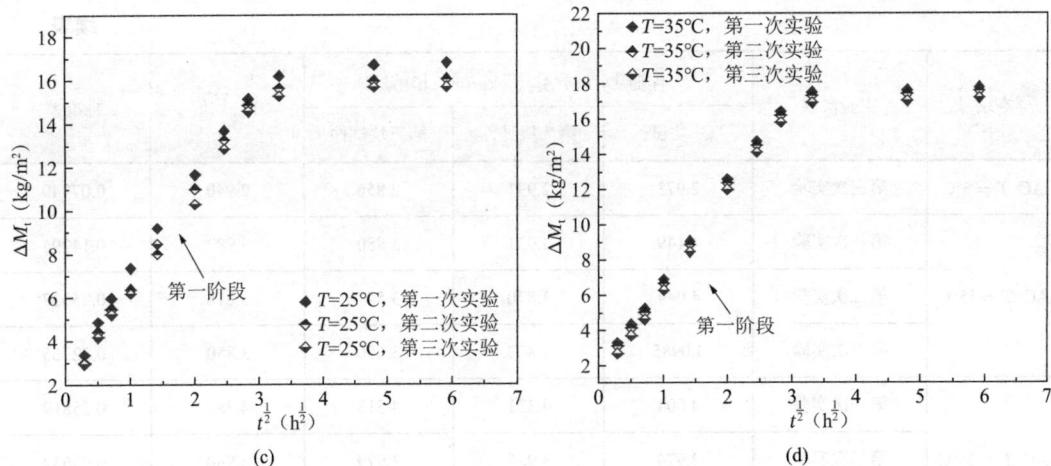

图 8-21　不同温度下 AC 的重复性吸水过程

（a）$T = 5℃$；（b）$T = 15℃$；（c）$T = 25℃$；（d）$T = 35℃$

图 8-22 显示了 AC 第一次实验不同温度下试件单位表面积吸湿量随着时间的变化的平均值，随着温度升高，试件吸水达到饱和的时间相同，0.5h 前试件初始单位表面积吸湿量基本吻合，0.5h 后试件吸水速率逐渐发生变化，这意味着温度只改变了试件的吸水速率，且 AC 对温度敏感性是有时间过程的。试件稳定吸水时，毛细吸水趋势基本相同且都达到实验停止的要求。根据材料的吸水曲线，采用正切法拟合公式进行非线性拟合，决定系数 R^2 均大于 0.99，拟合结果较好，其毛细吸水系数见表 8-11。

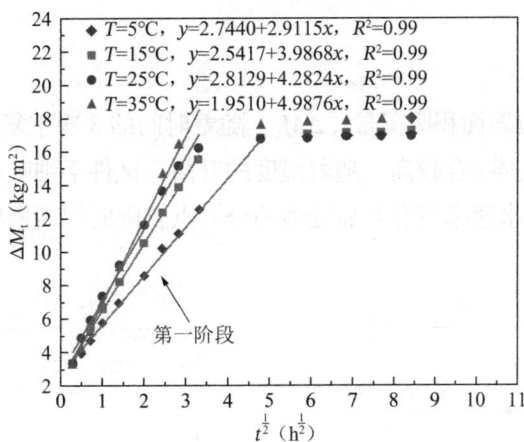

图 8-22　不同温度下 AC 的吸水过程

不同温度下 AC 的毛细吸水系数　　　　　　　　　　　　表 8-11

样本编号	实验次数	毛细吸水系数A_{cap}［kg/(m²·h$^{\frac{1}{2}}$)］			A_{cap}均值	标准差
		第一块试件	第二块试件	第三块试件		
AC　$T = 5℃$	第一次实验	2.937	2.960	2.837	2.912	0.06567
	第二次实验	2.973	2.991	2.856	2.940	0.07349

样本编号	实验次数	毛细吸水系数A_{cap} $\left[kg/(m^2 \cdot h^{\frac{1}{2}}) \right]$			A_{cap}均值	标准差
		第一块试件	第二块试件	第三块试件		
AC $T = 5°C$	第三次实验	2.973	2.991	2.856	2.940	0.07349
AC $T = 15°C$	第一次实验	4.149	3.931	3.880	3.987	0.14295
	第二次实验	4.044	3.870	3.541	3.818	0.25527
	第三次实验	4.0985	3.803	3.650	3.850	0.22765
AC $T = 25°C$	第一次实验	4.004	4.331	4.513	4.282	0.25819
	第二次实验	3.974	3.986	3.979	3.980	0.00632
	第三次实验	3.986	4.099	4.014	4.033	0.05874
AC $T = 35°C$	第一次实验	4.683	5.043	5.238	4.988	0.28169
	第二次实验	4.932	4.707	5.177	4.939	0.23497
	第三次实验	4.950	4.718	5.169	4.946	0.22583

由表 8-11 可知，不同温度下试件毛细吸水系数有显著差异。试件温度越高，其毛细吸水系数越大，表明 AC 毛细吸水系数对温度有依赖性，温度的选取对实验结果有重要影响。

8.4.3 珊瑚砂混凝土

不同温度 CSC 单位表面积吸湿量（ΔM_t）随着时间的 3 次重复性变化见图 8-23，3 次重复性实验的测试的数据吻合较高。随着温度的升高，试件毛细吸水阶段第一、第二阶段区分不明显，试件的吸水速率没有明显变缓的分界点且随时间缓慢减少，稳定吸水阶段数据明显不呈线性分布。

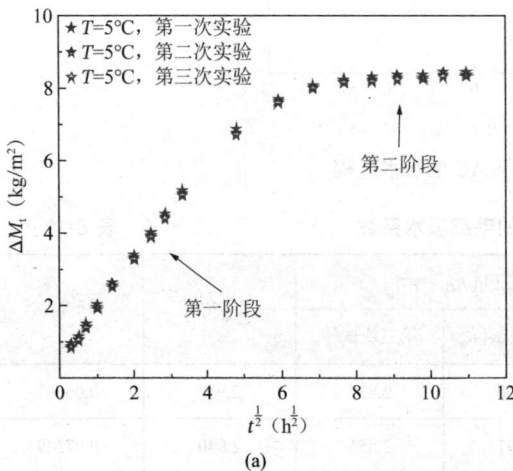

(a)

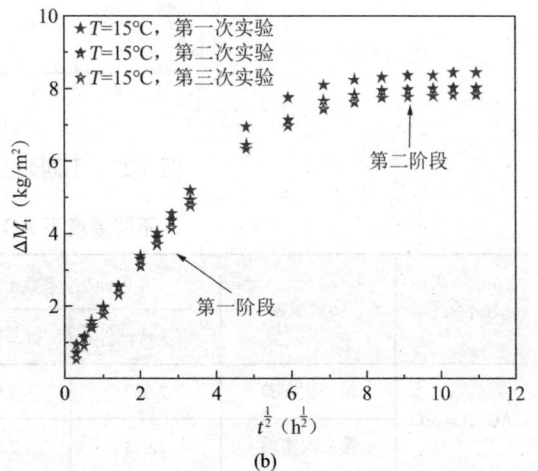

(b)

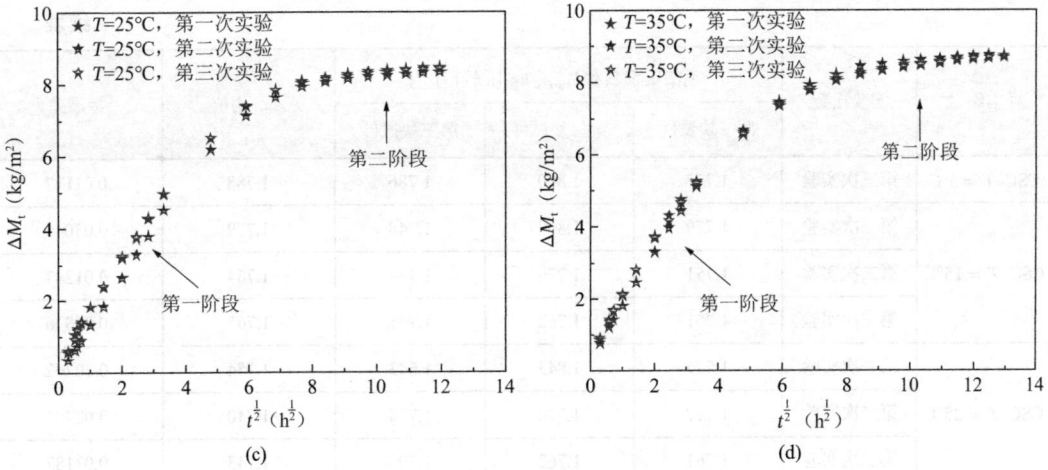

图 8-23 不同温度下 CSC 的重复性吸水过程
（a）$T = 5℃$；（b）$T = 15℃$；（c）$T = 25℃$；（d）$T = 35℃$

图 8-24 显示了 CSC 第一次实验不同温度下试件单位表面积吸湿量随着时间的变化的平均值，试件稳定吸水时，毛细吸水第一阶段趋势基本相同。随着温度的升高，试件初始单位表面积吸湿量基本一致。但 CSC 毛细吸水周期较长且很难达到实验停止条件，温度改变了试件吸水达到饱和时间，推荐实验进行至饱和阶段后至少有 7 个点时停止实验。根据材料的吸水曲线，采用霍尔模型拟合公式进行非线性拟合，决定系数 R^2 均大于 0.99，拟合结果较好，其毛细吸水系数见表 8-12。

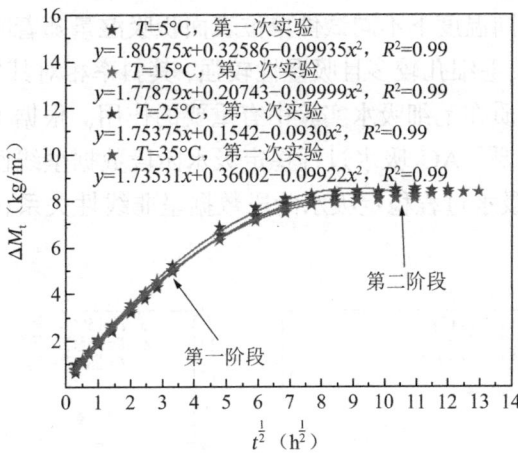

图 8-24 不同温度下 CSC 的吸水过程

不同温度下 CSC 的毛细吸水系数
表 8-12

样本编号	实验次数	毛细吸水系数A_{cap} $[kg/(m^2 \cdot h^{\frac{1}{2}})]$			A_{cap}均值	标准差
		第一块试件	第二块试件	第三块试件		
CSC $T = 5℃$	第一次实验	1.799	1.811	1.807	1.806	0.00642
	第二次实验	1.782	1.806	1.790	1.793	0.01238

续表

样本编号	实验次数	毛细吸水系数A_{cap} [kg/(m²·h^{\frac{1}{2}})]			A_{cap}均值	标准差
		第一块试件	第二块试件	第三块试件		
CSC $T=5℃$	第三次实验	1.777	1.800	1.786	1.788	0.01127
CSC $T=15℃$	第一次实验	1.779	1.809	1.748	1.779	0.03045
	第二次实验	1.751	1.776	1.764	1.764	0.01247
	第三次实验	1.761	1.762	1.771	1.765	0.00576
CSC $T=25℃$	第一次实验	1.776	1.843	1.643	1.754	0.10202
	第二次实验	1.717	1.770	1.734	1.740	0.02703
	第三次实验	1.761	1.762	1.706	1.743	0.03187
CSC $T=35℃$	第一次实验	1.734	1.723	1.749	1.735	0.01333
	第二次实验	1.730	1.716	1.754	1.734	0.01920
	第三次实验	1.721	1.714	1.714	1.716	0.00423

由表 8-12 可知，随着温度的升高，CSC 毛细吸水系数的取值逐渐降低，但降低的范围很小，表明用降低环境温度的方法测定试件毛细吸水系数有待考虑。

8.4.4 环境温度对毛细吸水系数的影响分析

不同温度下 FC、AC 和 CSC 单位表面积吸湿量（ΔM_t）随着时间的变化见图 8-25。

如图 8-25 所示，不同温度下不同试件单位表面积吸湿量随着时间的变化其吸水过程有明显差异。AC 由于其毛细孔较多且吸湿性较强，其斜率相对其他两种材料较大，该现象意味着材料的自身性质在毛细吸水实验中有重要的作用。根据不同吸水过程选择合适的数据处理方法极为重要。AC 吸水过程稳定吸水阶段数据呈线性关系，采用正切法处理较合适，FC、CSC 吸水过程稳定吸水阶段数据呈非线性关系，采用霍尔模型处理较合适。

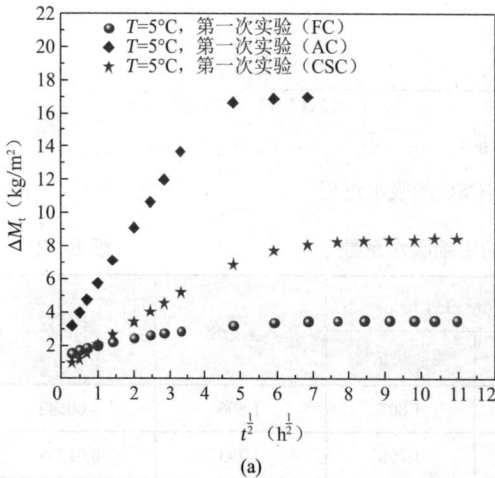

(a)

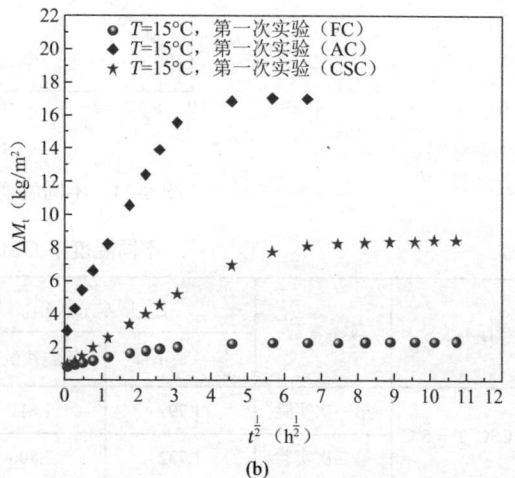

(b)

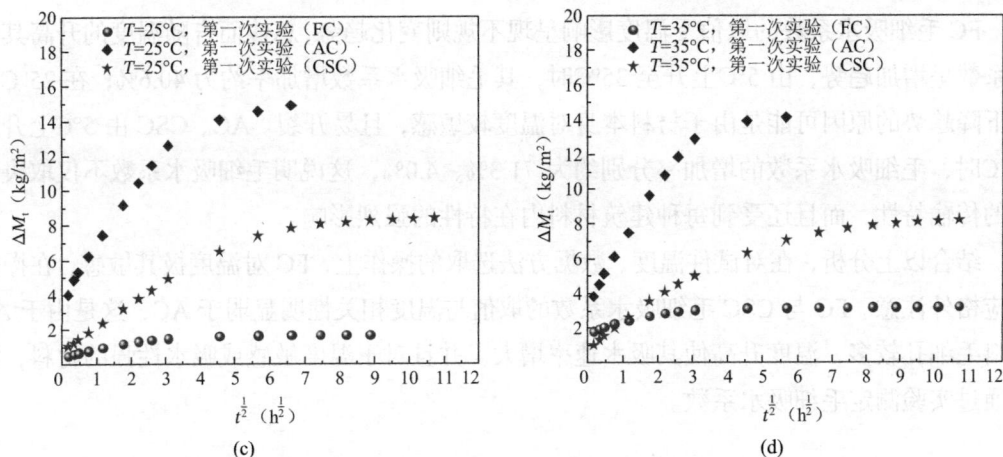

图 8-25　不同温度下 FC、AC 和 CSC 的吸水过程

（a）$T = 5℃$；（b）$T = 15℃$；（c）$T = 25℃$；（d）$T = 35℃$

如图 8-26 所示，在毛细吸水实验中，环境温度与试件毛细吸水系数有直接关系。温度对毛细孔较多，亲水性强的试件毛细吸水系数有重要影响，随着温度的升高，AC 毛细吸水系数几乎呈线性增加。大孔径材料毛细吸水系数较小，对温度敏感，受温度的影响较大。

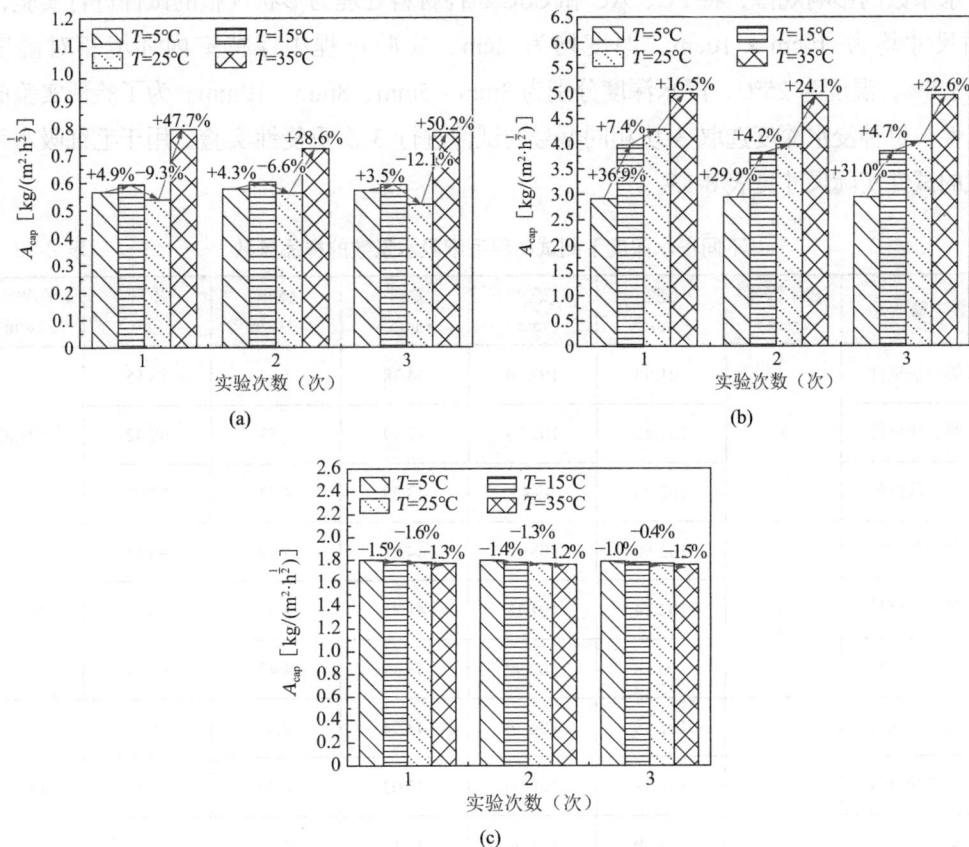

图 8-26　不同温度下 FC、AC 和 CSC 的毛细吸水系数

（a）FC；（b）AC；（c）CSC

FC 毛细吸水系数的取值受温度影响呈现不规则变化趋势,总体而言随温度的升高其吸水系数呈增加趋势，由 5℃上升至 35℃时，其毛细吸水系数增加率约为 40.6%，在 25℃出现下降趋势的原因可能是由于材料本身对温度较敏感，且易开裂。AC、CSC 由 5℃上升至 35℃时，毛细吸水系数的增加率分别约为 71.3%、4.0%，这说明毛细吸水系数不仅取决于水的传输特性，而且还受到每种建筑材料内在特性的强烈影响。

结合以上分析，在对试件温度、数据方法选取的操作上，FC 对温度极其敏感，在操作中应格外注意。FC 与 CSC 毛细吸水系数的取值与温度相关性明显弱于 AC，这是由于 AC 材料毛细孔较多，温度升高使其吸水速率增大。并且对于温度敏感或吸水性强的材料，需要通过实验测定毛细吸水系数。

8.5 浸水深度对毛细吸水系数的影响

在毛细管吸收试验中，水的重力是影响多孔建筑材料毛细吸水系数的重要因素，不同国家不同标准给出不同的实验条件，如 BS EN 1925:1999 规定，实验浸水深度为 3mm ± 1mm；ISO 15148：2002 规定，实验浸水深度为 5mm ± 2mm。为探究水的重力对多孔建筑材料毛细吸水系数的影响规律，将 FC、AC 和 CSC 3 种材料处理为形状规整的试件进行实验，其底面尺寸均为 10cm × 10cm，厚度均为 4cm，实验过程中保持室内环境相对湿度为 50% ± 5%，温度为 25℃，浸水深度分别为 3mm、5mm、8mm、10mm。为了验证实验的可重复性，每种浸水深度选取 3 块相同型号的试件进行 3 次重复性实验，用于毛细吸水系数测试的试件实际尺寸见表 8-13。

不同浸水深度下测试材料毛细吸水系数的样品参数　　表 8-13

样本编号	浸水深度（mm）	长度（mm）	宽度（mm）	高度（mm）	体积（×10⁻⁴m³）	质量（g）	平均密度（kg/m³）
FC 第一块试件		101.98	102.10	44.38	4.62	88.55	
FC 第二块试件	3	104.42	102.76	42.59	4.57	90.42	191.63
FC 第三块试件		102.96	99.42	43.29	4.43	82.07	
FC 第一块试件		102.60	103.14	44.27	4.69	96.65	
FC 第二块试件	5	102.14	101.18	41.71	4.31	90.01	209.33
FC 第三块试件		100.18	102.90	43.39	4.47	95.29	
FC 第一块试件		101.38	104.30	43.94	4.65	85.58	
FC 第二块试件	8	101.98	100.00	43.02	4.39	79.89	182.58
FC 第三块试件		105.00	101.60	43.19	4.61	83.59	
FC 第一块试件	10	103.40	99.10	42.99	4.40	90.54	204.86

续表

样本编号	浸水深度（mm）	长度（mm）	宽度（mm）	高度（mm）	体积（×10⁻⁴m³）	质量（g）	平均密度（kg/m³）
FC 第二块试件	10	102.28	103.34	42.02	4.47	91.14	204.86
FC 第三块试件		10.334	103.12	41.71	4.45	91.14	
AC 第一块试件		103.54	102.56	43.18	4.59	256.15	
AC 第二块试件	3	104.00	102.48	40.56	4.32	246.26	556.87
AC 第三块试件		101.38	103.74	40.60	4.27	231.44	
AC 第一块试件		102.76	103.54	40.47	4.31	266.53	
AC 第二块试件	5	102.30	104.20	42.99	4.58	284.57	621.12
AC 第三块试件		104.12	103.74	40.47	4.37	272.51	
AC 第一块试件		102.90	103.94	39.53	4.23	234.35	
AC 第二块试件	8	104.40	104.10	41.33	4.49	253.05	564.42
AC 第三块试件		104.00	104.10	39.94	4.32	248.82	
AC 第一块试件		102.36	102.14	41.71	4.36	259.38	
AC 第二块试件	10	103.34	103.78	42.76	4.59	269.29	578.90
AC 第三块试件		103.34	104.64	41.29	4.47	247.76	
CSC 第一块试件		103.14	99.54	43.61	4.48	798.81	
CSC 第二块试件	3	102.36	101.76	39.23	4.09	750.75	1787.58
CSC 第三块试件		102.96	102.14	40.83	4.29	748.6	
CSC 第一块试件		104.00	101.10	40.47	4.26	837.39	
CSC 第二块试件	5	101.98	102.76	42.85	4.49	848.23	1899.91
CSC 第三块试件		101.78	103.34	43.74	4.60	851.03	
CSC 第一块试件		102.96	101.18	42.26	4.40	831.71	
CSC 第二块试件	8	101.38	102.34	42.65	4.42	831.70	1893.59
CSC 第三块试件		100.80	102.14	41.49	4.27	817.03	
CSC 第一块试件		100.18	98.94	42.61	4.22	758.78	
CSC 第二块试件	10	100.30	96.68	43.09	4.18	759.49	1772.44
CSC 第三块试件		102.56	102.68	42.73	4.50	768.53	

8.5.1 发泡水泥

不同浸水深度 h 下 FC 单位表面积吸湿量（ΔM_t）随着时间的 3 次重复性变化见图 8-27，浸水深度越小，实验的重复性越差，浸水深度为 3mm 时，实验的重复性明显小于其他浸水深度。材料的吸水阶段第一、第二阶段之间没有明显的分界点，稳定吸水阶段实验数据明显不呈线性关系。

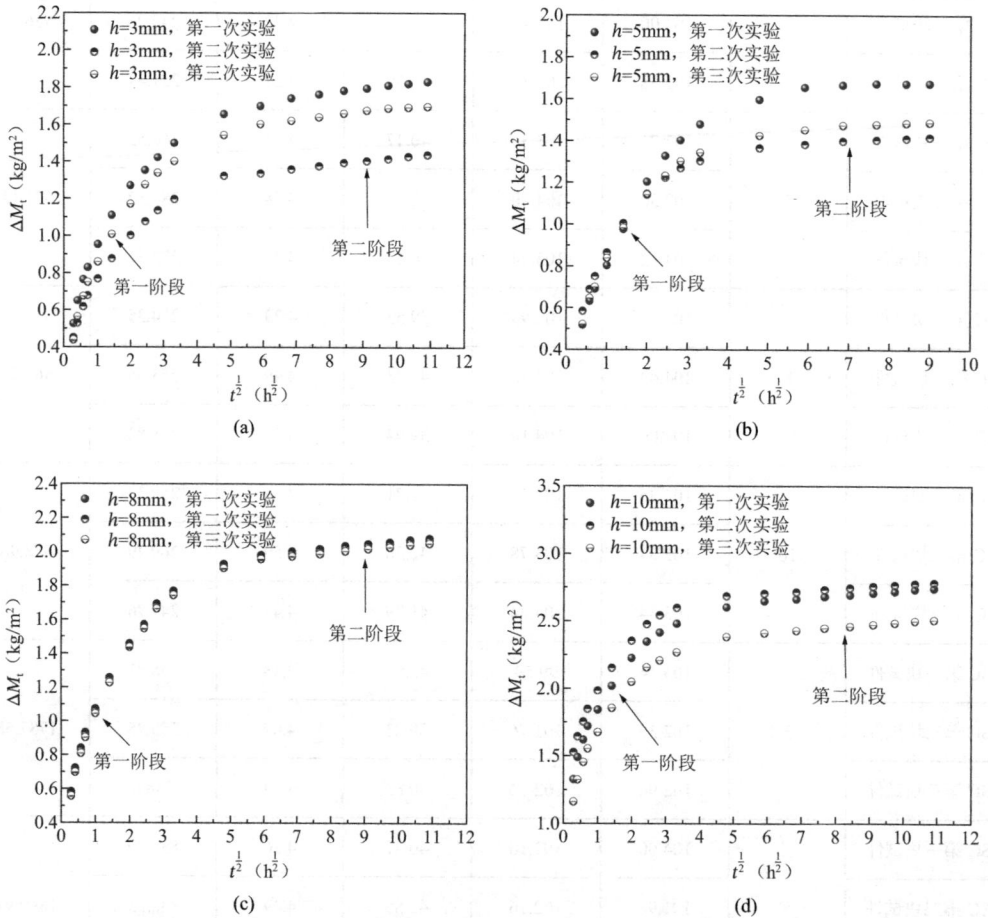

图 8-27　不同浸水深度下 FC 的重复性吸水过程
（a）3mm；（b）5mm；（c）8mm；（d）10mm

图 8-28 显示了 FC 在第一次实验中的不同浸水深度下，试件单位表面积吸湿量随着时间的变化的平均值，相同环境温度的不同浸水深度下，试件由于自身孔隙率等物性参数相同，粒径分布以及孔径大小一致，在试件稳定吸水时，毛细吸水第一阶段过程趋势基本相同，但随着浸水深度升高，试件单位表面积吸湿量增加，浸水深度为 10mm 时对其影响较大，随着浸水深度的增大，水下压力持续增大，这将直接影响材料的吸水量，说明重力的作用在一定的范围内较为明显。根据材料的吸水曲线，采用霍尔模型拟合公式进行非线性拟合，决定系数 R^2 均不小于 0.99，拟合结果较好。其毛细吸水系数见表 8-14。

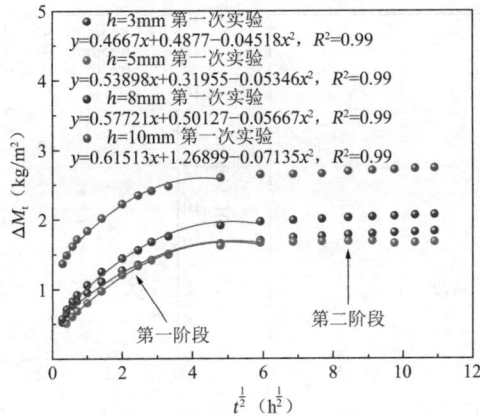

图 8-28　不同浸水深度下 FC 的吸水过程

不同浸水深度下 FC 的毛细吸水系数　　　　表 8-14

样本编号	实验次数	毛细吸水系数A_{cap} [kg/(m^2·h$^{\frac{1}{2}}$)]			A_{cap}均值	标准差
		第一块试件	第二块试件	第三块试件		
FC $h=3$mm	第一次实验	0.479	0.466	0.455	0.467	0.01236
	第二次实验	0.465	0.436	0.423	0.441	0.02176
	第三次实验	0.485	0.459	0.448	0.464	0.01937
FC $h=5$mm	第一次实验	0.537	0.558	0.522	0.539	0.01829
	第二次实验	0.493	0.591	0.604	0.563	0.06045
	第三次实验	0.520	0.527	0.514	0.520	0.00678
FC $h=8$mm	第一次实验	0.578	0.552	0.602	0.577	0.02487
	第二次实验	0.586	0.563	0.579	0.576	0.01176
	第三次实验	0.593	0.570	0.570	0.578	0.01368
FC $h=10$mm	第一次实验	0.606	0.600	0.639	0.615	0.02126
	第二次实验	0.629	0.607	0.602	0.613	0.01438
	第三次实验	0.606	0.575	0.668	0.616	0.04729

　　由表 8-14 可知，随着浸水深度的增加，试件的毛细吸水系数呈增加趋势。不同浸水深度下试件的毛细吸水系数有显著差异，表明在不牺牲实验可靠性的情况下浸水深度的选取有待考虑。

8.5.2　加气混凝土

　　不同浸水深度下 AC 单位表面积吸湿量（ΔM_t）随着时间的 3 次重复性变化如图 8-29 所示，随着浸水深度的增加，试件毛细吸水阶段第一、第二阶段区分明显，试件的吸水速率有明显变缓的分界点，且随着实验的进行，试件稳定吸水阶段数据呈线性分布。

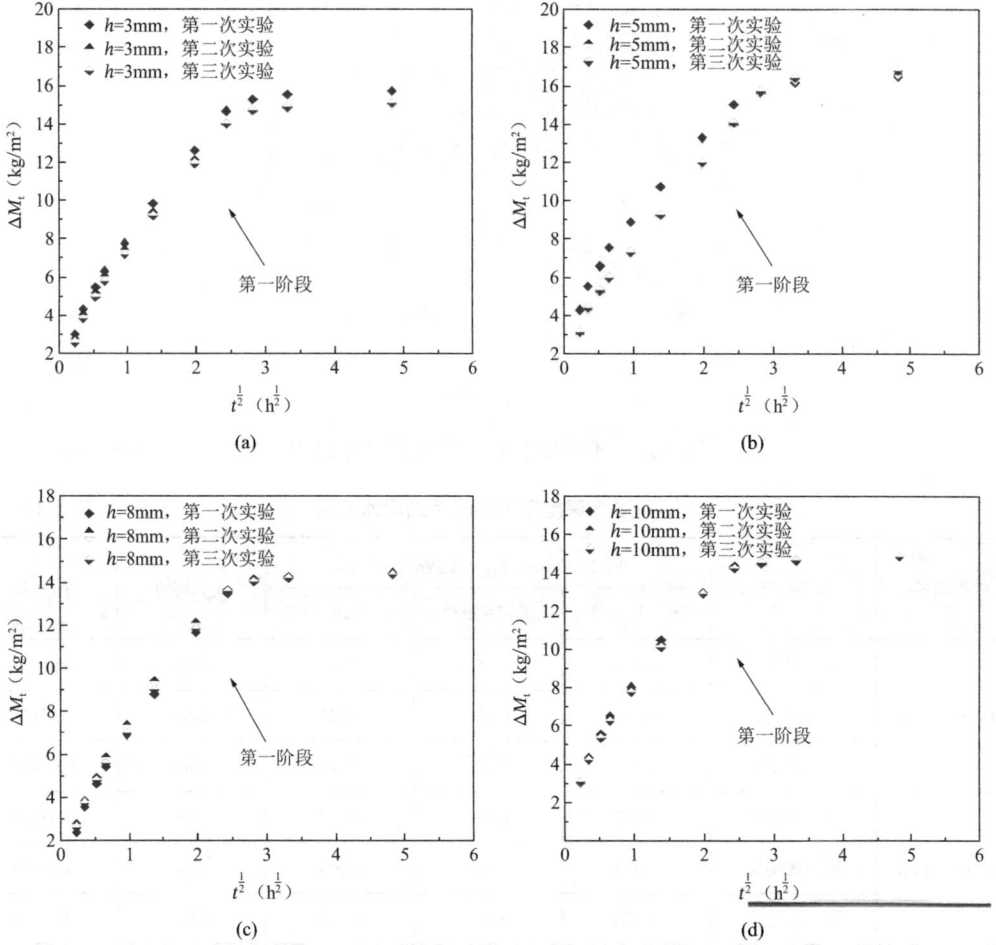

图 8-29　不同浸水深度下 AC 的重复性吸水过程
（a）$h = 3mm$；（b）$h = 5mm$；（c）$h = 8mm$；（d）$h = 10mm$

图 8-30 显示了 AC 在第一次实验中的不同浸水深度下，试件单位表面积吸湿量随着时间变化的平均值，随着浸水深度升高，毛细吸水第一阶段过程趋势基本相同，但试件吸水达到饱和的时间不相同。从毛细吸水原理可知，在浸没深度范围内，试件内部水的吸入受到了毛细力和静水压力的双重作用，静水压力促进了材料对水的吸入。浸水深度越大，材料的初始吸水速度和吸入深度越高。因此，浸水深度为 10mm 时其达到饱和时间更快。浸水深度的大小影响着水分的吸收快慢。为了保证整个材料充分地吸水，浸水深度不宜过小。根据材料的吸水曲线，采用正切法拟合公式进行非线性拟合，其毛细吸水系数见表 8-15。

不同浸水深度下 AC 的毛细吸水系数　　　　　　　　表 8-15

样本编号	实验次数	毛细吸水系数A_{cap} [kg/(m²·h$^{\frac{1}{2}}$)]			A_{cap}均值	标准差
		第一块试件	第二块试件	第三块试件		
AC $h = 3mm$	第一次实验	4.425	4.402	4.240	4.356	0.10112
	第二次实验	4.334	4.308	4.169	4.270	0.08899

样本编号	实验次数	毛细吸水系数A_{cap} [kg/(m²·h$^{\frac{1}{2}}$)]			A_{cap}均值	标准差
		第一块试件	第二块试件	第三块试件		
AC $h=3mm$	第三次实验	4.335	4.307	4.186	4.276	0.07955
AC $h=5mm$	第一次实验	4.375	4.720	4.533	4.543	0.17307
	第二次实验	4.483	4.552	4.516	4.517	0.03476
	第三次实验	4.479	4.549	4.578	4.535	0.05123
AC $h=8mm$	第一次实验	4.693	4.747	4.714	4.718	0.02734
	第二次实验	4.559	4.724	4.758	4.680	0.10631
	第三次实验	4.690	4.751	4.697	4.713	0.03330
AC $h=10mm$	第一次实验	4.643	4.791	4.818	4.751	0.09462
	第二次实验	4.729	4.837	4.856	4.807	0.06809
	第三次实验	4.741	4.761	4.862	4.788	0.06479

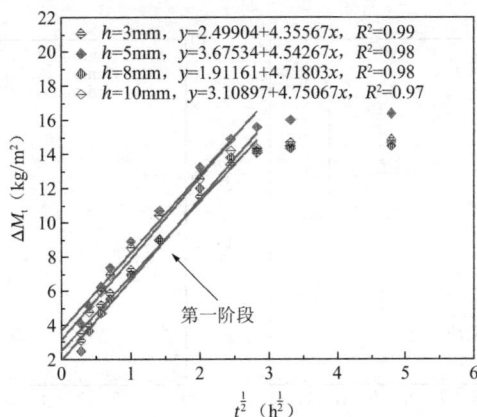

图 8-30 不同浸水深度下 AC 的吸水过程

由表 8-15 可知，随着浸水深度的增加，试件的毛细吸水系数呈增加趋势，不同浸水深度的试件毛细吸水系数有显著差异，意味着测定该类材料毛细吸水系数时浸水深度的选择有待考虑。

8.5.3 珊瑚砂混凝土

不同浸水深度下 CSC 单位表面积吸湿量（ΔM_t）随着时间的 3 次重复性变化见图 8-31，随着浸水深度的增加，试样毛细吸水阶段第一、第二阶段区分不明显，吸水第一阶段数据明显不呈线性分布。试样的吸水速率没有明显变缓的分界点且随时间缓慢减少。

图 8-32 显示了 CSC 在第一次实验中的不同浸水深度下，试件单位表面积吸湿量随着时间的变化的平均值，在浸水深度分别为 3mm、5mm、8mm、10mm，随着浸水深度的增加，试件初始单位表面积吸水速率呈增加趋势。但不同的浸水深度下试件吸水达到饱和的时间相同，这意味着虽然浸水深度改变了材料的吸水速率但是也导致材料前期吸水太快以及材料内部吸水不充分。由于 CSC 内部孔径较小且密实，其试验周期较长。根据材料的吸

水曲线，采用霍尔模型拟合公式进行非线性拟合，决定系数R^2均大于 0.99，拟合结果较好，其毛细吸水系数见表 8-16。

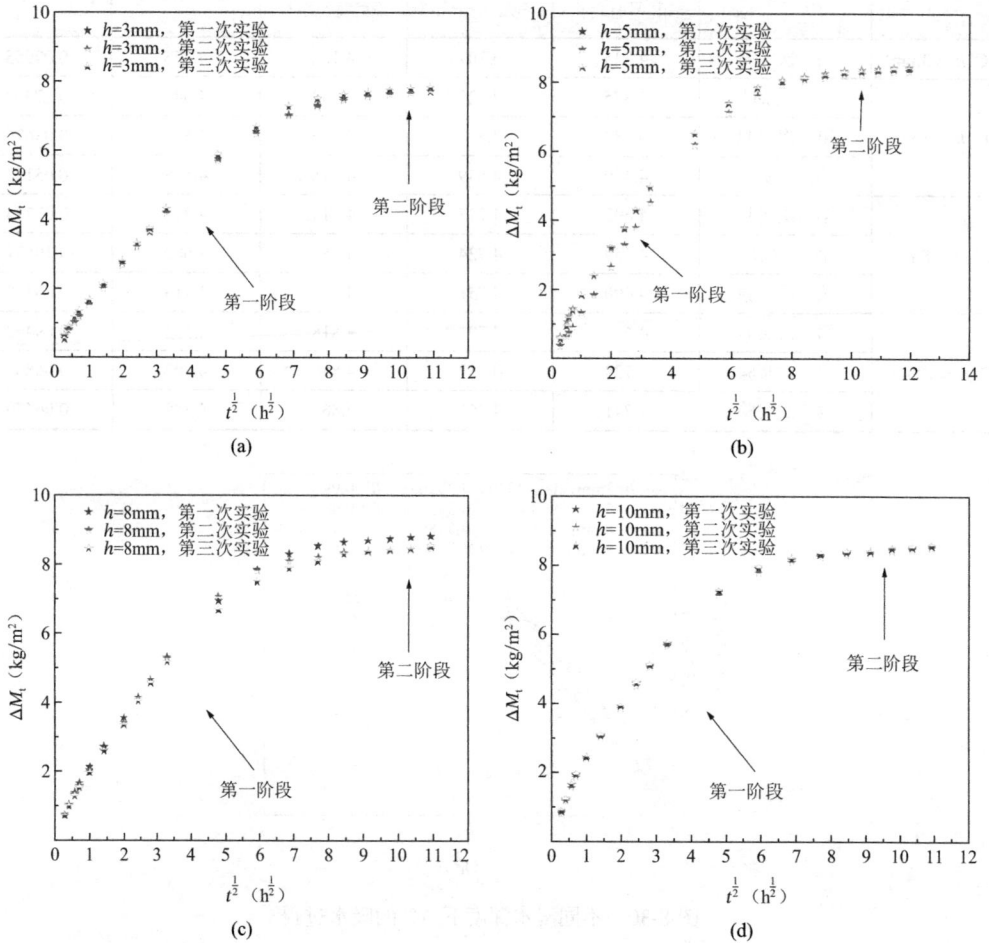

图 8-31 不同浸水深度下 CSC 的重复性吸水过程

（a）$h = 3mm$；（b）$h = 5mm$；（c）$h = 8mm$；（d）$h = 10mm$

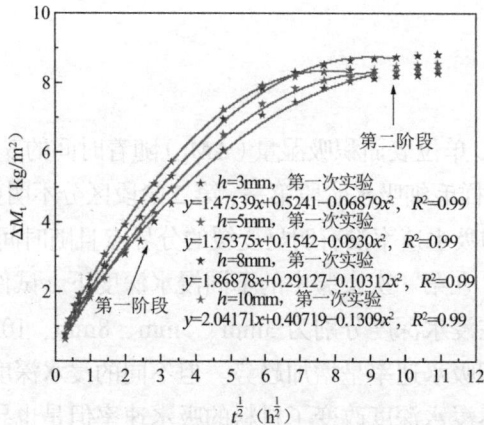

图 8-32 不同浸水深度下 CSC 的吸水过程

不同浸水深度下 CSC 的毛细吸水系数　　　　表 8-16

样本编号	实验次数	毛细吸水系数A_{cap} $\left[\,kg/(m^2\cdot h^{\frac{1}{2}})\,\right]$			A_{cap}均值	标准差
		第一块试件	第二块试件	第三块试件		
CSC $h=3mm$	第一次实验	1.643	1.405	1.378	1.475	0.14615
	第二次实验	1.678	1.301	1.408	1.462	0.19453
	第三次实验	1.642	1.406	1.373	1.473	0.14679
CSC $h=5mm$	第一次实验	1.776	1.843	1.642	1.754	0.10202
	第二次实验	1.717	1.770	1.734	1.740	0.02703
	第三次实验	1.761	1.762	1.706	1.743	0.03187
CSC $h=8mm$	第一次实验	1.742	1.865	2.000	1.869	0.12901
	第二次实验	1.678	1.877	1.993	1.849	0.15944
	第三次实验	1.769	1.896	1.822	1.829	0.06373
CSC $h=10mm$	第一次实验	1.900	2.200	2.025	2.042	0.15112
	第二次实验	1.914	2.197	2.016	2.042	0.14302
	第三次实验	1.902	2.198	2.025	2.042	0.14858

由表 8-16 可知，随着浸水深度的增加，试件的毛细吸水系数变化呈增加趋势，不同浸水深度的试件毛细吸水系数有显著差异。表明在不牺牲实验可靠性的情况下降低浸水深度的可能性有待考虑。

8.5.4　浸水深度对毛细吸水系数的影响分析

不同浸水深度下 FC、AC 和 CSC 单位表面积吸湿量（ΔM_t）随着时间的变化见图 8-33。

如图 8-33 所示，不同浸水深度下，随着时间的变化，试件单位表面积吸湿量及吸水过程有明显差异。AC 吸水速率大于 FC 和 CSC，除浸水深度对材料的影响外，材料的孔隙结构有重要影响，不同孔径结构试件的吸水过程有所区别。因此，其数据处理方法也不同，AC 实验数据采用正切法处理较合适，FC 和 CSC 的实验数据采用霍尔模型处理更加合适。

如图 8-34 所示，浸水深度对于大孔径材料及孔径较小且密实、吸水周期较长的材料影响较大。FC、CSC 和 AC 随浸水深度的增加，吸水系数增加率分别约为 31.8%、38.4%和9.1%。因此，在对试件浸水深度、数据方法选取的操作上，为了保证整个材料充分地吸水，且底部均匀吸水，浸水深度不宜过小。受浸水深度影响较大的材料，应通过实验的方法对其毛细吸水系数进行测定。

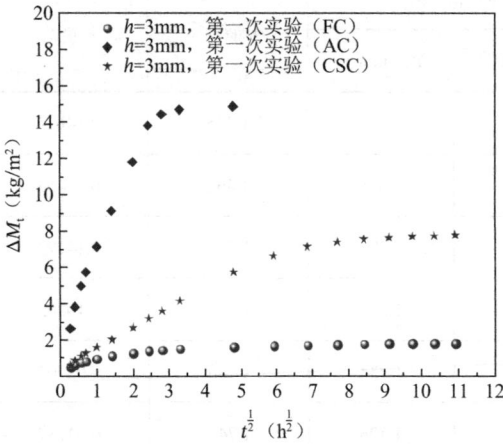

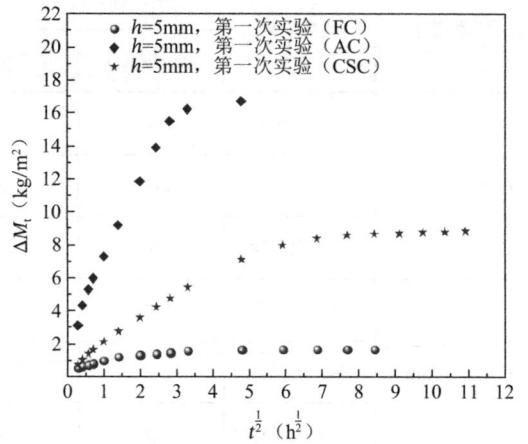

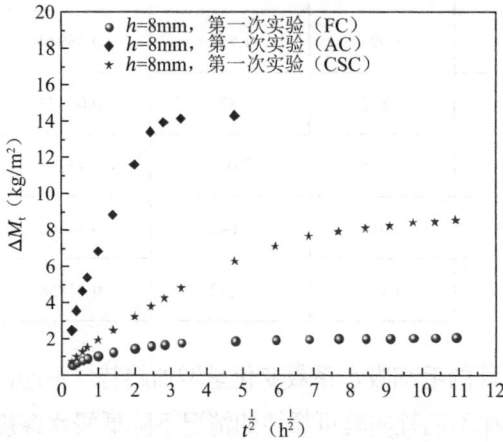

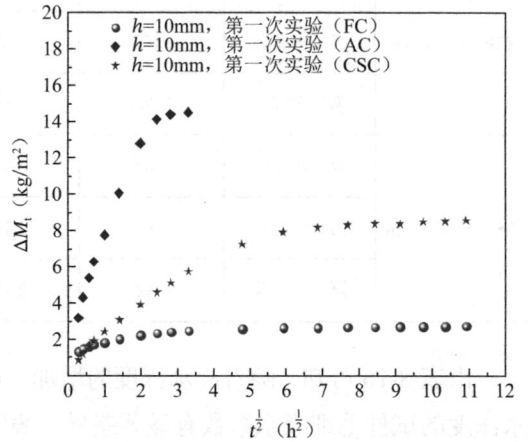

图 8-33　不同浸水深度下试件的吸水过程

（a）$h = 3mm$；（b）$h = 5mm$；（c）$h = 8mm$；（d）$h = 10mm$

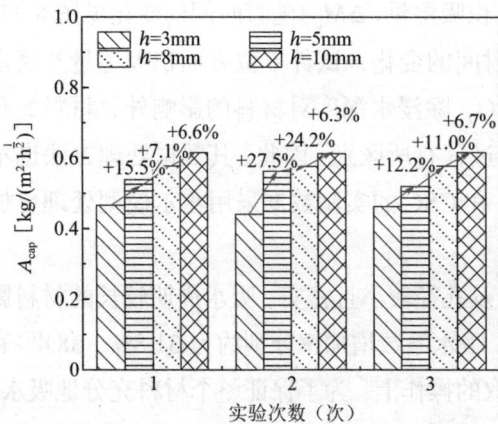

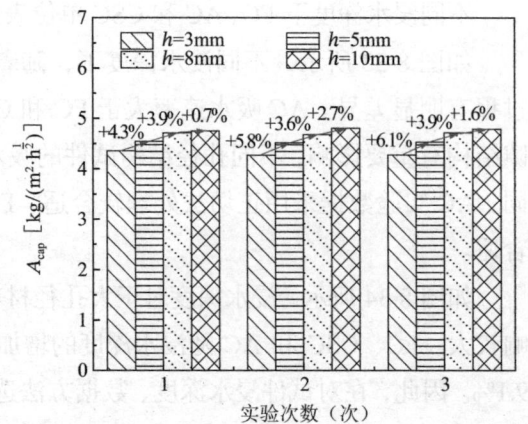

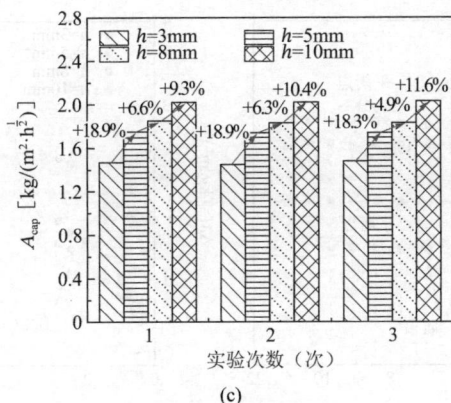

图 8-34　不同浸水深度下试件的毛细吸水系数
（a）FC；（b）AC；（c）CSC

8.6　毛细吸水系数影响因素权重分析

采用毛细吸水法获取不同的多孔建筑材料的毛细吸水系数时，各因素对结果的影响程度大小不同，针对不同材料应着重考虑哪种影响因素显得极为重要。因此，本节结合材料的孔隙结构，通过对比实验分析 3 种试件的吸水过程，对研究对象毛细吸水系数影响因素进行权重分析。

8.6.1　发泡水泥

各因素在不同工况下吸水过程的变化曲线见图 8-35，其变化趋势类似。该吸水过程可以分为两个阶段：第一阶段，多孔建筑材料稳定吸水，毛细吸水速率较快，主要由前水柱未到达试件顶部时的毛细力控制；第二阶段，试件从毛细饱和状态吸至最大吸水量，该阶段试样吸水速率慢，主要由前水柱到达试样顶部后被截留的空气扩散控制。FC 在吸水第一阶段与第二阶段之间有一个平缓过渡区，该现象一是由于试件吸入的水与材料再次进行水化反应，从而使得有效粒径或细观孔隙结构发生变化所致，二是重力因素的影响，特别是当孔径较大时，非线性的现象尤为突出。整个毛细吸水过程中，吸水速率都是缓慢降低的，吸水过程曲线呈非线性关系，处理其数据时可以采用霍尔模型。

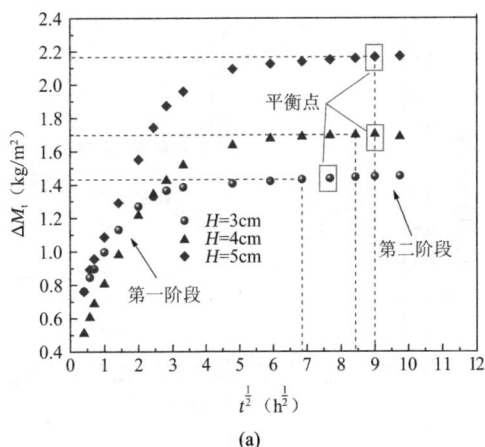

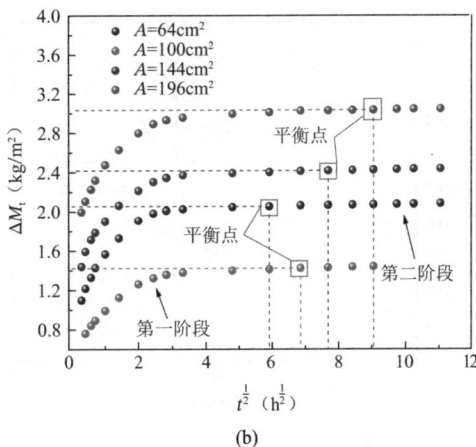

(a)　(b)

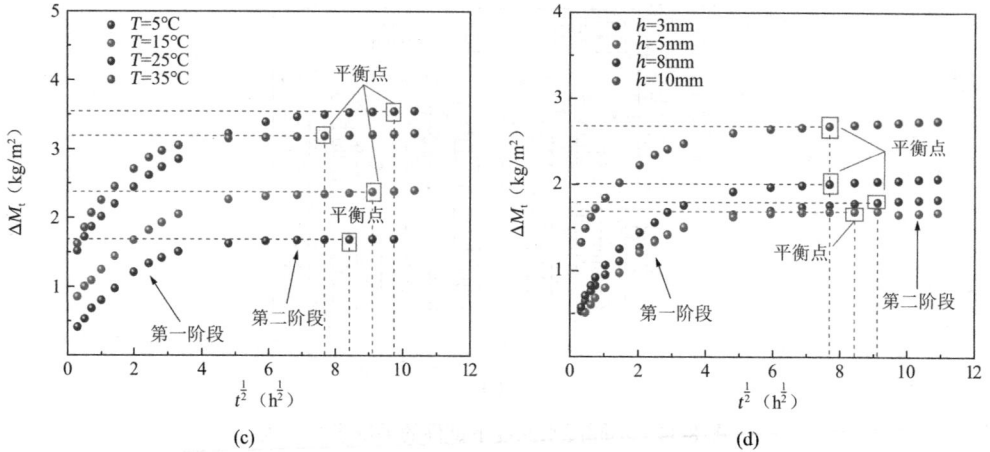

图 8-35　FC 各因素在不同工况下吸水过程的变化曲线
（a）不同厚度；（b）不同底面积；（c）不同温度；（d）不同浸水深度

自始至终，FC 进行吸水测试时表面并没有液态水出现，主要是由于 FC 孔径较大，当材料稳定吸水到一定高度，其重力作用大于毛细力作用，内部已经达到平衡状态。不管在何种因素下，FC 吸水过程中吸水第一阶段始终呈非线性增加，说明了重力对大孔径材料具有重要作用。FC 要达到标准中规定的实验终止条件较为困难，建议在吸水达到第二阶段后至少 7 个工况或者液体吸收量小于吸收表面的 $0.006kg/m^2$ 时停止实验，尤其对于大孔径材料，实验过程更容易对结果产生影响。

FC 在不同因素不同工况下 3 次重复性实验的毛细吸水系数见图 8-36，3 种厚度工况下的毛细吸水系数皆呈递增趋势。当厚度为 3cm 时，重复性实验下毛细吸水系数的标准偏差与方差最小，标准偏差为 0.00845。FC 在底面积为 100cm²、144cm²、196cm² 工况下的毛细吸水系数呈递增趋势，底面积为 100cm² 时，重复性实验下毛细吸水系数的标准偏差与方差最小，标准偏差为 0.00846。在 4 种浸水深度工况下毛细吸水系数皆呈递增趋势，浸水深度为 8mm 时，重复性实验下毛细吸水系数的标准偏差与方差最小，标准偏差为 0.00075。在 4 种不同环境温度工况下，FC 的毛细吸水系数皆呈递增趋势，温度为 15℃时，重复性实验下毛细吸水系数的标准偏差与方差最小，标准偏差为 0.0055。

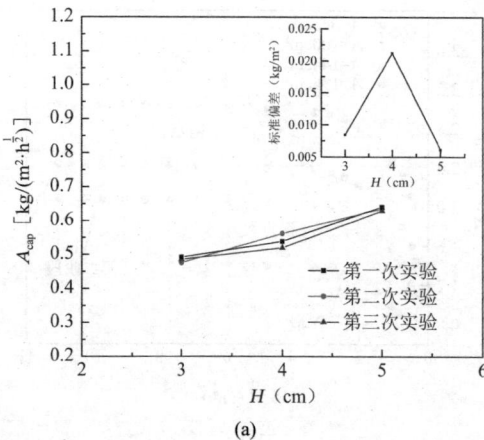

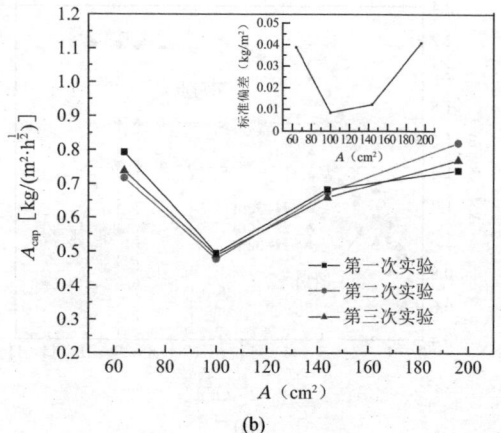

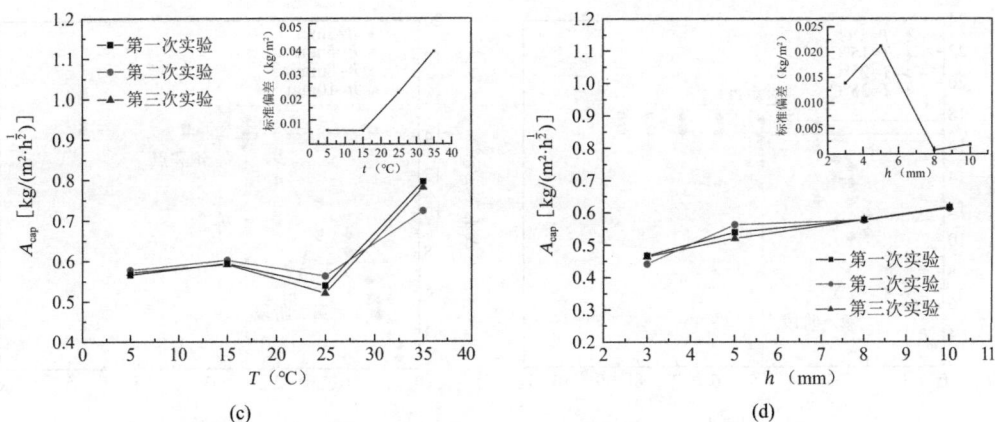

图 8-36　各因素下 FC 的毛细吸水系数
（a）不同厚度；（b）不同底面积；（c）不同温度；（d）不同浸水深度

综上所述，对于 FC 而言，底面积对材料毛细吸水系数的影响最大。底面积较大或较小时，实验的重复性较差，其误差也较大。FC 毛细吸水系数随温度、浸水深度、厚度增加的增加率分别约 40.6%、31.8%、30.2%。各因素对 FC 毛细吸水系数的影响程度为：底面积 > 温度 > 浸水深度 > 厚度。这是由于大孔径材料在进行毛细吸水时，毛细吸附作用较弱，重力作用较明显，底面积与厚度的改变其初始吸水量及吸水路径，且该材料对温度极其敏感，使其结果产生显著影响。因此，在大孔径材料的毛细吸水实验中，建议厚度应在 5cm 以上，底面积不宜过大，否则在实验过程中会增加其误差，推荐选用底面积为 100cm²。在温度选择方面，高温对其影响较大，其在 15℃ 左右重复性较好，浸水深度在 8mm 左右重复性较好。

8.6.2　加气混凝土

AC 各因素在不同工况下吸水过程的变化曲线见图 8-37，其变化趋势类似，吸水过程可分为两个阶段，同 8.6.1 节所述。AC 试样在吸水的两个阶段，分界点十分明显，产生此现象的原因是由于 AC 毛细孔较多，吸湿性强，毛细力在吸水过程中起主要作用。整个毛细吸水过程中，吸水速率缓慢降低，稳定吸水阶段数据呈线性关系，处理其数据时可以采用正切模型。

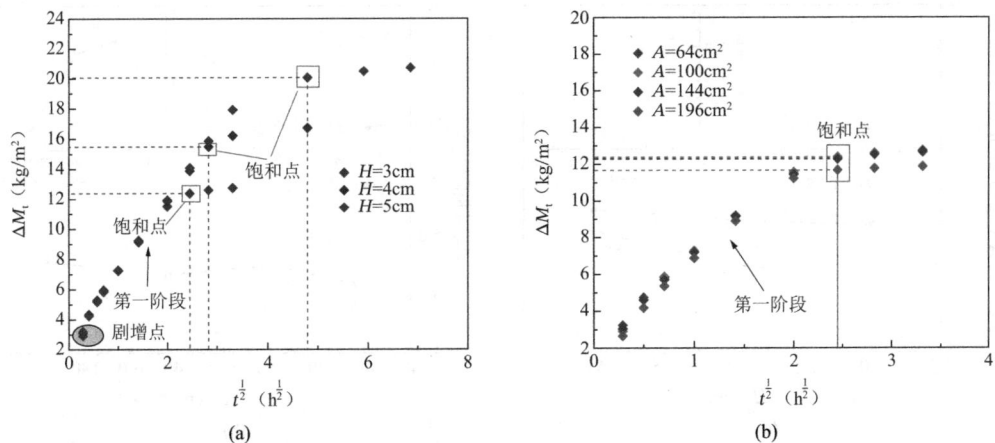

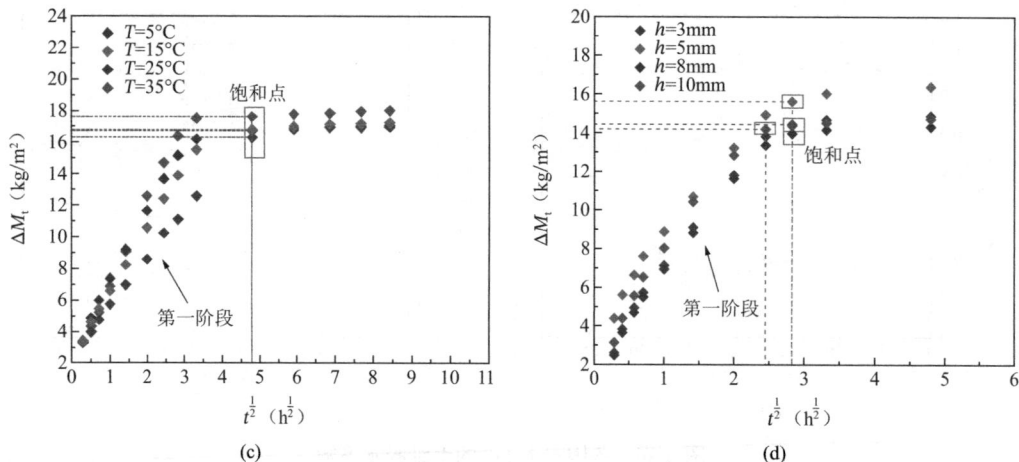

图 8-37　AC 各因素在不同工况下吸水过程的变化曲线
（a）不同厚度；（b）不同底面积；（c）不同温度；（d）不同浸水深度

AC 毛细吸水系数测试中表面有液态水出现，水分达到饱和，符合标准中的实验停止要求。且不管何种因素下，AC 的吸水过程在稳定吸水阶段，数据皆呈线性增加，说明了毛细力在毛细吸水实验中具有重要作用。对于毛细力较强、吸湿性较大的材料，在测定其毛细吸水系数时，可在试件表面出现液态水后停止实验。

AC 在不同因素不同工况下 3 次重复性实验毛细吸水系数见图 8-38，3 种不同厚度工况下的毛细吸水系数皆呈递增趋势，在厚度为 5cm 时，重复性实验下毛细吸水系数的标准偏差与方差最小，标准偏差为 0.21。AC 在底面积为 64cm²、100cm²、144cm²、196cm² 工况下的毛细吸水系数规律性并不明显，且各数值相差不大，在底面积为 196cm² 时，重复性实验下毛细吸水系数的标准偏差与方差最小，标准偏差为 0.086。4 种浸水深度工况下毛细吸水系数皆呈递增趋势，浸水深度为 8mm 时，重复性实验下毛细吸水系数的标准偏差与方差最小，标准偏差为 0.09。4 种不同环境温度工况下 AC 的毛细吸水系数皆呈递增趋势，温度为 5℃时，重复性实验下毛细吸水系数的标准偏差与方差最小，标准偏差为 0.016。

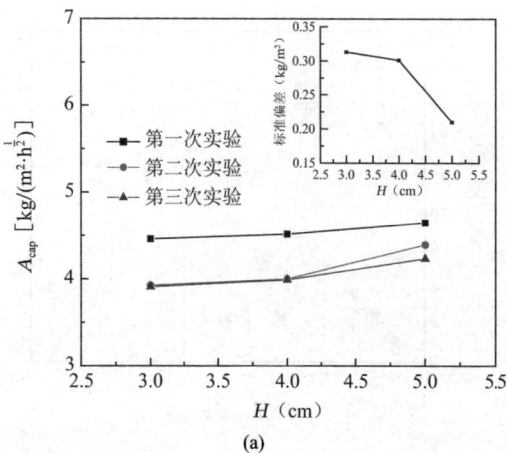

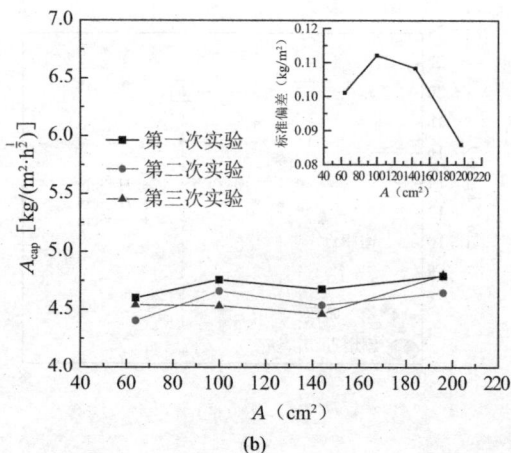

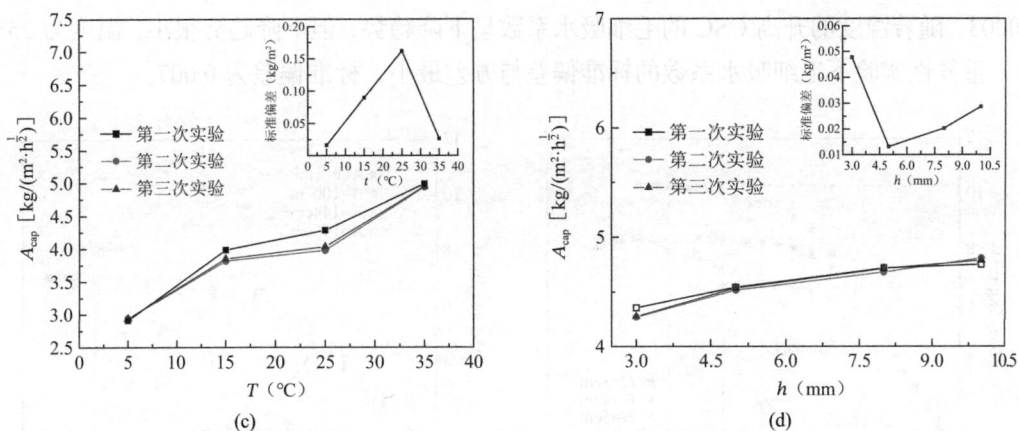

图 8-38　不同因素不同工况下 AC 的毛细吸水系数
（a）不同厚度；（b）不同底面积；（c）不同温度；（d）不同浸水深度

综上所述，对于 AC 而言，温度对其毛细吸水系数的取值影响最大。毛细吸水系数的取值随温度、浸水深度、厚度、底面积增加的增加率分别约为 71.3%、9.1%、4.3%、4.1%。各因素对 AC 毛细吸水系数影响程度为：温度 > 浸水深度 > 厚度 > 底面积。可以得出，温度对毛细力强、吸湿性强的材料有重要影响作用，这是由于毛细孔较多的材料在进行毛细吸水时，毛细吸附作用较强，温度对于水的张力有影响且温度的升高对水分的输运会产生积极影响。除此之外，材料本身的孔隙结构也是重要影响因素。因此，对于毛细力作用下吸湿性较强的材料，建议选择环境温度为 5℃，材料厚度为 5cm，底面积为 196cm² 左右，浸水深度为 8mm 左右作为其最佳测试条件。

8.6.3　珊瑚砂混凝土

珊瑚砂凝土材料各因素在不同工况下吸水过程变化曲线见图 8-39，其变化趋势类似，吸水过程可分为两个阶段，同 8.6.1 节所描述。珊瑚砂凝土吸水两个阶段分界点不明显，存在一个过渡区，主要是由于 CSC 孔隙较小且密实。吸水前期，毛细力在吸水过程中起主要作用；吸水后期，其孔径较小且受该材料自身性质影响，其内部可以容纳更多水，水分缓慢吸收出现过渡区。整个毛细吸水过程中，吸水速率都是缓慢降低的，稳定吸水阶段数据不呈线性关系，处理其数据时可以采用霍尔模型。

CSC 吸水测试中表面有液态水出现，水分达到饱和，但难以满足其液体吸收量小于吸收表面的 0.001kg/m² 这一标准的停止要求。不管何种因素下，CSC 稳定吸水阶段始终不呈线性增加，在该类材料吸水测试中，试件表面出现液态水可停止实验。

CSC 在不同因素不同工况下 3 次重复性实验毛细吸水系数见图 8-40，CSC 在 3 种厚度下的毛细吸水系数变化很小，厚度为 4cm 时，重复性实验下毛细吸水系数的标准偏差与方差最小，标准偏差为 0.0005。同样，CSC 在 4 种不同底面积工况下的毛细吸水系数变化规律性也不明显，且各数值相差不大，底面积为 64cm² 时，重复性实验下毛细吸水系数的标准偏差与方差最小，标准偏差为 0.004。4 种浸水深度工况下毛细吸水系数皆呈递增趋势，浸水深度为 10mm 时，重复性实验下毛细吸水系数的标准偏差与方差最小，标准偏差为

0.0003。随着温度的升高 CSC 的毛细吸水系数呈下降趋势，但下降趋势很小，温度为 25℃ 时，重复性实验下毛细吸水系数的标准偏差与方差最小，标准偏差为 0.007。

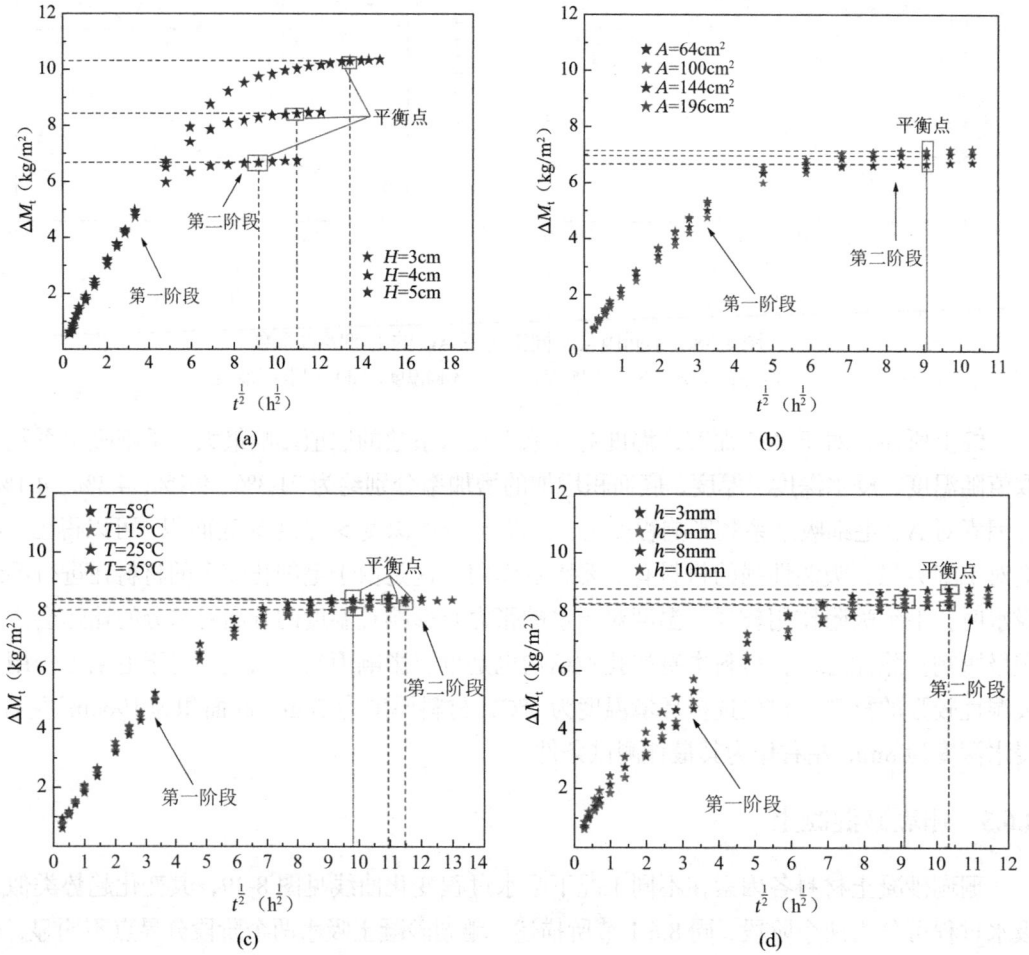

图 8-39　各因素下 CSC 的吸水过程
（a）不同厚度；（b）不同底面积；（c）不同温度；（d）不同浸水深度

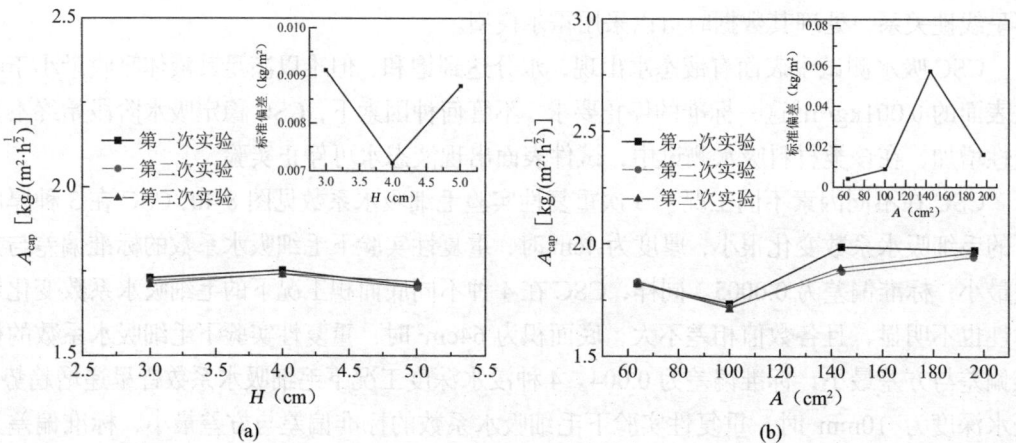

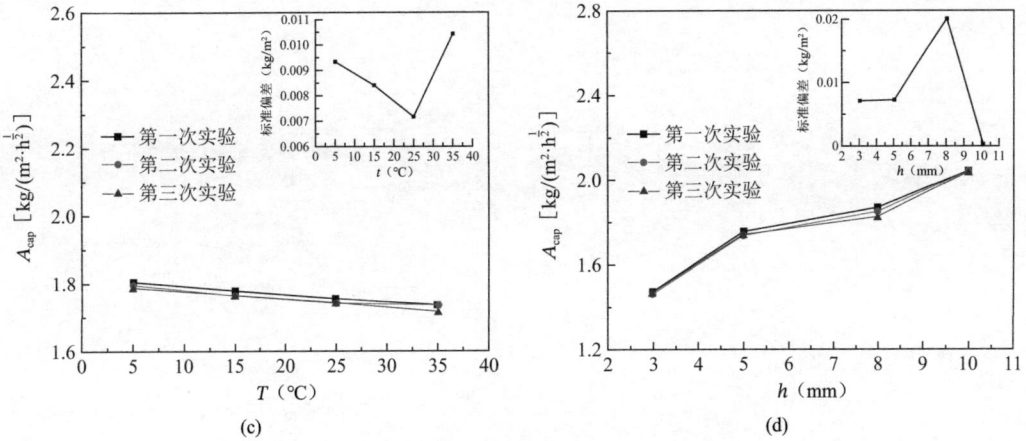

图 8-40　不同因素不同工况下 CSC 的毛细吸水系数
（a）不同厚度；（b）不同底面积；（c）不同温度；（d）不同浸水深度

　　综上所述，对于 CSC 而言，浸水深度对其毛细吸水系数的影响最大。毛细吸水系数的取值随浸水深度、底面积增加的增加率分别约 38.4%、8.1%；毛细吸水系数随温度、厚度的增加分别降低了 4.1%、1%。各因素对 CSC 毛细吸水系数影响程度为：浸水深度 > 底面积 > 温度 > 厚度。浸水深度对孔隙较小、内部密实，吸湿性较好的材料有重要影响作用。对于孔径较小，内部密实且吸水均匀的材料，建议选择材料厚度在 4cm 以上，底面积为 64cm² 左右，环境温度为 25℃，浸水深度为 10mm 左右作为其最佳测试条件。

参 考 文 献

[1] 中国工程建设标准化协会. 多孔建筑材料湿物理性质测试方法: T/CECS 10203—2022.[S]. 北京: 中国标准出版社, 2022.

[2] ADITYA L, MAHLIA T, RISMANCHI B, et al. A review on insulation materials for energy conservation in buildings[J]. Renewable and Sustainable Energy Reviews, 2017, 73: 1352-1365.

[3] JIA G, LI Z, LIU P, et al. Preparation and characterization of aerogel/expanded perlite composite as building thermal insulation material[J]. Journal of Non-Crystalline Solids, 2018, 482: 192-202.

[4] QIUHUI Y, ZHAO F, JIEREN L, et al. Preparation and characterization of building insulation material based on SiO$_2$ aerogel and its composite with expanded perlite[J]. Energy & Buildings, 2022, 255: 111661.1-111661.11.

[5] LI X, CHEN H, LI H, et al. Integration of form-stable paraffin/nanosilica phase change material composites into vacuum insulation panels for thermal energy storage[J]. Applied Energy, 2015, 159: 601-609.

[6] 西安建筑科技大学, 华南理工大学, 重庆大学, 等. 建筑材料[M]. 4 版. 北京: 中国建筑工业出版社, 2013.

[7] 侯力学. 中国建筑材料工业年鉴[M]. 北京: 中国建筑材料工业年鉴编辑部, 2019.

[8] 王欣, 陈梅梅. 建筑材料[M]. 3 版. 北京: 北京理工大学出版社, 2019.

[9] 刘歌. 中国外墙保温体系产品行业市场调查报告[D]. 大连: 大连工业大学, 2013.

[10] 中华人民共和国住房和城乡建设部. 建筑用真空绝热板应用技术规程: JGJ/T 416—2017[S]. 北京: 中国建筑工业出版社, 2017.

[11] 中华人民共和国国家质量监督检验检疫总局. 纳米孔气凝胶复合绝热制品: GB/T 34336—2017[S]. 北京: 中国标准出版社, 2017.

[12] 中华人民共和国住房和城乡建设部: GB 50176—2016[S]. 北京: 中国建筑工业出版社, 2017.

[13] 李清江, 姜勇, 于全发, 等. 建筑材料[M]. 北京: 北京理工大学出版社, 2018.

[14] 陆耀庆. 实用供热空调设计手册[M]. 2 版. 北京: 中国建筑工业出版社, 2008.

[15] 章熙民. 传热学[M]. 6 版. 北京: 中国建筑工业出版社, 2014.

[16] YINGYING W, KANG L, YANFENG L, et al. The impact of temperature and relative humidity dependent thermal conductivity of insulation materials on heat transfer through the building envelope[J]. Journal of Building Engineering, 2022, 46: 103700.

[17] 孔凡红, 赵强, 郭小强, 等. 建筑材料多孔介质热物性参数测试实验研究[J]. 太阳能学报, 2016, 37(11): 2883-2888.

[18] 周辉. 建筑材料热物理性能与数据手册[M]. 北京: 中国建筑工业出版社, 2010.

[19] 中华人民共和国国家质量监督检验检疫总局. 建筑材料及制品的湿热性能吸湿性能的测定: GB/T 20312—2006[S]. 北京: 中国标准出版社, 2006.

[20] 中华人民共和国国家质量监督检验检疫总局. 建筑材料及制品的湿热性能　含湿率的测定 烘干法: GB/T 20313—2006[S]. 北京: 中国标准出版社, 2006.

[21] HE Y, DONADIO D, GALLI G. Morphology and temperature dependence of the thermal conductivity of

nanoporous SiGe[J]. Nano Lett, 2011, 11(9): 3608-3611.

[22] American Society for Testing and Materials. Standard test methods for determination of the water absorption coefficient by partial immersion: ASTM C1794-19[S]. Commonwealth of Pennsylvania: American Society for Testing and Materials, 2019.

[23] 中华人民共和国国家质量监督检验检疫总局. 硬质泡沫塑料 水蒸气透过性能的测定: GB/T 21332—2008[S]. 北京: 中国标准出版社, 2008.

[24] 张海林. 提高散体有效导热系数模型准确度的理论与实验研究[D]. 北京: 华北电力大学, 2004.

[25] 马超, 刘艳峰. 多孔介质有效导热系数研究进展[EB/OL]. 中国科技论文在线. (2014-12-01) [2025-03-02]. https://www.paper.edu.cn/releasepaper/content/201412-11.

[26] Beck J V., Yao L. S. Heat transfer in porous media[M]. New York: ASME, 1982.

[27] LUIKOV A V. Heat and mass transfer[M]. Moscow: Mir Publishers, 1980.

[28] ADUDA B O. Effective thermal conductivity of loose particulate systems[J]. Journal of Materials Science, 1996, 31(24): 6441-6448.

[29] MA Y T, YU B M, ZHANG D M, et al. A self-similarity model for effective thermal conductivity of porous media[J]. Journal of Physics, D. Applied Physics: A Europhysics Journal, 2003, 36(17): 2157-2164.

[30] HSU C T, CHENG P, WONG K W. A lumped-parameter model for stagnant thermal conductivity of spatially periodic porous media[J]. Journal of Heat Transfer, 1995, 117(2): 264-269.

[31] CRANE R A, VACHON R I. A prediction of the bounds on the effective thermal conductivity of granular materials[J]. International Journal of Heat and Mass Transfer, 1977, 20(7): 711-723.

[32] MISRA K, SHROTRIYA A K, SINGH R, et al. Porosity correction for thermal conduction in real two-phase systems[J]. Applied Physics: A Europhysics Journal, 1994, 27(4): 732-735.

[33] CHEN G L, LI F L, GENG J Y, et al. Identification, generation of autoclaved aerated concrete pore structure and simulation of its influence on thermal conductivity[J]. Construction and Building Materials, 2021, 294: 123572.1-123572.13.

[34] WANG M, WANG J, PAN N, et al. Mesoscopic predictions of the effective thermal conductivity for microscale random porous media[J]. Physical review, E. Statistical, nonlinear, and soft matter physics, 2007, 75(3): 6702.1-6702.10.

[35] SINGH R, BENIWAL R S, CHAUDHARY D R. Thermal conduction of multi-phase systems at normal and different interstitial air pressures[J]. Journal of Physics, D. Applied Physics: A Europhysics Journal, 2000, 20(7): 917-922.

[36] 俞昌铭. 多孔介质传热传质及其数值分析[M]. 北京: 清华大学出版社, 2011.

[37] 陈永主. 多孔材料制备与表征[M]. 合肥: 中国科技大学出版社, 2010.

[38] 赵振国. 吸附作用应用原理[M]. 北京: 化学工业出版社, 2005.

[39] 德鲁·迈尔斯. 表面、界面和胶体: 原理及应用[M]. 吴大诚, 朱谱新, 王罗新, 等译. 北京: 化学工业出版社, 2005.

[40] 彭昊. 建筑围护结构调湿材料理论和实验的基础研究[D]. 上海: 同济大学, 2006.

[41] 陈启高. 建筑热物理基础[M]. 西安: 西安交通大学出版社, 1991.

[42] 陶文铨. 传热学[M]. 西安: 西北工业大学出版社, 2006.

[43] 吴同庚. 无机材料热物性学[M]. 上海: 上海科学出版社, 1981.

[44] 熊兆贤. 材料物理导论[M]. 北京: 科学出版社, 2012.

[45] 黄祖洽, 丁鄂江. 输运理论[M]. 北京: 科学出版社, 2008.

[46] E. R. G. ECKERT, R. M. DRAKE. 传热与传质分析[M]. 航青, 译. 北京: 科学出版社, 1983.

[47] 何雅玲, 王勇, 李庆. 格子 Botlzmann 方法的理论及应用[M]. 北京: 科学出版社, 2008.

[48] 刘静. 微米/纳米尺度传热学[M]. 北京: 科学出版社, 2001.

[49] GANG CHEN. 纳米尺度能量输运和转化: 对电子、分子、声子和光子的统一处理[M]. 周怀春, 李水清, 黄志锋, 等译. 北京: 清华大学出版社, 2014.

[50] 章熙民, 任泽霈, 梅飞鸣. 传热学[M]. 3 版. 北京: 中国建筑工业出版社, 2007.

[51] 吕永钢, 刘静. 基于 Boltzmann 方程的传质理论[C]//中国工程热物理学会. 中国工程热物理学会传热传质学学术会议论文集. 上海: 中国工程热物理学会, 2002: 469-472.

[52] SCHAAF S A, CHAMBRE P L. flow of raefied gases[M]. Princeton: Princeton University Press, 1961.

[53] 过增元. 国际传热研究前沿——微细尺度传热[J]. 力学进展, 2000, 30(1): 1-6.

[54] 朱恂. 速度滑移及温度跳跃区微尺度通道内的流动与换热[D]. 重庆: 重庆大学, 2002.

[55] KAGANER M G. Thermal insulation in cryogenic engineering [M]. Jerusalem: Israel Program of Scientific Translation, 1969.

[56] BURMEISTER L C. Convective heat transfer[M]. New York: John Wiley & Sons, Inc., 1983.

[57] LOISEAU A, LAUNOIS P, PETIT P, et al. Understanding carbon nanotubes[M]. Berlin: Springer, 2006.

[58] NAIT A B, HABERKO K, VESTEGHEM H, et al. Thermal conductivity of highly porous zirconia[J]. Journal of the European Ceramic Society 2006, 26: 3567-3574.

[59] KHALED R, GROSS U. GROSS. Modeling of influence of gas atmosphere and pore-size distribution on the effective thermal conductivity of Knudsen and non-Knudsen porous materials[J]. International Journal of Thermophysics, 2009, 30(4): 1343-1356.

[60] KAPITZA P L. The Study of heat transfer in helium Ⅱ [J]. Helium 4, 1941: 181-210.

[61] MARUYAMA S, KIMURA T. A study on thermal resistance over a solid-liquid interface by the molecular dynamics method[J]. Thermal Science and Engineering, 1999, 7(1): 63-68.

[62] KIM B H. Thermal resistance at a liquid-solid interface dependent on the ratio of thermal oscillation frequencies [J]. Chemical Physics Letters, 2012, 554: 77-81.

[63] FREUND J B. The atomic detail of an evaporating meniscus[J]. Physics of Fluids, 2005, 17: 104-112.

[64] YU C J, RICHTER A G, DATTA A, et al. Molecular layering in a liquid on a solid substrate: an X-ray reflectivity study[J]. Physica B: Condensed Matter, 2000, 283(1-3): 27-31.

[65] YU B, LI J. Some fractal characters of porous media[J]. Fractals, 2001, 9(3): 365-372.

[66] DULLIEN F A L. Porous media: Fluid transport and pore structure[M]. San Diego: Academic Press, 1992.

[67] YU B M, CHENG P. A fractal permeability model for bi-dispersed porous media[J]. International Journal of Heat and Mass Transfer, 2002, 45: 2983-2993.

[68] MIAO T J, CHENG S J, CHEN A M, et al. Analysis of axial thermal conductivity of dual-porosity fractal porousmedia with random fractures[J]. International Journal of Heat and Mass Transfer, 2016, 102: 884-890.

[69] YU B M. Analysis of flow in fractal porous media[J]. Applied Mechanics Reviews, 2008, 61(5): 1-8.

[70] LIU Y F, WANG Y Y, WANG D J, et al. Effect of moisture transfer on thermal surface temperature[J]. Energy

and Buildings, 2013, 60: 83-91.

[71] 曲伟, 范春利, 马同泽. 脉动热管的接触角滞后和毛细滞后阻力[J]. 工程热物理学报, 2003, 24(2): 301-303.

[72] 郭兴国, 陈友明. 热湿气候地区保温复合墙体内部冷凝研究[J]. 四川建筑科学研究, 2012, 38(6): 309-312.

[73] 张华玲. 水电站地下厂房热湿环境研究[D]. 重庆: 重庆大学, 2007.

[74] BRANCO F, TADEU A, Simoes N. Heat conduction across double brick walls via BEM [J]. Building and Environment, 2004, 39(1): 51-58.

[75] VALEN M S. Moisture transfer in organic coatings on porous materials[D]. Norway: Norwegian University of Science and Technology, 1998.

[76] WANG Y Y, LIU Y F, LIU J P. Effect of the night ventilation rate on the indoor environment and air-conditioning load while considering wall inner surface moisture transfer[J]. Energy and Buildings, 2014, 80: 366-374.

[77] KUSUDA T. Indoor humidity calculation[J]. ASHRAE Trans, 1983, 2: 728-738.

[78] KALDIS E (EDS.), Current Topics in Materials Science[M]. Amsterdam: North-Hoilard, 1980.

[79] 王遵敬. 蒸发与凝结现象的分子动力学研究及实验[D]. 北京: 清华大学, 2002.

[80] PATEL R, PATEL C T, PATEL P. A review paper on measure thermal conductivity[J]. JETIR, 2016, 2(3): 51-53.

[81] BUCK W, RUDTSCH S. Handbook of Materials Measurement Methods[J]. Springer Berlin Heidelberg, 2006, 40(9): 399-429.

[82] 中华人民共和国国家质量监督检验检疫总局. 绝热材料稳态热阻及有关特性的测定 防护热板法: GB/T 10294—2008[S]. 北京: 中国标准出版社, 2008.

[83] WEI G, WANG L, XU C, et al. Thermal conductivity investigations of granular and powdered silica aerogels at different temperatures and pressures[J]. Energy and Buildings, 2016, 118: 226-231.

[84] LEE Y, KU D Y, PARK Y H, et al. Sample holder design for effective thermal conductivity measurement of pebble-bed using laser flash method[J]. Fusion Engineering and Design, 2017, 124: 995-998.

[85] American Society for Testing and Materials. Standard test method for thermal conductivity of plastics by means of a transient line-source technique:ASTM D5930-17[S]. Commonwealth of Pennsylvania: American Society for Testing and Materials, 2017.

[86] 张涛. 低温保护热板法测量绝热材料导热系数研究[D]. 南京: 南京航空航天大学, 2015.

[87] 杨雯, 王莹莹, 刘加平, 等. 保护热板法导热系数测试研究综述[J]. 西安建筑科技大学学报 (自然科学版), 2018, 50(1): 57-64.

[88] 王明凯. 防护热板导热仪温度测量控制系统的研制[D]. 保定: 河北大学, 2021.

[89] International Organization for Standardization. Thermal insulation; determination of steady-state thermal resistance and related properties; guarded hot plate apparatus: ISO 8302:1991[S]. Geneva: International Organization for Standardization, 1991.

[90] American Society for Testing and Materials. Standard test method for steady-state heat flux measurements and thermal transmission properties by means of the guarded-hot-plate apparatus: ASTM C177-19[S]. Commonwealth of Pennsylvania: American Society for Testing and Materials, 2019.

[91] British Standards Institution. Thermal performance of building materials and products-determination of

thermal resistance by means of guarded hot plate and heat flow meter methods-products of high and medium thermal resistance: BS EN 12667: 2001[S]. London: British Standards Institution, 2001.

[92] British Standards Institution. Thermal performance of building materials and productsdetermination of thermal resistance by means of guarded hot plate and heat flow meter methodsdry and moist products of medium and low thermal resistance. BS EN 12664: 2001[S]. London: British Standards Institution, 2001.

[93] British Standards Institution. Thermal insulation products for building equipment and industrial installations-Determination of thermal resistance by means of the guarded hot plate method-Part 1: Measurements at elevated temperatures from 100℃ to 850℃: CEN/TS 15548-1: 2014[S]. London: British Standards Institution, 2014.

[94] British Standards Institution. Thermal performance of building materials-The use of interpolating equations in relation to thermal measurement on thick specimens-Guarded hot plate and heat flow meter apparatus: CEN/TR 15131: 2006[S]. London: British Standards Institution, 2006.

[95] 闵凯, 刘斌, 温广. 导热系数测量方法与应用分析[J]. 保鲜与加工, 2005(6): 40-43.

[96] 中华人民共和国国家质量监督检验检疫总局. 绝热材料稳态热阻及有关特性的测定　热流计法: GB/T 10295—2008[S]. 北京: 中国标准出版社, 2008.

[97] International Organization for Standardization. Thermal insulation-determination of steady-state thermal resistance and related properties-heat flow meter apparatus: ISO 8302: 1991[S]. Geneva: International Organization for Standardization, 1991.

[98] American Society for Testing and Materials. Standard test method for steady state thermal transmission properties by means of the heat flow meter apparatus: ASTM C518-17. Commonwealth of Pennsylvania: American Society for Testing and Materials, 2017.

[99] ZISIK M N. 热传导[M]. 俞昌铭, 译. 北京: 高等教育出版社, 1984.

[100] MITTENBUHLER V A. An apparatus for the measurement of the thermal conductivity of refractory bricks, granular materials and powders[J]. Berichte der Deutschen Chemischen Gesellschaft, 1964, 41(1): 15-20.

[101] 杨红伟, 胡玉霞, 陈明. 瞬态热线法测量复合材料导热系数的方法[J]. 高科技纤维与应用, 2018, 43(2): 45-51.

[102] 谭月敏, 徐健明, 庞文键, 等. 浅谈应用材料导热系数的测定方法[J]. 中国胶粘剂, 2023, 32(7): 62-68.

[103] 国家市场监督管理总局. 耐火材料　导热系数、比热容和热扩散系数试验方法（热线法）: GB/T 5990—2021[S]. 北京: 中国标准出版社, 2021.

[104] COLLET F,PRETOT S. Thermal conductivity of hemp concretes: Variation with formulation, density and watercontent[J]. Construction & Building Materials, 2014, 65(13): 612-619.

[105] 中华人民共和国国家质量监督检验检疫总局, 中国国家标准化管理委员会. 非金属固体材料导热系数的测定　热线法: GB/T 10297—2015[S]. 北京: 中国标准出版社, 2016.

[106] International Organization for Standardization. Refractory Materials-Determination of Thermal Conductivity-Part 2: Hot-Wire Methods (parallel): ISO 8894-2: 2007[S]. Geneva: International Organization for Standardization, 2007.

[107] American Society for Testing and Materials. Standard test method for thermal conductivity of refractories by hot wire (platinum resistance thermometer technique): ASTM C1113/C1113 M-09: 2019[S]. Commonwealth of Pennsylvania: American Society for Testing and Materials, 2019.

[108] American Society for Testing and Materials. Standard test method for thermal conductivity of plastics by means of a transient line-source technique: ASTM D5930-17[S]. Commonwealth of Pennsylvania: American

Society for Testing and Materials, 2017.

[109] British Standards Institution. Methods of test for dense shaped refractory products-Part 15: Determination of thermal conductivity by the hot wire (parallel) method: BS EN 993-15: 2005[S]. London: British Standards Institution, 2005.

[110] 姚凯, 郑会保, 刘运传, 等. 导热系数测试方法概述[J]. 理化检验 (物理分册), 2018, 54(10): 741-747.

[111] ZHANG H, JIN Y, GU W, et al. A numerical study on the influence of insulating layer of the hot disk sensor on the thermal conductivity measuring accuracy[J]. Progress in Computational Fluid Dynamics, 2013, 13(3-4): 191-201.

[112] ZHANG H, LI M J, FANG W Z, et al. A numerical study on the theoretical accuracy of film thermal conductivity using transient plane source method[J]. Applied Thermal Engineering, 2014, 72: 62-69.

[113] BOUKHATTEM L, BOUMHAOUT M, HAMDI H, et al. Moisture content influence on the thermal conductivity of insulating building materials made from date palm fibers mes[J]. Construction and Building Materials, 2017, 148: 811-823.

[114] International Organization for Standardization. Plastics-Determination of thermal conductivity and thermal diffusivity-Part 2: Transient plane source (hot disc) method: ISO 22007-2: 2022[S]. Geneva: International Organization for Standardization, 1991.

[115] 中华人民共和国住房和城乡建设部. 建筑用材料导热系数和热扩散系数瞬态平面热源测试法: GB/T 32064—2015[S]. 北京: 中国标准出版社, 2016.

[116] PARKER W J, JENKINSRJ, BUTLER C P. Flash method of determining thermal diffusivity heat capacity and thermal conductivity[J]. Journal of Applied Physics, 1961, 32(9): 1679-1684.

[117] YANG E, GUO H Y, GUO J D, et al. Thermal performance of low melting temperature alloy thermal interface materials[J]. Acta Metallurgica Sinica, 2014, 27(2): 290-294.

[118] 王东, 孙晓红, 赵维平, 等. 激光闪射法测试耐火材料导热系数的原理与方法[J]. 计量与测试技术, 2009, 36(3): 38-42.

[119] 王洛, 刘自民, 饶磊, 等. 激光闪射法测量金属试样导热系数的不确定度评定的探讨[J]. 安徽冶金科技职业学院学报, 2019, 29(4): 15-18.

[120] XU Y, CHUNG D D L. Cement-based materials improved by surface-treated admixtures[J]. ACI Materials Journal, 2000, 97(3): 333-342.

[121] RODUR V K R, SULTAN M A. Effect of temperature on thermal properties of high-strength concrete[J]. Journal of Materials in Civil Engineering, 2003, 15(2): 101-107.

[122] ARUMUGAM R A, RAMAMURTHY K. Study of compressive strength characteristics of coral aggregate concrete[J]. Magazine of Concrete Research, 1996, 48(176): 141-148.

[123] HE Y, DONADIO D, GALLI G. Morphology and temperature dependence of the thermal conductivity of nanoporous SiGe[J]. Nano Lett, 2011, 11(9): 3608-3611.

[124] BERARDI U, NALDI M. The impact of the temperature dependent thermal conductivity of insulating materials on the effective building envelope performance[J]. Energy and Buildings, 2017, 144: 262-275.

[125] CHENG S K, SHUI Z H, SUN T, et al. Durability and microstructure of coral sand concrete incorporating supplementary cementitious materials[J]. Construction and Building Materials, 2018, 171: 44-53.

[126] BIRNBOIM A, OLORUNYOLEMI T, CARMEL Y. Calculating the thermal conductivity of heated powder compacts[J]. Journal of the American Ceramic Society, 2001, 84(6): 1315-1320.

[127] NGUYEN L H, BEAUCOUR A L, ORTOLA S, et al. Influence of the volume fraction and the nature of fine

lightweight aggregates on the thermal and mechanical properties of structural concrete[J]. Construction and Building Materials, 2014, 51: 121-132.

[128] KEA Y, BEAUCOUR A L, ORTOLA S, et al. Influence of volume fraction and characteristics of lightweight aggregate concrete on the mechanical properties of concrete[J]. Construction and Building Materials, 2009, 23: 2821-2828.

[129] 马超. 多孔建筑材料内部湿分布及湿传递对导热系数影响研究[D]. 西安: 西安建筑科技大学, 2017.

[130] RAMIRES M L V, CASTRO C A N D, NAGASAKA Y, et al. Standard reference data for the thermal conductivity of water[J]. Journal of Physical & Chemical Reference Data, 1995, 24: 1377-1381.

[131] NGUYEN L H, BEAUCOUR A L, ORTOLA S, et al. Experimental study on the thermal properties of lightweight aggregate concretes at different moisture contents and ambient temperatures[J]. Construction and Building Materials, 2017, 151: 720-731.

[132] RAHIM M, DOUZANE O, TRAN LE A D, et al. Effect of moisture and temperature on thermal properties of three bio-based materials[J]. Construction and Building Materials, 2016, 111: 119-127.

[133] JERMAN M, KEPPERT M, VYBORNY J, et al. Hygric, thermal and durability properties of autoclaved aerated concrete[J]. Construction and Building Materials, 2013, 41: 352-359.

[134] TAOUKIL D, BOUARDI A E, SICK, et al. Moisture content influence on the thermal conductivity and diffusivity of wood-concrete composite[J]. Construction and Building Materials, 2013, 48: 104-115.

[135] PAVLÍK Z, ˇZUMÁR J, MEDVED' I, et al. Water vapor adsorption in porous building materials: experimental measurement and theoretical analysis[J]. Transport in porous media, 2012, 91: 939-954.

[136] 冯驰. 多孔建筑材料湿物理性质的测试方法研究[D]. 广州: 华南理工大学, 2014.

[137] ZHANG H, FANG W Z, LI Y M, et al. Experimental study of the thermal conductivity of polyurethane foams[J]. Applied Thermal Engineering, 2017, 115: 528-538.

[138] RATKE L. Herstellung und eigenschaften eines neuen leichtbetons: Aerogelbeton[J]. Beton-und Stahlbetonbau, 2008, 4: 236-243.

[139] BERARDI U, NOSRATI R H. Long-term thermal conductivity of aerogel-enhanced insulating materials under different laboratory aging conditions[J]. Energy, 2018, 147: 1188-1202.

[140] ALVEY J B, PATEL J, STEPHENSON L D. Experimental study on the effects of humidity and temperature on aerogel composite and foam insulations[J]. Energy and Buildings, 2017, 144: 358-371.

[141] 孙立新, 冯驰, 崔雨萌. 温度和含湿量对建筑材料导热系数的影响[J]. 土木建筑与环境工程, 2017, 39(6): 123-128.

[142] 黄晓明. 多孔介质相变传热与流动及其若干应用研究[D]. 武汉: 华中科技大学, 2004.

[143] 芮彩雲. 岩棉外墙外保温系统应用研究[D]. 兰州: 兰州理工大学, 2019.

[144] FAN J, CHENG X, CHEN Y S. An experimental investigation of moisture absorption and condensation in fibrous insulations under low temperature[J]. Experimental Thermal and Fluid Science, 2003, 27(6): 723-729.

[145] CAI S, GUO H, ZHANG B, et al. Multi-scale simulation study on the hygrothermal behavior of closed-cell thermal insulation[J]. Energy, 2020, 196: 117142.1-117142.15.

[146] NOSRATI R H, BERARDI U. Hygrothermal characteristics of aerogel-enhanced insulating materials under different humidity and temperature conditions[J]. Energy and Buildings, 2018, 158: 698-711.

[147] GUO H, CAI S, LI K, et al. Simultaneous test and visual identification of heat and moisture transport in

several types of thermal insulation[J]. Energy, 2020, 197: 117137.1-117137.16.

[148] YLA B,HWA B,YZ A, et al. Structure characteristics and hygrothermal performance of silica aerogel composites for building thermal insulation in humid areas-ScienceDirect[J]. Energy and Buildings, 2020, 228: 110452.1-110452.8.

[149] GAO T, JELLE B P, GUSTAVSEN A, et al. Aerogel-incorporated concrete: An experimental study[J]. Construction and Building Materials, 2014, 52: 130-136.

[150] NG SERINA, BJORN PETTER JELLE, LIC SANDBERG, et al. Experimental investigations of aerogel-incorporated ultra-high performance concrete[J]. Construction and Building Materials, 2015, 77: 307-316.

[151] RATKE L. Herstellung und eigenschaften eines neuen leichtbetons: Aerogelbeton[J]. Beton-und Stahlbetonbau, 2008(4): 236-243.

[152] SUGHWAN K, SEO J, CHA J, et al. Chemical retreating for gel-typed aerogel and insulation performance of cement containing aerogel[J]. Construction and Building Materials, 2013, 40: 501-505.

[153] LIU Y S, XIE M J, GAO X Z, et al. Experimental exploration of incorporating form-stable hydrate salt phase change materials into cement mortar for thermal energy storage[J]. Applied Thermal Engineering, 2018, 140: 112-119.

[154] LIU M Y J, JOHNSON U J, JUMAAT M D, et al. Evaluation of thermal conductivity, mechanical and transport properties of lightweight aggregate foamed geopolymer concrete[J]. Energy and Buildings, 2014, 72: 238-245.

[155] GUNDUZ L. The effects of pumice aggregate/cement ratios on the low-strength concrete properties[J]. Construction and Building Materials, 2008, 22: 721-728.

[156] UENAL O, UYGUNOGLU T, YILDIZ A. Investigation of properties of low-strength lightweight concrete for thermal insulation[J]. Building and Environment, 2007, 42: 584-590.

[157] KOKSAL F, GENCEL O, KAYA M. Combined effect of silica fume and expanded vermiculite on properties of lightweight mortars at ambient and elevated temperatures[J]. Construction and Building Materials, 2015, 88: 175-187.

[158] ROYA NOSRATI, UMBERTO BERARDI. Long-term performance of aerogel-enhanced materials[J]. Energy Procedia, 2017, 132: 303-308.

[159] Shin A H, Kodide U. Thermal conductivity of ternary mixtures for concrete pavements[J].Cement and Concrete Composites, 2012, 34(4): 575-582.

[160] 中华人民共和国国家质量监督检验检疫总局.硫铝酸盐水泥: GB/T 20472—2006 [S]. 北京: 中国标准出版社, 2006.

[161] WANG Y Y, HUANG J J, WANG D J, et al. Experimental investigation on thermal conductivity of aerogel-incorporated concrete under various hygrothermal environment[J]. Energy, 2019, 188:115999.1-188:115999.17.

[162] YANG W, LIU J, WANG Y, et al. Experimental study on the thermal conductivity of aerogel-enhanced insulating materials under various hygrothermal environments[J]. Energy and Buildings, 2020, 206: 109583.1-109583.14.

[163] OCHS F, HEIDEMANN W, MIILLER-STEINHAGEN H. Effective thermal conductivity of moistened insulation materials as a function of temperature[J]. International Journal of Heat and Mass Transfer, 2008, 51(3-4): 539-552.

[164] KUZNETSOV A V, NIELD D A. The Cheng-Minkowycz problem for cellular porous materials: Effect of temperature-dependent conductivity arising from radiative transfer[J]. International Journal of Heat and Mass Transfer, 2010, 53(13-14): 2676-2679.

[165] FU H, DING Y, LI M, et al. Research on thermal performance and hygrothermal behavior of timber-framed walls with different external insulation layer: Insulation cork board and anti-corrosion pine plate[J]. Journal of Building Engineering, 2020, 28: 101069.

[166] MAATOUK KHOUKHI, NAIMA FEZZIOUI, BELKACEM DRAOUI, et al. The impact of changes in thermal conductivity of polystyrene insulation material under different operating temperatures on the heat transfer through the building envelope[J]. Applied Thermal Engineering, 2016, 105: 669-674.

[167] CRISTEL ONÉSIPPE-POTIRON, KETTY BILBA, ATIKA ZAKNOUNE, et al. Auto-coherent homogenization applied to the assessment of thermal conductivity: Case of sugar cane bagasse fibers and moisture content effect[J]. Journal of Building Engineering, 2020, 33: 101537.

[168] BELKHARCHOUCHE D, CHAKER A. Effects of moisture on thermal conductivity of the lightened construction material[J]. International Journal of Hydrogen Energy, 2016, 41: 7119-7125.

[169] SHIN H C, KODIDE U. Thermal conductivity of ternary mixtures for concrete pavements[J]. Cement and Concrete Composites, 2012, 34(4): 575-582.

[170] LIU Y F, MA C, WANG D J, et al. Nonlinear effect of moisture content on effective thermal conductivity of building materials with different pore size distributions[J]. International Journal of Thermophysics, 2016, 37(6): 1-27.

[171] NOVAIS R M, SENFF L, CARVALHEIRAS J, et al. Sustainable and efficient cork-inorganic polymer composites: An innovative and eco-friendly approach to produce ultra-lightweight and low thermal conductivity materials[J]. Cement and Concrete Composites, 2018, 97: 107-117.

[172] SILVA S P, SABINO M A, Fernandes E M, et al. Cork: Properties, capabilities and applications[J]. International Materials Reviews, 2008, 50(6): 345-365.

[173] 崔雨萌. 热湿耦合迁移对公共建筑能耗及热湿环境作用研究[D]. 沈阳: 沈阳建筑大学, 2017.

[174] 国家市场监督管理总局. 蒸压加气混凝土砌块国家标准: GB/T 11968—2006[S]. 北京: 中国标准出版社, 2006.

[175] 代丹丹. 超轻发泡水泥保温板孔结构与性能关系的研究[D]. 北京: 北京工业大学, 2016.

[176] 申佳妮, 张中俭. 红砖孔隙率-烧制温度对红砖物理力学性质的影响[J]. 文物保护与考古科学, 2019, 31(5): 105-111.

[177] HE Y, DONADIO D, GALLI G. Morphology and temperature dependence of the thermal conductivity of nanoporous SiGe.[J]. Nano Letters, 2011, 11(9): 3608.

[178] BERARDI U, NALDI M. The impact of the temperature dependent thermal conductivity of insulating materials on the effective building envelope performance[J]. Energy and Buildings, 2017, 144: 262-275.

[179] DAS B B, KONDRAIVENDHAN B. Implication of pore size distribution parameters on compressive strength, permeability and hydraulic diffusivity of concrete[J]. Construction and Building Materials, 2012, 28(1): 382-386.

[180] GÜNEYISI E, GESOĞLU M, BOOYA E, et al. Strength and permeability properties of self-compacting concrete with cold bonded fly ash lightweight aggregate[J]. Construction and Building Materials, 2015, 74: 17-24.

[181] CHENG S, SHUI Z, SUN T, et al. Durability and microstructure of coral sand concrete incorporating

supplementary cementitious materials[J]. Construction and Building Materials, 2018, 171: 44-53.

[182] 黄津津. 含湿量对轻质保温混凝土导热系数影响的实验研究[D]. 西安: 西安建筑科技大学, 2020.

[183] PÁSZTORY Z, HORVÁTH T, GLASS S. V, et al. Experimental investigation of the influence of temperature on thermal conductivity of multilayer reflective thermal insulation[J]. Energy and Buildings, 2018, 174: 26-30.

[184] GIULIANI F, AUTELITANO F, GARILLI E., et al. Expanded polystyrene (EPS) in road construction: Twenty years of Italian experiences[J]. Transportation Research Procedia, 2020, 45: 410-417.

[185] 周晓骏. 多孔建材 VOC 多尺度传质机理及散发特性研究[D]. 西安: 西安建筑科技大学, 2017.

[186] ZHANG Z, THIÉRY M, BAROGHEL-BOUNY V. A review and statistical study of existing hysteresis models for cementitious materials[J]. Cement and Concrete Research, 2014, 57: 44-60.

[187] CHEN H, CHEN C. Equilibrium relative humidity method used to determine the sorption isotherm of autoclaved aerated concrete[J]. Building and Environment, 2014, 81: 427-435.

[188] IGLESIAS H A, CHIRIFE J. Prediction of the effect of temperature on water sorption isotherms of food material[J]. International Journal of Food Science and Technology, 2010, 11(2): 109-116.

[189] KAROGLOU M, MOROPOULOU A, MAROULIS Z. B, et al. Water sorption isotherms of some building materials[J]. Drying technology, 2005, 23(1-2): 289-303.

[190] International Organization for Standardization. Hygrothermal performance of building materials and products,determination of water vapour transmission properties: ISO 15148: 2002[S]. Geneva: International Organization for Standardization, 2002.

[191] JANSSEN H, VEREECKEN E, HOLÚBEK M. A Confrontation of two concepts for the description of the over-capillary moisture range: Air entrapment versus low capillarity[J]. Energy Procedia, 2015, 78: 1490-1494.

[192] British Standards Institution. Natural stone test methods determination of water absorption coefficient by capillarity: BS EN 1925: 1999[S]. London: British Standards Institution, 1999.

[193] KARAGIANNIS N, KAROGLOU M, BAKOLAS A, et al. Effect of temperature on water capillary rise coefficient of building materials[J]. Building and Environment, 2016, 106: 402-408.

[194] 彭军芝, 彭小芹. 加气混凝土的结构与性能研究进展[J]. 材料导报 2011, 25(1): 89-93.

[195] HALL C, THOMAS. K.M TSE. Water movement in porous building materials-vii, the sorptivity of mortars[J]. Building and Environment, 1986, 21(2): 113-118.

[196] HALL C. Water sorptivity of mortars and concretes: A review[J]. Magazine of Concrete Research, 1989, 41(147): 51-61.

[197] JANSSEN H, FENG C. Hygric properties of porous building materials (Ⅲ): Impact factors and data processing methods of the capillary absorption test[J]. Building and Environment, 2018, 134: 21-34.

[198] American Society for Testing and Materials. Standard test method for measurement of rate of absorption of water by hydraulic-cement concretes: ASTM C1585-13[S]. Commonwealth of Pennsylvania: American Society for Testing and Materials, 2013.

[199] 钟辉智. 多孔建筑材料热湿物理性能研究及应用[D]. 成都: 西南交通大学, 2011.

[200] IOANNIS I, CLEOPATRA C, HALL C. The temperature variation of the water sorptivity of construction materials[J]. Materials and Structures, 2017, 50(5): 208-219.